21世纪全国高等院校艺术设计系列应用型规划教材

意象思维与创意表达

主　编　伊延波　张建设

副主编　李　欣　徐文廷　张　幽

内 容 简 介

本书为编者数十年教学和实际设计工作的总结,在内容的编写上更加注重将理论融入实践案例进行讲解。本书从传统的教育方法中寻找突破,从技能方法的讲解转向思维创意的开发,重在培养学生的思维能力、造型能力、应用设计的表达能力。

本书内容包括意象、思维与视觉、审美视域、形态与图形、创意解析、意象造型表达、意象思维与创意表达案例共七部分。

本书可作为艺术设计类专业的教学用书,也可作为设计爱好者和从业人员的参考用书。

图书在版编目(CIP)数据

意象思维与创意表达/伊延波,张建设主编. —北京:北京大学出版社,2013.7
(21世纪全国高等院校艺术设计系列应用型规划教材)
ISBN 978-7-301-22801-2

Ⅰ. ①意… Ⅱ. ①伊…②张… Ⅲ. ①创造性思维—高等学校—教材 Ⅳ. ①B804.4

中国版本图书馆CIP数据核字(2013)第152943号

书　　　　名:	意象思维与创意表达
著作责任者:	伊延波　张建设　主编
策 划 编 辑:	孙　明
责 任 编 辑:	李瑞芳
标 准 书 号:	ISBN 978-7-301-22801-2/J·0521
出 版 发 行:	北京大学出版社
地　　　　址:	北京市海淀区成府路 205 号　100871
网　　　　址:	http://www.pup.cn　新浪官方微博:@北京大学出版社
电 子 信 箱:	pup_6@163.com
电　　　　话:	邮购部 62752015　发行部 62750672　编辑部 62750667　出版部 62754962
印 刷 者:	北京大学印刷厂
经 销 者:	新华书店
	787mm×1092mm　16开本　15.75印张　366千字
	2013 年 7 月第 1 版　2017 年 1 月第 2 次印刷
定　　　　价:	36.00 元

未经许可,不得以任何方式复制或抄袭本书之部分或全部内容。
版权所有,侵权必究
举报电话:010-62752024　电子信箱:fd@pup.pku.edu.cn

前　言

对于当代设计教育而言，意象造型的重要性日益突显。本书包含了意象思维与创意表达的全部基础性概念与理论，如意象、思维与视觉、审美、形态与图形、创意、意象造型等。意象造型是学习设计专业必备的理论性基础知识。

能有机会将意象造型课程教学的一些研究心得与教学经验渗透在本书中，是编者多年来的愿望。本书编写组的成员在多年的教学实践中，研究、积累了各种资料，不断地整理、汲取中外意象思维与创意理论及实践的精华，并在此基础上进行了发展与深化，编写了本书。

本书针对普通高等教育艺术专业教学而编写，在吸收国内外经典意象理论合理内涵的基础上，结合了意象造型教学的多项实践经验和学生对意象造型的教学需求。

编写的主导思想如下：

(1) 准确定位教材的使用对象，既满足普通高校本科学生学习意象思维与创意表达课程的需要，又满足其他不同层次读者的需求。

(2) 力求融合中西方艺术理论并符合中国国情的教学理念与美学理论，突出本书理论性、实践性、指导性与创新性的原则。

(3) 努力使本书的体系结构严谨、内容详细、理论阐述准确、易于理解、表达深入浅出。本书力求运用通俗易懂的语言解析意象思维与创意表达的理论，以取得更好的教学效果，达到较快提升学生意象造型能力的目的。

(4) 强化对学生意象思维与创意表达的实际操作能力的培养，在每章的前面设置有课前训练、训练要求和目标、本章要点、本章引言，并在每章后设置了单元训练和作业，用以向学生提供解决意象造型问题的方法和手段，启发学生的分析与思考能力，培养学生意象造型的表达能力。

依据上述指导思想，本书力求做到使基本理论、原理、方法和技术及艺术形成有机的体系，循序渐进，易于学习、理解和吸收。在本书的编写过程中，整体内容突出了两个结合，即意象造型理论与意象造型实践相结合，基础理论与前沿理论相结合。本书由伊延波、张建设担任主编，李欣、徐文廷、张幽担任副主编。伊延波负责本书的大纲制订、部分章节的撰写和全书的统稿工作。参加编写的人员具体分工如下：伊延波负责第1章和第7章的编写，张建设负责

第2章的编写，李欣负责第4章和第5章的编写，徐文廷负责第3章的编写，张幽负责第6章的编写。

　　本书在编写过程中研读并对比了国内外出版的相关著作，力求依据作者的教学经验与研究心得，将国外意象思维与创意表达的理论进展与我国教育教学改革的经验有机地结合在一起，更贴近我国的国情，以改进设计教育工作，促进教育、文化、经济的发展。由于编者水平所限，本书难免有疏漏与不当之处，恳切希望专家学者和广大读者批评指正。

编　者

2013年6月

目 录

第 1 章　意象 2
　1.1　关于意象 2
　1.2　意象存在 14
　1.3　意象的分析 21
　1.4　意象与意境 27
　单元训练和作业 33

第 2 章　思维与视觉 34
　2.1　思维 35
　2.2　视觉心理 47
　2.3　视觉思维 52
　2.4　视觉语言 58
　单元训练和作业 69

第 3 章　审美视域 71
　3.1　审美 72
　3.2　审美主体 78
　3.3　审美意识与审美潜意识 86
　3.4　纵横审美意象 91
　3.5　审美领域 98
　3.6　审美范畴 102
　单元训练和作业 107

第 4 章　形态与图形 109
　4.1　形态 110

CONTENTS

4.2 形态的分类 116

4.3 图形 123

4.4 图形的传达 130

单元训练和作业 135

第 5 章 创意解析 137

5.1 创意 138

5.2 创意思维 145

5.3 创意的心理分析 151

5.4 创意与经济 157

5.5 创意人才的成长路径 164

单元训练和作业 172

第 6 章 意象造型表达 174

6.1 意象造型 175

6.2 意象造型的基本元素 180

6.3 意象表达的思考方法 183

6.4 造型艺术的心理功能 194

6.5 意象造型的表现 200

单元训练和作业 206

第 7 章 意象思维与创意表达案例 207

7.1 思维意境 208

7.2 视觉表达 226

单元训练和作业 239

参考文献 241

后记 243

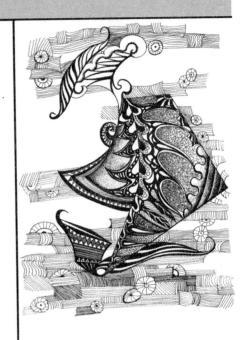

第1章 意象

课前训练

训练内容：每位同学拿出A4白纸和黑色碳素笔，联想或想象儿童时期一个有趣的情景，表达想象与记忆的形态或图形。教师在学生中间穿行，观察学生的造型能力与表达能力，从中洞察出学生的审美能力和创意表达能力。分析学生意象思维与创意表达的差距或原因，启发和引导学生提升意象思维的创意表达能力。

训练注意事项：启发学生的思维向着意象思维的方向发展，在教学中重在鼓励学生大胆想象与实践，在意象造型中不要介意造型的结果与表达手段是否熟练，动手画是硬道理。

训练要求和目标

训练要求：要具有一定的造型表达能力，学生要学会从生活的各元素中，寻找出适合自己创意表达的视觉语言。从自然元素、社会元素、艺术元素中概括与整合出属于自己想表达的形态与图形，了解并掌握意象思维的方法与视觉语言的表达能力。

训练目标：意象造型的训练目的是让学生养成良好的造型表达习惯。通过观察、思考、表达的训练，使学生的意象造型表达能力更准确，顺利完成视觉语言的表达。

本章要点

认识意象的概念，了解意象的起源与生成。
意象的种类与多变性。
意象与中国古典美学的关系。
意象的主要功能以及作用。
分析和理解意象与意境的关系。

本章引言

意象存在于人们的头脑中，是一种联想与想象思维的抽象过程。本章以意象存在为主线，阐述对意象的分析、意象与意境的区别，并从意象思维的应用层面切入，探索意象思维影响创意思维的过程。从而观察和探索出意象思维已渗透到设计艺术学科的各个领域，正发挥着无形而又强有力的推动作用。在创意大发展的时代里，实现意象思维与创意表达的经济价值。

1.1 关于意象

本节引言

针对意象而言,多数人会觉得似曾相识而又陌生。寻根溯源,意象这一概念源于中国古典美学的研究范畴。本节将意象与相关概念进行对比分析,重点明确意象的正确概念,了解意象的起源与生成、功能与作用,明确学习意象思维的目的与重要性。

1.1.1 意象的概念

意象的概念属于中国古典美学的范畴。意象研究的内容:一方面是讲解意、象、意象、与意象相关的概念、意象的种类与多变性的主题;另一方面是讲解意象的起源、意象的生成、意象的功能与作用,以及意象思维对创意表达的影响。同时,意象也属于心理学范畴,意象(imagery)原为心理学名词,它是指人脑对事物的空间形象与印象、信息所做的构成与重构的描绘,与知觉图像不同;意象是抽象图式,是客观物象的局部与个性特征的表达。但是,意象图式也是可塑性较大的表达。心理学家R.N.谢帕德研究认为:意象可以作为图像或物象的内心模拟图式。心理学的二元记忆编码论则认为:人们在记忆中有两种描述信息的方式,即是视觉意象与词汇记忆;作为视觉图式,意象几乎可以包括具象与抽象以外的所有视觉的意象。例如:心像、虚像、幻像、泛像等,也是意想的形象、意象的造型、意念的描述、意欲的具体表达;就创意表达形式而言,意象可以是具象的局部特征,也可以是抽象形态的视觉呈现。但是,意象思维的创意表达是学生或创意人对客观物象的重构或运用视觉语言的生动表达。图1-1、图1-2所示的作品都是以人物为主要的意象元素,通过不同的想象与联想传达出不同的审美意境。图1-1重在诠释动与静的对比,并运用打散重构的造型方法;图1-2则是在对传统与现代的对比中展开联想和想象;但是,两幅设计都是以意象思维方式阐述对生命的理解。

图1-1 意象审美创意/杨丽萍/
指导教师:伊延波

图1-2 生命魅力/伊延波

1. 意

所谓意是意念、意识、思维、观念、智慧的总和。它是人类最大的财富，也是开启智慧与意识的金钥匙。"意"源于人类对创造力、技能和才华的思维，"意"更来源于社会和生活，它能引领社会向前发展。"意"不用直截了当地陈述客观的形态，而是以象征或以自然的局部加以延伸，以此来传达意象思维的形态与图形，进而达到真正地运用意的暗示和启发，实现设计的创意表达，使人的意象思维得到延伸，令其发挥作用及产生社会影响。"意"是中国古典美学的范畴，是指设计家和受众者的主观意识，也可以是设计创意作品所表达的含义、思想、主题、意境等。如果要用自己的意识、意念去解读创意人的意象形态含义，还必须拥有视觉感知、审美、生理、心理、形态表达的综合能力。中国古典美学还把立意、意在笔先等概念的表达，构思与主题明确作为设计艺术创意的根本前提。用自己的意识、意念去理解诗与词作者的思想与情感及当时的思维状态。中国传统美学的言意、写意、立意等理论都是思维层面的意；但是，它们都把意作为一个独立的审美范畴，又把意与象、意与言、意与境等古典美学概念相融合，发展形成意象思维、意象造型、思维意境等学科方向的主题加以研究。为了适应当今设计艺术教育的快速发展与设计艺术学科的前沿需求，加强对学生和设计师的审美意识与修养的培养，有着重要的进步意义与深远的社会影响。

2. 意的联想

意的联想则是对形态与图形、所表达的对象性质进行的联想。使意与其他事物在意的含义上发生意与象的关联，它是一种使形态与图形之间具有意义关系的联想方式，它不注重形的相似性，而关注形与形之间在意上的联系。意的联想包括借喻联想、借代联想、因果联想、对比联想等几种主要联想方式。其中借喻联想是有着图形意义借用的联想方式，用一种图形比喻另一种事物。之所以称为借喻联想而不是比喻联想，是因为视觉中只出现被比喻的形象，只有通过联想才能想起另一个对象或是对象所具有的特征。例如：可以借用混乱的线条和娇艳的玫瑰花形态与图形语言，指代生活中的迷茫和对爱情的渴望，本体不出现，而借用直观有趣的喻体来突出创意人的想法。意的联想方式中，借代的联想是指用事物的某一突出部分指代整体，或是用具有代表性的个性指代整体或群体创意的表达手法。

意在形态与图形创意中，借代联想就是一种由点带面的创意表现形式，是利用具有代表性、视觉识别性的个体或局部特征来代替整体形象，产生强烈的视觉效果。例如：利用不同肤色借代不同肤色的人种引导受众更深层次地思考。另外，因果联想是意的另一种创意表达方式，它主要依靠人的生活经验和常识来进行思维；因果联想可以采取双向方式进行，一种可以由原因想到结果，另一种也可以由结果想到原因。例如：跑步能联想到快的动物；由飞得快的动物想到会飞的动物，这就属于后者。形态与图形的因果联想要有理有据，所以表达出来的形态与图形必须与原因或结果有着明显的内在关系，并且在视觉上体现出由某种原因引起现象或明显的视觉发展趋势，这样有利于受众者对形态与图形识别、推断与理解。

图1-3、图1-4所示的作品采用"眼睛"为意象造型的视觉元素来进行形态与图形的联想，因此表达出了形态与图形之间的内在关系，通过视觉上传达意象思维，达到意象审美的影响力。

图1-3　意象审美创意/吴琼/
指导教师：伊延波

图1-4　意象审美创意/孙薇/
指导教师：伊延波

3．象

从字义分析，首先象是大象、形状、样子的含义；其次是仿效、模拟的意思。但是，意象思维与创意表达的主题，则是形态和图形的象征、意境、意蕴的积极传达。"象"就是物象，把所要表达的情感借物象表达出来。"象"多是指形态、形状、图形或景象、气象、印象，它还有模仿、描摹的含义。例如：象形是指描摹实物的形态与形状，使形态与图形富有特殊的意蕴与象征含义。"象"是指出现于头脑意识当中的外物形象，两者融合构成审美者孕育在心中的审美意象和呈现在设计创意中的意象造型。有时偏于象的意义，在审美思维创意的融合下，体现出完整的意趣与形象造型创意，在视觉传达设计中应用非常广泛。

1.1.2　意象的意蕴

意象是指审美关照和创意表达时的感受、情志、意趣。在魏晋时期就将象与意的关系分为玄学家探讨的重要题目。由于受山水审美意识发展和玄学与佛教世界观的影响较大，人们在审美观念中逐渐通过观赏物象而玩味具有悠远的意趣。创意时须将审美观念中的意象、意趣、情趣浮现在思维中与客观形象相结合，从而生成审美意象形态或图形的重构造型。唐朝以后，意象一词用于艺术论中渐渐多了起来，强调了诗歌以融合作者的情思、形象以及感动观众的特征，也有以意象概括一个时代或一种体裁及设计家的设计形象表达的特征。意象思维是许多发明家运用的思维，它确实并不需要用某种具体的事物体现出来，而是去把握事件的整体普遍性。他们也像彭加瑞那样直接依赖于从不同之中看到同一的思维，这些发明家靠的是其他的原始认识方式，特别是意象。爱因斯坦在答复数学家阿达马(1945年)所准备的一组问题时这样写道："写下来的词句或说出来的语言，在我的思维机制里似乎不起任何作用；那些似乎可以用来作为思维元素的心理实体，是一些能够随意地使意象再现并且结合起来的符号和多少有点清晰的印象。对我来说，上述那些元素是视觉型的，也有一些是肌肉型的。依照前面所讲，对上述元素所进行活动的目的，就是要同某些正在探求的逻辑联系作对比……"，阿达马自己讲他是用视觉形象来进行创意性思维的，一些学者强调科学创造中的形象化与意象思维的作用。

意象与依赖于外在感官的知觉相反，它纯粹是一种内心活动的表现。考察一下视觉型的意象，是容易描述和理解的，人们常说它是心灵的意象。意象不仅可以再现不在场的事物与人物，它还能使一个人保留住对不在场事物所怀有的情感与意念。意象一词很快就成为业内设计创意表达的视觉语言的基础图式。内在现实是人们心理活动与外在现实一样重要的存在，意象不仅能帮助人们更好地理解客观世界的形象含义与文字信息，而且还能帮助人们创意出一种客观世界的替代品。在特殊情况下，意象思维会以不寻常的形态和图形的造型表达出来。它有时会非常清晰，就像照片那样把以前见到过的物象再现出来，这种清晰的意象图式被称为遗觉象(eidetic)。首先，对遗觉象进行过程描述，它特别容易在儿童中发生；此外，还有一种叫做入睡前状态，它常被人误认为幻觉，这是一种短暂的听觉意象或视觉意象。在某些人中即将入睡的时刻容易发生，而在半睡半醒状态的意象，则是从熟睡中正在醒来的时刻发生的视觉形象。

图1-5、图1-6所示的作品从意象思维的视觉传播到造型表达都依赖于外在感官的知觉反应；同时，也是一种内在活动的体现，两幅作品都体现了意象思维的造型特征，在似与不似之间找到了视觉传达设计的造型语言与表达方法。

图1-5　躲开视线/伊延波

图1-6　意象审美创意/孙妍/
指导教师：伊延波

1. 意象的种类与多变性

意象的种类很多，有多少种感觉也就有多少种意象。但是，主要是以视觉和听觉两种为主，大多数人以其中某一种方式占优势。不过在听觉方面，由于语言在人们的心理活动中所起的作用，并且大多数人是用词语来思考的，而词语一般是体验为听觉的形象，意象是短暂易逝的思维活动，所以产生了意象研究的多维化与多向性。一个人只能在很短的时间内保持一种意象，当再次唤起这种意象时，就会以稍微不同的形式再现。除了遗觉与幻觉以及有时在梦中出现的那些特殊情况的意象之外，大多数意象图式都是朦胧、含混、模糊的形象。除非做出强烈的、有意识的努力，否则意象是不能完整地再现出整体情景的。而最后这个特点非常重要，因为它似乎表明，意象就如同前知觉阶段和其他心理过程一样，它是以局部形态与图形的形象再现为主。在对整体有一种模糊不定的视觉显现状态下，所意识到的意象从一个情景很快转换成另一个情景。然而，在人的思想与情感活动中，尽管人们集中注意的是某一客观事物的局部，但是无疑在人们的心理上是着眼于总体情境的。

意象的可变性和易变性特征是因人而异的，除非遗觉象与照相式的再现比较接近。意象的这种可变性与易变性，使它们有时很难准确地用语言与图式全面地表达出来。因此，这也是此课开设的重要目的与学习的重点，研究意象思维难于表达的含义，符合社会群体的释读和个人意象思维的信息传达，形成社会环境中所公认的明确视觉信息，进行视觉表达与接收。意象思维所出现的变化，使它们与先前发生时的情景不一样，因此很难提交记忆。意象没有知觉那种相对稳定的特征，意象不是忠实的再现存在，而是不完全的复现。这种复现只能满足某一种程度，那就是使人的某种体验或回忆，它与所再现的原事物之间，存在着一种情感的联系，可以说意象比原来的知觉要弱。知觉有这样一种益处，它可以在刺激的影响下呈现。因此，意象不仅仅是再现或代替现实的第一个或最初的过程，而且也是创意出非现实的第一个或最初思维的过程。意象在再现客观方面受到其他研究领域的关注，尤其是对设计艺术学科创意思维的启发与意象形态和图形的表达。在本节不仅涉及意象的概念，而且对于意象相关的美学、心理学、科学、生理学、可变性与易变性特征等问题进行了详细的阐释，因此寻找创意表达的途径是思维拓展的主要内容，思维的创新与形成是当今设计艺术教育与教学的重要任务，应引起教育工作者的关注与社会认可。

图1-7、图1-8所示的作品都是运用意象思维的方法、联想与想象的创意表达，将意象元素进行不规则的排列与组合，并运用拆分与重构的方法，来影响或作用于受众的视觉思维，最终构成意象思维的启发和对意象审美的感知。

图1-7 意象审美创意/孙薇/
指导教师：伊延波

图1-8 意象审美创意/王立荣/
指导教师：伊延波

2. 与意象相关的概念

意象与相关概念的联系，细数一下主要有意境、意义、意会、意蕴、意识、想象、形象等。在这里重点讲解与意象关联较近的概念，使创意思维的方向有一个基本的思考范围。意境是指创意表达借助形象传达出的意蕴和境界、意趣、趣味，但意味着是意指、含义和导致的结果。意义是指语言文字或其他信号所表示的内容，也指价值和作用。意会是指内心的领会，意在言外指的是不直截了当地陈述，而是以暗指或以自然推论出来的方式来传达含义，即是言词的真正用意也是暗含着的意味，没有明白说出来，但已蕴涵其中。意蕴是指所包含的意识，意识是指人们头脑对于客观物质世界的反映、感觉、思维等各种心理过程的总和，也指觉察与发现；而意识形态则是指某一个人或集团及某种文化所特有的思想方式。

形象多指形状、样子或景象、气象、印象，还有仿效、模拟的意思。例如：形象指描摹实物的形状；象征是指用具体的事物表达某种特殊的意义与意象。在美学范畴中是指审美现象或审美想象、形象、现象等，也指艺术家构思意趣与物象的契合，强调艺术构思中心意与物象、主体与客体的统一，是饶有意味、饱含情思、充满情趣的形象。意象的概念包含了内在的意与外在的象，也就是说内在的含义与外在的表象有机地统一，是由表及里和由里及表的共同作用。想象的概念，从心理学层面分析，在知觉形态的基础上，经过新的组织与重构而创意出新形象的心理过程，还有对不在眼前的事物想出它的具体形象或局部形象。形象是能引起人们思想或情感活动的具体形状或姿态，从设计艺术作品分析，创意表现出来的具有生命力的形态与图形，都是意象思维与创意表达的结果。

1.1.3 意象的起源与生成

在中华文化的初始阶段，祖先以自己在生存经验中积累起来的客观印象，及对世界尚不成熟的认识为基础，加以丰富的想象与艺术夸张。在内心意造出世界存在的形态与图式。初祖之孕育发生、天人之间的交流、宇宙潜在的神秘力量牵引，种种奇异的创造性都是想象的聚合，不仅形成了中华文化发展的永恒母体，也为中华艺术风格的意象化倾向奠定了基础。

意象理论在中国起源很早，是周易辞中已有"观物取像"、"立像以尽意"之说。不过《周易》之像是卦象，是符号，是以阳与阴调和而成的视图。它概括世间万事万物的六十四种符号，属于哲学范畴，诗学借用并引申沿用。如"立像以尽意"的原则没变，但诗中的"象"已不是卦象，也不是抽象的符号，而是一种具体的、可感知的物象。"这种创造意象的能力，永远是诗人的杰作。明喻在荷马的诗中比比皆是。亚里士多德最早指出隐喻是诗歌之本。"所谓明喻或隐喻，也就是比喻性的意象，即所谓的喻象。黑格尔关于美与艺术的定义，与诗的意象理论也是相通的。例如："美是理念的感性显现。""艺术的内容就是理念，艺术的形式就是诉诸感官的形象，艺术要把这两个方面调和成为一种自由的统一整体。"

1. 中国意象的源流

在天人合一的意识体系中，奇特的天地构想与神人的形象既来源于现实，又不同于现实，夸张、变形、宏大、奇伟的世界图景中所蕴藏的哲理性与美感，正是后世中国艺术偏重表达心灵体验的审美意象发生点。南北朝时期的刘魏在《文心雕龙》一书神思篇中，第一个提出意象的概念："独造之匠，窥意象而运斤。"意思是说有独特技能的木匠，洞悉所要达到的目的意象再挥舞工具进行制作。意象即由心理积淀而生发出来图形与文字。此后，书、画、诗文的理论普遍使用意象之说，推动意象、意识不断由初级向高级、深度和广度发展，构成了独特的美学意识体系。意象美学知识，逐渐发展成为整个中华民族的美学意识，它渗透到所有艺术门类中，如书法、绘画、雕塑、文学、音乐等，形成了庞大而融会贯通的意象审美体系，这是学生和设计师学习与研究的智慧宝库。

在中国传统绘画理论中，有"圣人立像以尽意"之说，就说明了物象与情意的结合、物我同一、情景交融的审美思想，所以意象造型在理论的概念上，相似于中国传统的意象艺术，它又与西方传统的写实艺术有着较大的区别。西方传统写实艺术在绘画中注重立体效果的表达，以明暗和形体结构来表现物体，表现手法理性而具象，科学而实在，形象完美而逼真。而中国的传统意象艺术在国画造型中，却是以抽象手法塑造某种意境的，追求某种精神境界，中国画主张"立意为象"、"随象写意"和"以像尽意"等艺术思想与观点，在审美取向上则认为"论画以形似，见与儿童邻"，追求似与不似之间的意象造型表达，特别强调自由情感的表达，在把握体悟自然的基础上表达主观对客观事物的认识和感悟，传达艺术家的情感与理念；形可以不似，而构成一个非似追求的以形写神、神形兼备的完整意象造型的视觉意境。

图1-9、图1-10所示的作品体现的形象是采用具体的形态与图形，借实物启发意象思维与思考，在事物的某一局部进行夸张与强化，使复杂的造型表象化，从而能理解与解读具体事物的造型含义与视觉意境，达到启迪观赏者的意象思维与审美心理的目的。

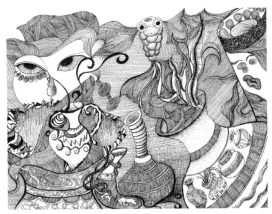
图1-9 意象审美创意/吴琼/
指导教师：伊延波

图1-10 缕缕数不清/伊延波

中国绘画不是对客观物象的模拟，而是对客观物象的思考后，经过主观思想的迁想妙得的幻化后，已属于意中的象意，虚幻的象并不虚无，表现有限的局部，却追求无穷的视觉境界。它不是被动地受客体制约，而是主动地去制约客体；它不是单纯对客体的记忆和模仿，而是内在审美形式和外在视觉形式上具有比写生更为强烈的主观表现性意义，一切形象都可以由意象来创造出更理想的意境。意象应该把中国传统的意象美学理念应用于其中。它有着独特的表现力和艺术魅力，它的艺术追求也另辟蹊径：既是表达客观，又要表现主观，更要得于心源，写形更要传神，写实更要写意；既描绘客观对象,又抒发对客观形象的真切感受;既具备客观对象的真实性和典型性,又表现作者个性和风格。

意象思维与创意表达注重"以形写神"。所谓"神",就是客观对象的精神面貌、性格特征。形与神是对立的矛盾,神是主要的表达,是起着主导作用的方面传达,而中国肖像画不叫写形、写貌,而称为传神、写真、写心,就是这个道理。谢赫提出的"气韵生动"是六法中最重要的一法,它包含了其他五法的表现物质,正是中国传统绘画突出的美学准则。"气韵生动"不仅是对中国画的要求,也是对意象思维与创意表达的要求。就意象造型的创意表达的全过程分析,创意人在"自然形象"的基础上,通过人的感知进而能动地反映于人的主观意识领域,并在形象思维的过程中,运用联想、视觉想象,从而产生不同的审美兴趣和创意表现空间。在中国很早就有"意象"之说,意象不仅是中国传统的古典美学观念,也是中国古老的哲学思想,无论在文学艺术方面,还是在日常生活当中,都有很广泛的关于意象理论研究与实践应用。它是借助于自然表象的符号来重构并释义世间一切事物的存在的含义。

图1-11、图1-12所示的作品重视以形写神的表达,是客观元素的精神风貌与造型特征的体现,运用视觉元素打散重组的构成方法,使黑与白的对比形式鲜明对比,表达出全新的视觉语言与个性审美的意境。通过意象造型表达,赋予视者新的审美意境的动态美感。

图1-11　意象审美创意/耿立明/指导教师:伊延波　　　　图1-12　不同层次/伊延波

2. 国外意象的源起

西方语言中的"image"这个概念的汉语翻译并不统一,多数人译为"意象"或"影像",也有人译为"心象"、"表象"、"形象"。西方学者一般在认识论和心理学的领域中使用"image"这个概念,他们认为"image"是感官得到的关于物体的印象、图像,它和观念(idea)是一个东西。这样一种内含"image",与所说的"意象"相去甚远,这里不加讨论。据有关资料佐证,意象艺术直到20世纪初才"舶去"西方。作为意象派领袖,庞德就是通过阅读和翻译中国古典诗歌,发现了"中国诗人从不直接谈出他的看法,而是通过意象表现一切",才领悟到意象艺术的魅力所在,在西方意象主义理论与实践虽属异类,不入主流,但广义的意与意念还是诗歌艺术表达的核心。"这种创造意象的能力，永远是诗人的标志。"

图1-13所示的作品是动态审美的自然形联想与优美含义的关联性想象，形成意象思维的更多元素的融合，是感性与理性并用的造型表达，作者将主观审美意识融入形态与图形中，体现了概括形态与汲取自然元素的审美意念。

图1-13　生命/伊延波

3．意象的生成

意象的生成是无意识、被动、不自觉形成的思维，也就是感性意象的状态。借鉴黑格尔对于象征艺术产生的研究，意象的生成也是基于类似的因素。人类最初作为自然的人，其自然属性是人类意识产生与发展的主要影响因素。在自然界中，太阳每日东升西落；候鸟每年寒来暑往；植物从发芽、开花到结果，新的种子经过孕育又可以萌发新芽。人的生命存在与植物一样，周而复始，自然界所有的生命形式都具有一些相似的特征。人类在早期的自然生成中发现了许多类似生命存在的意义与现象的关系，并逐渐在现象与意义之间建立起对应关系与一致性，也就是"象"对"意"的文明与暗示。所以，这种普遍存在于人类早期自然生存状态中与意义的关联性，导致了人类意识中意象的生成。最初的意象更多地表现为无意识和被动、感性的特征。意象的生成是随着人类的智慧与文明意识的成熟而发展的，人类开始摆脱自然的束缚，并不断地按照人的主观意识与需求来控制和改造自然，创造人类特有的人工环境与社会环境，并希望能够主宰自然，相信人定胜天。因此，在人类对自然万物改造过程中，也形成了许多新的意象。例如：生活习俗中的图腾崇拜、吉祥物的趋吉避凶及神话传说等都是很典型的代表，这些意象特征更多地反映出在感性意象基础上人的主观意识的作用与影响，也就是人类为了自身在社会中精神得到满足与教育的需要，而主动创造新意象的开始。

1.1.4　意象的功能与作用

意象的功能是由思维符号、象征记号、视觉语言而构成的；意象作用则是传达视觉信息、促进思维拓展与视觉语言的创意表达，达到意象思维与视觉表达的完美融合与统一。

1．意象的功能

为了阐明与对比出意象和概念内容之间的各种不同关系，首先区别意象的3种功能：第一，意象是思维符号；第二，意象是纯粹象征记号；第三，意象是中西方绘画的视觉语言。大多数研究意象的学者都同意对其功能做出的这种区分。虽然有些人在称呼这些不同功能时使用了同一个名称或相似的名称，但他们赋予这些名称的意义却与当下的划分相吻合。下面对含义做出具体的确定，便于学生明白真正含义。上述3个名称即是画、符号、记号，并不是指不同种类的意象，而是指意象的3种功能。在某一个特定的意象表达中，可同时运用3种功能表达，也可以运用其中一种功能；而且，每一次都可以3种功能同时综合应用。原则上讲：意象本身并不能告诉人们意在发挥哪一种功能。例如：抽象元素，在绘画中的解读与所画物体的某一种手段，试图由观赏者的"联想"或由"想象"达到一种所谓的"完整形象"，这几乎是不可能的，也很少有人试图去这么做。再如：一幅漫画，看上去就是表达中的样子，那抽象性的视觉效果并没有在人们的经验中转变，生成真实的视觉效果，只有照相机才能达到；而其他艺术仅是事物的局部或轮廓而已，或者说漫画那栩栩如生的形象并不是来源于观赏者的补充部分；而是直接来自于漫画线条和色彩的强烈的"视觉力"。

图1-14、图1-15所示的作品体现了传统与时尚对比的造型元素，运用点、线、面的视觉要素，采用汲取事物优美局部来区别不同的形象，体现出作者的联想力与想象力，达到了视觉冲击的造型效果。

图1-14　逆向生存/伊延波　　　　　图1-15　意象审美创意/李欣/指导教师：伊延波

2．意象的作用

人们在不同程度地抑制或释放着自己生成意象的能力，而在做梦、幻想、醉酒或想象创造时，意象就重新发挥着重大的作用。在创意过程中，作为第一因素的意象也是容易受挫折的，除非把意象外化为实际存在的产品上，而且对自发产生的意象，如果不用许多种方法去增强、减弱、改动和运用，那么这种外化的尝试与探索也不会成功。对创造性的意象进行理性的梳理与外化的体现是最佳的意象表达方式。因为人能够从最高水平到最低水平，自如运用各种不同层次的心理活动，所以按照一定的先后顺序或同时让所有不同水平的心理功能进行活动，这正是心灵的主要特性之一，尤其在创意过程中更是如此。意象常常被用来作为一种对最高水平心理活动的暂时逃避，或是对某种最高水平含义的逃避。直到出现了一种用形象体验到更深刻的洞察之后，才会被接受或重新回归。弗洛伊德的精神分析学，并非是指新弗洛伊德学派，曾试图用所谓的"经济能量"

参考系统来解释意象。一定量的里比多 (libido)或能量对于意象的产生,以及所有其他心理过程来讲都是必要的心理活动。但是,在意象和其他原发过程里,能量的活动是自由的,就是说它很快地就从一种形象转变成另一种形象,而在继发过程中,能量则是限于人所集中注意的那个对象之上。在这些观点中,把意象看成是流动易变的这一观点是没有疑问的。但是,里比多的假设在这里并不必要。许多学者认为人们已经拥有了关于神经系统方面的知识,也有关于通过神经细胞传导神经冲动的知识,试图从生理学与美学方面来阐释意象的生成机制,这是更恰当的意象表达途径。

3. 意象与功能的统一性

意象可以在各种抽象水平上被创意出来,那么就有必要研究抽象水平的意象是如何完成的,是运用思维符号、象征符号、视觉语言实现表达的。在此仅限于列举少数案例,案例证明意象都是取自于整体抽象等级序列的两极,即是最高抽象和最低抽象的水平整合的体现。那么,高度写实的意象有没有这些功能,正如以上所讲,纯粹复制性的意象则被认为是认识活动的原材料,也许会有一些益处,但是由于它们是由最低级的认识活动产生出来的,所以仅凭复制性的意象是不能达到理解与表达,乃至影响的作用。更令人震惊的是,它们有时不仅对认识无益,而且会使认识变得困难。对人类的心灵来讲,只有在无路可走的情况下,才会产生出高度写实的意象。意象的具体性,还可以在那些能理解它的人们心中唤起一种相应的知识感知。

图1-16、图1-17所示的作品应用抽象与意象的思维方式,主观地体现了动态美与动态思考的统一性的视觉传达性。

图1-16 冷漠的背后/伊延波

图1-17 意象审美创意/孙薇/指导教师:伊延波

4. 意象的功能与结果

什么动机促使心灵去体验意象呢?它们又是怎样发生的?经典的精神分析学曾试图回答这个问题,认为某种想得到的事物不在场,因而对想的事物愿望不能满足时,就容易产生关于该事物的意象。精神分析学坚持认为:任何认知过程都偏离了谋求直接满足的活动。换句话讲,意象是由某种需求或未满足的愿望所引起的行为结果。事实上,许多意象无疑是由需求和愿望引起的思维和行动,但是其他因素的情况也必须考虑到。例如:意象自身就能唤起愿望,产生需求。当然,如果需求是一种生理上的反映,比如饿或渴的意念，那确实并不需要产生食物或水的意象来刺激起更多的需求感。但对其他许多愿望和心理需求来讲，如果不靠意象来唤起和维持，它们就不会继续存在。如果没有把曾游览过的一座山或湖泊的形象作为记忆保留在脑子里，尽管在第一次游览时非常喜欢它，也就不会产生重游此山或湖的愿望，最重要的是把意象本身变成了一种目的，就是印象为创意人思维中储备意象创意表达产生的意念。

图1-18所示的作品是学生对所思所想的某种事物的向往，因此生成对此类事物的意象思维与想象的表达，表达出创意的心理体验。

图1-18　意象联想/徐文廷/指导教师：伊延波

意象在白日梦里扮演了主要的角色。一个人要想使自己脱离现实，进行自由的选择，哪怕仅仅是假定的因素。他想用各种不同的方法把诸多意象形象地体现出来，其中是想再现眼前并不存在的，而在现实中是以不同时间或不同地点存在着的事物或场景。但是，连同这种再现也算在内，一个人想创意出来的统统都是从未经过的事物，这一点必须给予强调指明。因为，这正是关键所在：意象是与"不在场"事物进行接触的一种方式，是赋予这种事物以心理感知方式的呈现或存在。如果意象再现出那些实际存在，而不可得到的事物或形象，就可以促使人去行动、探求、找到那种渴望获得的事物或形象，所以这种事物实际上并不存在，就会促使人去创造它，如果既不能找到它也不能创造出它，人就会在白日梦中去幻想它。然而，靠白日梦的幻想并非总能让人满足，于是人们就会再一次地探求或创意，当意象的发生太频繁、太强烈时，就可能是一种不能把意念存在与外部世界的存在加以区分时，那就是病症。发生物我混淆进行描述的人可以是年幼的正常儿童，然而如果年龄大一些的儿童和成年人在正常情况下发生物我混淆时，那就真是一种病态的表现了。在这种情况下，心灵展现出来的愿望满足在质上已达到了的飞跃，体验着一种愿望的实现就好似它真的得到实现一样。这种情况常常发生在精神分裂症中，未受阻碍的意象可能会因此造成不能忍受的挫折。在某种情况下会导致精神病、狂想和引起幻觉。在人的思维观念还未发展到后来才具有的那种认识水平时，它必定要经历一个非常混乱的时期，因此寻找途径更大抑制意象或把意象存入无意识中，这对于心灵的成长来讲是必要的意识储备，对意象的抑制也是非常普遍的现象。

1.2 意象存在

本节引言

意象是中国古典美学与哲学的重要组成部分，贯穿于诗歌、音乐、现代绘画以及创意设计的整体过程中。本节以意象存在为主导，阐述了意象存在的状态、表达、闪现和暗示，以及意象书法的审美意境，视觉印象与心理的认识。从中寻找出意象思维的足迹，观察与思考出意象的存在，将自然与社会中有意义的视觉因素，进行艺术与技术、科技与视觉的融合。

1.2.1 意象存在的状态

总括中国传统美学中意象概念与表达，借鉴西方相关的理论与研究，将意象的存在纳入到3个层面或者称为意象存在的3种状态，即是感性意象、感性意象升华与理性意象。感性意象处于感性层面，具有不确定性，但它则是一种表层的、不自觉的意象元素，表现为"意"与"象"的直接重叠与某一层面的统一，其中有更多的个体感觉特征和特殊性、机缘性。感性意象升华则是从不自觉到自觉、从感性到理性、从特殊性到普遍性与代表性之间的过渡状态，比较明确地认识意与象、想象与现实事物的差异，理解内容与形式辩证的统一关系，具有更多的群体意识特征和代表性、批判性和必然性。理性意象是自觉的意象，是存在于理性中的感性意象，理性意象是在理性思维和群体意识的基础上，感性思维与意识的充分解读和发散思维，理性意象是从必然王国走向自由王国的意象存在的状态，更多地运用比喻、借喻和隐喻等表达手法，是更高的理解与更深层次意蕴的表达。

图1-19、图1-20所示的作品是直觉形象升华到理性的过程，通过理性的构成与重构的意象创意，展现了特殊与机缘的视觉意味。

图1-19 思绪/伊延波

图1-20 意象审美创意/崔晓晨/指导教师：伊延波

1.2.2 意象与相关概念的对比

意象在一定意义层面与意境相关联，但也与幻象、意蕴、意境有着美学层面的关联。意象是中国传统美学与文学思想的范畴。意象表现即是以象征语汇来构成对主题的表现，生成一种以意象表象的视觉含义。意象主义(imagism)是英国现代诗歌中的重要流派，强调写诗时直接表现主客观事物，不用多余的词，以自由诗韵代替传统格律。庞德曾把"意象"称为"一刹那间思想和感情的复合体。"意象派诗人着重用视觉意象引起联想，表达瞬间的感受。而一般诗歌中的意象可以划分为不同的层次：写实性意象、写意性意象、象征性意象等意识流，作为一种艺术创意表达的手法，都与意象有着某种内在的联系。作为一种非戏剧性的叙事方式，它会产生无数连续不断的印象，有视觉的、听觉的、触觉的和下意识的，这些印象影响个人的意识形成，并与理性的思想倾向一起形成认识的一部分。意识流作家就是试图去捕捉作品中意识的流动过程，常常使用内心独白的叙述技巧。

意象的释义有意境之说，指艺术作品借助形象传达出的意蕴和境界。概括地讲，就是有寓意的形象，是用来寄托主观情思的客观物象。还有将意象解释为视觉想象，是视觉心理感知、理解的客观物象，即是经过视觉心理和人性化的结果。这两种解释的差异是思考角度不同而形成的意境。前者是从人的创意需求出发，选择或创造物象；后者是从客观存在的物象出发，经过人的知觉作用所引发的某种印象、情感共鸣的状态。其实，意象应是主观与客观的相互作用，是意中形象与对意物化的结合体，也是象中之意，更是对象的发挥和超越，是客观形象与主观意象的融合，形成或生成的视觉效果，具有意蕴和情调及象征含义，是有象征含义的视觉物象形式。所以，意象与意向有明显的区别，意象需要意想中的想象作用，属于意识范畴，不仅是人的头脑对于客观物质世界的反映，及感觉、思维等各种心理过程的总和，也是某一个人、群体或某种文化所特有的思维方式在意识形态上的反映。

图1-21、图1-22所示的作品寄托了主观审美情感的客观物象，将意象思维诠释为视觉语言，通过视觉作用于心理感知的全过程，即是设计元素的组合，又是生动形象的表达。

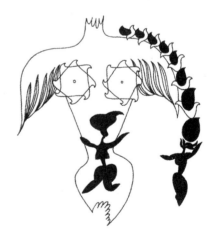

图1-21 意象审美创意/张丹/指导教师：伊延波　　　　图1-22 保护/伊延波

意象概念强调内在的意蕴、内容和存在的价值及作用的体观，它往往通过一定的形状、形态、景象、图形、气象等表达出特别的神情与姿态、意致与情趣和审美意境。这种意象大多数不是直截了当的陈述，而是以暗示、暗指或通过自然推论出来的方式来传达，即言词的真正用意是暗含着的、没有明白说出的，是以意在言外或言下之意，是含蓄的意思和隐喻的情调、意趣和意味。这种意味虽然可以被细心地觉察到、发现并开发出来、传播出去，但是，更需要靠内心去领悟、意会。意象的意蕴和境界不是"意马"，也不能像野马般奔驰，难以驾驭，一定是可以借助形象沟通、传达含义的意境，借助形象的方法可以是仿效、模拟，也可以是象征，即是用具体的事物表现某种特殊的意义，在中国很早就有意象之说，我国早于西方。

意象不仅是中国传统的古典美学概念，也是中国古老的哲学思想，无论在文学艺术方面，还是在日常生活当中都有着很广泛的关于意象理论研究与实践应用。从中国传统的诗学角度来分析，象是具体可感的物象。意象是诗词形象构成的基本元素，是诗人的内在情思和生活的外在具体物象的统一，是诗人通过想象将意象与形象融合所创造的可感、可触的景象意境。意蕴与意象是德国诗人歌德的用语，意指艺术作品的"内在生气、情感、灵魂、风骨和精神"，用以表达艺术作品的内在精神。认为只有这个概念，才能把个别事物形态与艺术作品的内在精神与崇高的因素联系统一起来。生成的作品既有完满的形式，又能显示出创意内在的精神，即意蕴和崇高的事物，那是美的存在。这种思想被黑格尔首肯并吸收。

1.2.3　意象的存在与表达

意象的存在非常复杂，可以感受到甚至是创意各种各样的意象思维、思想、行为、表达方式。它们体现在不同的生活方式中，体现在不同的文化背景下和不同的社会价值观念中，在中国意象的概念对人们的生活方式、审美情趣以及文化艺术观念，乃至哲学思想的形成都有着重要的现实意义的比对，例如：中国传统的民俗与民间艺术中，桃木有避邪含义，在古典音乐中的《高山流水》以及国画的写意山水、梅兰竹菊四君子等都是意象表现经典之作。从西方美学思想与艺术理论中，也有许多与意象相关的概念与思想，它们都对意象思维的创意表达的象征性与象征观念产生重要的影响。另外，西方古典音乐、童话等都具有与意象类似的思维与表达方式，它们对意象思维的启发与视觉语言的表达起着重要的潜意识作用。

图1-23、图1-24所示的作品使观者感受到创意的强大视觉冲击力，通过意象思维的创意来展现了不同的文化特征与不同的社会价值理念，最终达到自然元素的新组合关系，体现了设

图1-23　意象审美创意/李欣/
指导教师：伊延波

图1-24　意象审美创意/杨丽萍/
指导教师：伊延波

计元素的独特魅力。

1.2.4 视觉形象的闪现和暗示

视觉形象的闪现和暗示,是一种经验的模糊性与不确定性,用现有的语言是很难描述的,必须要有意识观察出意象的轮廓线和色彩的变化,因为理性的识别将模糊的形态与图形及色彩因素,要以最大的准确性捕捉与保留,就必须强化意念与意象的想象力,将视觉形象的图式表达出来。按一般人的看法,只要一种意象没有清晰明确的轮廓,或者看上去不完整和没有细节的展示,就必然是不准确的。可以肯定,一幅画被心灵的眼睛看到的粗略意象,有可能是不准确和模糊的形象。反之,对于一幅极尽事物之细节的图画来讲,同样也有可能是不准确和模糊的形象,具体会出现什么样的视觉效果,主要取决于这些意象的结构骨架是否经过了有秩序的组织与重构,形成了新的意象造型表达形式。

1. 特殊意象与一般意象的差异

心理意象究竟是什么样?按照那些最基本的观点,所谓心理意象,乃是对它们所代表的那些物理对象的忠实复制物。真正适宜于思维活动的心理意象,绝不是对可见物的忠实、完整和逼真的复制。这种意象是由记忆机制提供的思维元素,记忆机制完全可以把事物从它们所在的环境中抽取出来,加以独立地表达与展示。当然,一般性的心灵意象是不可能得到视觉图式的表达的。

2. 意象与艺术

如果说对自然形的机械复制不符合艺术的要求,那么对约翰·皮斯塔拉则(Johann Pestalozzi)提出的原则,又应该怎么看呢?他主张"应把培养视觉判断的ABC课程放到比字母的ABC学习更优先的地位,因为概念性的思维是建立在正确视觉判断的基础上的梦。"皮斯塔拉则在19世纪初,就想到这个问题的确应该引起重视,必须指出判断力ABC是训练怎样正确判断一切事物的形状,是一种极其重要的过程和必经的成长途径。因此,在设计艺术中,学生遇到的任何视觉表象都是象征一种有意味的视觉力的图式。这与科学对感性信息的使用是大不相同的视觉外化,也是艺术中准确的规则与科学中准确的规则极为不同的原因所在。在一种科学的证明中,只有当被证明物的个别外观能把有关的事实呈现出来时,它才受到重视。一个容器的形状,一个罗盘的大小,某种物质的准确色彩等,也许对这些东西都是无关宏旨的,某种特定的比例、角度,某种图表的颜色,也许并不重要,这是因为在科学中事物外观仅仅是一种指示器,更重要的是超出外观的那些隐藏力的作用。艺术本身不是科学的陈述,而是意象的陈述,所以艺术形象具有可见的因素与本质的表达,又有意象思维的参与和创意造型的表达,艺术与科学都与意象思维息息相关。

1.2.5 意象书法的审美意境

意象书法的审美意境,是源于中国书法的视觉形式。中国书法可分为3类:一是技术性书法;二是艺术性书法;三是民俗书法。审美意境可从中国书法与中国古典美学中领悟意象思维创意的源泉中,汲取对意象思维的理解与诠释意境,从书法的审美意境中领会意象思维的路径。

图1-25所示的作品是将传统视觉语言的新整合，而后构成的立体空间的形态，使意象形态与图形具有了更新的视觉诉求含义，采用发散型的结构与几何造型的相互融合，增添了时尚感。

图1-25　张力与吸引/汪洋/指导教师：伊延波

1．民俗书法的渊源与内涵

民俗书法使用的书写工具繁杂，用途和内容广泛，往往书画不分，是民间吉祥文化的重要组成部分和意象思维的渊源。意象书法是民俗书法的主要内容，其意义是由意匠文字构成聚合的像。民俗是由于自然原因、社会背景、历史变故，而形成的一种世代相承的文化生活的事与像。书法是我国独有的视觉文化艺术，汉字与古代埃及图画文字和两河流域苏美尔人创造的楔形文字统称为世界三大象形文字。后两种早已淹没在历史长河中，目前失去了当代生活的应用价值而只有考古研究价值。目前常见的有如下几种文字形式：

(1) 意匠文字：以装饰为目的造型，对某个文字进行艺术加工设计而形成具有象征意义的符号，例如结婚时用的"囍"字，在建筑与装饰及生活中用的长"寿"、圆"寿"等。

(2) 合体文字：以文字部首为"桦子"、"楔子"，把几个能连成一个完整意思的字套合成一个字的图，最典型的是以"口"为中心的"唯吾知足"印章，这4个字共有一个口字，唯在右、吾在上、知在左、足在下，形成一个铜钱状的圆形；春节期间家家悬挂的"招财进宝"的字意图就是此例。

(3) 寓意文字：可分楷书和行草两种体，例如：北京有的城门的"门"书写时故意不带钩，据说是为了怕勾住皇帝的"龙鳞"的字意，现存康熙皇帝所写含有多才、多寿、多田、多福寓意的行体"福"字，号称"天下第一福"等，都是引起人们丰富联想与想象的民间吉祥文化。

(4) 象形文字：也称为图画文字，猴寿图很受人们喜爱的，既丰富了人们的生活，也传达了象形文字的含义隐含图画中，包含字与图的书画不分的视觉表达艺术。

(5) 聚合文字：是中国俗语的表达即"韩信点兵，多多益善"以多为美、以多为好、以百为全的民俗文化。

民俗文化有三大特点：一是重复性；二是发自内心的表达；三是公众的行为。聚合文字又可称为意象书法。意是指字与主题文化表达的内涵；象是指文化形式的文字与重构,意象是所有的视觉艺术创意表达的重构与组合,进而使意象书法在民俗文化中,最具有代表性的意象思维与创意象征表达的特质。意象思维的灵感可从意匠文字中的甲骨文、钟鼎文、刻石、秦砖、古陶、古币、古兵器的铭文中,汲取民族与民间及民俗的创意思维元素。

2．意匠文字吉祥百字

意匠文字吉祥百字,它包括以下内容:

(1) 古文字偏旁、部首及各种构件排列组合法,古文字一般来讲是秦以前各时期的汉字,如:甲骨文、金文、籀文等。

(2) 意象思维附会法,传说中国汉字创造者是位四只眼神仙,名为仓颉。

(3) 民族文字归纳法,我国有56个民族,除汉族外,还有蒙古族、维吾尔族、藏族、彝族、哈萨克族、朝鲜族、锡伯族、乌孜别克族、柯尔克孜族、塔塔尔族、俄罗斯族、纳西族、傣族、苗族、景颇族、傈僳族、拉祜族等,都有本民族的文字。

(4) 篆字风格应用法,篆刻是我国一门独有的艺术形式,初创于战国,成熟于秦汉,是融书法、雕刻、图案三者为一体的综合性艺术形式。由于印文是要让人看的,既要给人看得懂,更要让人看着有视觉美感,所以刻印时作者就不能不倾注对印文审美的追求与个性表达,突显个人审美特性的彰扬,于是在不同人的刻印章中就产生了千差万别的审美造型表达,创新求异、异彩纷呈也是印章流传至今的秘诀。

总之,民俗书法是民俗文化中一门独立的支持,是一直都需要意象思维与创意思维的支撑。意象书法是具有独特性、创造性、实用性和娱乐性为一体的民俗文化物象。

图1-26～图1-28所示作品采用不同的意象方式,将传统元素与现代设计的意象思维理念相结合,创意出完整的视觉语言,意象形态与图形带给人们更为直观的感受,使画面中的意象造型起到了烘托主题的视觉传达的作用。

图1-26　意象审美创意/徐文廷/　图1-27　意象审美创意/任新光/　图1-28　意象审美创意/徐文廷/
　　　　指导教师:伊延波　　　　　　　　　指导教师:伊延波　　　　　　　　指导教师:伊延波

3．意象书法构成二十八案例解析

意象书法的布局关键是取决于作品的总体面貌。意象书法是意匠文字的聚合,百字左右聚合成一个整体形象、一个完整画面，每一张画面还要有所寓意，这是意象书法的特点所在。第一，据传说"寿"字早在伏羲时代就已经产生。在"福、禄、寿、喜、财、吉"这六大吉祥文字中，"寿"字被列在第一位。这种具体的数字就是人的寿命，有了健康的身体和生命的长度，才有可能享受生活的幸福。基于以上的观念，我国在1000多年前就有了用《百寿图》为长者祝寿的习俗。第二，福上加福的吉祥文化是华夏民族向往和追求吉庆祥瑞观念的心理与情结，吉是好事的意思，祥是状态、样子的意思；福是吉祥的主要象征。第三，平安是福，福的内涵丰富多彩，祈福的形式也千姿百态，《百福图》的本质是一种祈福行为，所采用的方式也是多种多样的形式，有的直白，有的含蓄，主要体现纳福之意。第四，喜中有喜是一种传统民俗书法，有一种母抱字的构图方法，一个大寿字里，重构100个小寿字。主题字和附属字同音同义，喜中有喜也是一个双喜字，由100个小喜字构成，从大构图可以归到母抱子意象图形造型。第五，吉祥如意是早在2000多年前先哲孟子时代，就主张人之初，性本善。荀子主张性本恶。人性到底是善还是恶？争论没有结果。华中师范大学王玉德教授的观点：人的本性不在善恶，而在于择吉；择吉是人的本性，也是人类文化的主题。吉是子和女双全之意，称心如意的愿望。这是古人在造好字时的思考，但是可以追求称心如意，心里的愿景能够在现实中得到实现，就称为如意。第六，福寿双全是在传统吉祥文化，取某个字或词与吉祥寓意谐音，有特定的组合与重构关系，这种假借是约定俗成的民俗文化。例如：蝠与福、鹿与禄、鱼与余、瓶与平、柿与事等意念，都能探寻出祖先意象思维的轨迹与意象造型的方法与成功的途径。

图1-29、图1-30所示的作品清晰地体现了运用坚硬与柔美、粗犷与细腻的造型语言，构筑了坚实与稳定的视觉均衡图式；同时，又具有曲直与平滑的情感表达，给人以不同的视觉语言性格。图1-30所示的作品是作者对理解意象思维后的心理印象的自然流露。本设计将图形与情感联系在一起，不仅在造型上联系，还在意境上具有共鸣，表达最佳的不同审美意境与意象审美的心理感受，是创意个性的体现。

图1-29　生根发芽/伊延波

图1-30　意象审美创意/吴琼/
指导教师：伊延波

1.3 意象的分析

本节引言

通过前节的意象存在状态、相关概念的对比与分析，本节将详细阐述特殊意象与一般意象的差异，以及意象与艺术的相关性与共存性，并将意象与美，美与审美，审美与意象的相互影响与作用进行分析与阐述，使学生在实践中明确意象思维与创意表达的关系与互为转换作用。

1.3.1 变化无穷的表象

变化无穷的感性在中国美学分析为美在意象。现在对审美意象的性质作一些分析与释义，审美意象最主要的性质有以下4个层面的体现：

(1) 审美意象不是一种物理的存在，也不是一个抽象的理念世界，而是一个整体的充满意蕴、展示无限情趣的感性的精神世界，也就是中国美学史中所讲的情景交融的精神世界。

(2) 审美意象不是一个既成的、实体化的存在，而是在审美活动过程中，重构与新生成的主观意识与精神世界。柳宗元先生说："美不自美，因人而彰"，彰就是生成，审美意象只能存在于审美活动中。

(3) 意象世界显现的是一个内在真实的世界，即人与万物为一体的生活世界。这就是王羲之说的"如所存而显之"、"显现真实"。

(4) 审美意象给人一种审美的愉悦，即是王羲之所谓"动人无际"，也就是平常所讲的美在变化无穷的表象中生成，美更在意象思维中产生与延伸。

审美意象不是一种物理的存在，也不是一个抽象的概念世界，而是一个完整的、充满意蕴、充满情趣的感性世界。这个完整的、充满意蕴的感性世界，就是审美意象，也就是美。这种以情感性质的形式所揭示世界的含义，就在于审美意象的意蕴。最根本的原因就是意象世界显现的人与万物一体的生活世界，在这个生活的世界上，世界万物与人的生存与命运是不可分离的现实。这是本原的世界，是原初的经验世界，因此当意象世界在人的审美观察中涌现出时，必然含有人的情感与观念。也就是说，意象世界必然是带有情感特质的世界。总之，审美意象以一种情感特质的形式揭示世界的某种意义，这种含义"情感各部分投入审美意象之中"。"感性在表现含义时，非但没有逐渐减弱和消失，反而变得更加强烈、更加光芒四射。"正是从感性和含义的内在统一这个角度，杜夫海纳把审美对象称为"灿烂的感性"。"灿烂的感性"就是一个完整的充满意蕴的感性世界，这就是审美意象，也是广义的美。

图1-31、图1-32所示的作品是以不同的线条来表达具象与抽象的融合图式，客观元素上带有主观情感的意象造型，密集线的排列形成了强烈的视觉空间效果，对设计的主题进行了理性的升华，作者借此开拓了意象思维与创意想象的能力，也充分体会了线的柔美感与节奏感。

图1-31　意象审美创意/张丹/
　　　　指导教师：伊延波

图1-32　梦古/伊延波

1.3.2　意象的分类

　　从文学的层面释义，意象就是客观形象与主观心灵融合形成的带有某种意蕴与情调的抽象概念。意象是比情节更小的单位，一般由描写物象的细节、象征、双关意等词语构成。它的含义非常广泛，主要有4种：第一是心理意象，它表示过去的感觉、知觉的经验在人心中的重现或回忆，只是在知觉基础上所呈现于脑际的感性形象；第二是内心意象，它是人类为实现某种目的而构想的新生超前的意象创意图式；第三是泛化意象，它是文学作品中出现的一切艺术形象或语意泛称，相当于艺术形象；第四是观念意象与审美意象，这两者都是表达某种抽象观念与哲理的艺术形象。

　　从美学层面释义，意象的分类主要分为4种："仿象"、"兴象"、"喻象"、"抽象"。

　　(1) "仿象"是主体通过模仿对象形态创意出的意象造型，它在感性形象上、具象上与对象相似，甚至非常逼真，主体有意被退居幕后的视觉效果。

　　(2) "兴象"是主体以客观世界的物象为引导，给受众者提供借以触发情感、驱动想象思维而完成意象世界的契机，物象使感兴得以发生，联想得以展开与延伸。在此基础上生成的象便是兴象。

　　(3) "喻象"是主体在客观世界摄取物象，赋予其一定象征意义形成的意象，它带有明显的人工痕迹。

　　(4) "抽象"是指创意主体经过思维的加工，将客体元素提炼、升华，舍弃具象细节而代用一些纯粹形式的符号来唤起观赏者的审美情感的一种意象，实现审美主体与审美客体的情感共鸣。

　　从形态的层面释义，意象有两种：一是直接的意象，二是间接的意象。作为一个创意人的想象只有一部分是来自他的阅读，还有一部分意象元素来自他童年记忆的全部感性生活体验。所有人在一生的所见所闻、所感之中，某些意象屡屡重现，充满着感情，情况就是如此。一只鸟的啁啾，一尾鱼的跳跃，一朵花的芳香，在一个特定的时间和地点里这样的记忆会有象征的价值。但是，究竟象征着什么，人们无从知晓，因为它们代表了那种人的目光不能透入的感情深处。艾略特说："意象来自于他从童年开始的整个感性生活"，通过这段话可以明确地直接阐释意象的生成，而间接的生成是"一个作者想象只有一部分是来自他的阅读",间接又分为比喻、明喻、暗喻、隐喻等的象征含义与审美情感的交流互动。

1.3.3 意象的研究范畴

意象的研究范畴,可从中国古典美学的层面去研究与学习。从美在抽象的维度、意象和具象及抽象的关系、意象与装饰性的潜在关系等诸多方面去认识与学习意象思维,理解与掌握意象思维与创意表达的方法与进步途径,更好地将意象思维应用在创意表达的设计活动中,使视觉语言表达更具有文化内涵与象征的意义,也能更好地表达意象造型的内在含义。

1. 美在意象

美在意象是中国传统美学的观念,一方面否定了实体化、外在于人的"美";另一方面又否定了实体化、纯粹主观的"美"。那么,美在哪呢?中国传统美学的回答是:"美"在意象。中国传统美学认为,审美活动就是要在物理世界之外构建一个情景交融意象的世界,即所谓"山苍树秀,水活石润,于天地之外,别构一种灵奇",所谓"一草一树,一丘一壑,皆灵想之独辟,总非人间所有",这个意象世界,就是审美对象,也就是平常所说的广义美(包括各种审美形态)。"意象"是中国传统美学的一个核心概念,这个"物的形象"不同于物的"感觉形象"和"表象",物形象是"美"这一属性的本体,宗白华先生在他的著作中阐述:"美与美术的源泉是人类最深心灵与环境世界接触相感时的波动。"所以,一切美的光是来自心灵的源泉,"没有心灵映射,是无所谓美。"使万象得以在自由自在的感觉里表现自己,这就是"美",他所表现的是主观生命情调与客观自然景象的交融与渗透,成就了一个鸢飞鱼跃,活泼玲珑,渊然而深远的创意意境。"

图1-33、图1-34所示的作品体现了将客观形象与主观意象融合,形成了带有某种意蕴

图1-33 崇拜/伊延波

图1-34 意象审美创意/任新光/
指导教师:伊延波

与情感的意象元素，由描写物象的细节、象征切入重构，依靠作者的心理意象、审美意念来组织设计创意，构成意象化、创意化、审美化的具有视觉冲击力的传达效果，使设计表达更具有理性的设计美感与抽象的审美意境。

2．意象可以抽象的程度

意象可以抽象到何种程度？以上所阐释的是种种物理对象的心理意象，例如：人体和风景的心理意象等。但是，在这些心理意象中，有很多并不是直接来源于物理对象的本身，而是由某些抽象概念间接地唤出的意象。另外，有些意象视觉形态还被约简为某种形状或某些性质的"暗示"或"闪现"，因此人们在这种情况下看到的东西很难说是与客体相似。这样一来，就引出这样一个命题：心理意象会达到何种抽象程度？

3．意象和具象与抽象

具象与抽象是两极化的名词，从某种意义上讲，从具象到抽象是对可见可感的现实世界不同程度的再现与抽象，或者说抽象与具象原是形象程度上的差异，不是本质上的对立。因此，人们认为意象、具象、抽象，在本体上都是意的象，但是视觉形态与图形却又是表达迥然不同的视觉语言或图式，具象形态可以通过提取、概括、归纳处理的方式转化为意象造型美的形态与图形。所以意象是具象与抽象高度融合生成的图式。

4．意象与装饰

人类的艺术从诞生时起，就与"装饰"联系在一起，装饰性的表现是运用装饰形式手法形象地进行表达，造型处理偏重于大幅度地概括、提炼、夸张的表现；同时，倾向于浪漫、抒情地传达审美理想，体现趣味化甚至唯美化的视觉风格。许多装饰艺术形象实际上是意象创意的产物。意象表现的手法主要有：一是省略概括，将物象作提炼、简化处理；二是夸张变形，使装饰造型偏离自然形象的标准；三是异化透视。

5．中西意象的相关概念分析

下面将对一些与意象相类似或相接近的概念作简要的辨析，讨论与美相对立的概念。

(1) 意象与"image"西方语言的对比。西方语言中的"image"这个概念的汉语翻译并不统一，多数人译为"意象"或"影像"，也有人译为"心象"、"表象"、"形象"。"意象派"诗人所说的"意象"，是一种刹那间的直接"呈现"。

(2) 意象与形式(forms)。"形式"是西方哲学史和西方美学史上一个重要的概念，在西方美学史的"美在形式"是从古希腊开始的一种影响很大的观念。所以，有必要辨析意象与形式的区别。依据波兰美学家塔科维奇的归纳，"形式"一词在西方美学史上至少有5种不同的含义：①形式是各个部分的一个安排，与之相对的是元素、成分、构成部分；②形式是直接呈现在感官之前的事物，与之相对的是内容；③形式是某一对象的界限或轮廓，与之相对的是质料；④形式是某一对象的概念性的本质，与之相对的是对象偶然的特征。亚里士多德提出上述5种含义的"形式"中，与美学关系比较密切的是前3种含义的"形式"。

(3) 意象与形象。"形象"是我国当代文学艺术领域中通用的一个基本概念，人们把"形象性"或"形象思维"作为文学艺术的基本特征，"形象"与"意象"这两个概念的区别，有点类似于中国古代的"形"与这两个概念的区别。

(4) 意象与现象。"现象"这个概念有两种不同的含义，其中一种是传统西方哲学理解的"现象",也就是"本质"与实体相对的"现象"。

(5)与美相对立的概念,是人们在习惯上一般把丑作为与美对立的概念,即真与假相对立,善与恶相对立,美与丑相对立,但这种与"丑"相对立的"美"的概念是狭义的"美",广义的"美"是在审美活动中形成的审美对象,是情景交融的审美意象,它包括多种审美形态的综合表达。"丑"作为一种审美形态,也包括在广义的"美"之内,那么什么是广义的"美"的对立面呢?一个东西,一种活动,如果它遏止或消解审美意象的产生,同时遏止或消解美感的产生,这个东西或这种活动,就是"美"的对立面。美与不美的界限,艺术和非艺术的界定,就在于能不能生成审美意象与审美意境,也就在于王羲之所说"能不能兴"。

图1-35、图1-36所示的作品清晰地表达了中西方文化元素与自然元素的不同美感,形式、节奏、元素、重构形成新的视觉文化语言,因此现将这些与意象元素相关的类似造型或相接近的造型并列辨析学习。

图1-35 意象审美创意/李欣/
指导教师:伊延波

图1-36 意象审美创意/孙薇/
指导教师:伊延波

6. 意象创意的视觉与优化

意象创意的视觉是中国传统的美学原理与现代设计理念的融合表达,是以心造象、以意取象的审美观念。在西方美学中也有类似的理论研究。例如,西方美学的移情论认为:将人的思想感情移入客观事物中,就能够使客观事物人格化,将其有生命和情感地体现,成为人的情感寄托和表现,实现人与物、意与象的主观和客观的统一融合,最终创造出意象的形象,这就是意象化的过程。而从另外一个角度对意象进行说明:自然界存在着普遍的对应关系,物与物、人与物、物质与精神之间存在彼此契合的关系,从而生成意象。但是，强调这种关系是直觉的对应。这些意象是隐晦的暗示，是不可把握并要进行积极主观的创造，方能实现创意的表达。当代格式塔心理学的异质同构原理则认为："形象具有某种力的结构，与某种观念力的结构相似或相近，它能够使人从形象中理解某种意义的存在。虽然人与物不同质，但是两者在意念上是相通和对称的。"

图1-37、图1-38所示的作品将思想和感情移入客观自然事物中，将生命和情感的相互融合的意象体现，实现人与物、意与象的主观与客观的相互统一表达，实现设计创意的鲜明性与视觉个性体现，给人一种彼此契合的意象含义的视觉感受。

图1-37 意象审美创意/石莹莹/
指导教师：伊延波

图1-38 意味/伊延波

意象创意的优与劣，是20世纪初英美现代派诗歌创作方法的核心，美国诗人庞德在《意象主义者的几个"不"》中给予意象的定义："意象是一刹那间思想和感情的复合体，意象不是一般的形象，而是主观与客观融为一体的形象。一方面，意象派诗人强调的客观事物，表现主观必须通过客观事物形象，以客观约束主观，竭力避免改变客观事物的形状和性质，不赋予客观事物以某种象征意义，也不是一种普通的比喻。另一方面，意象派诗人强调描绘客观事物必须表达主观的感受和体验，赋予客观事物以生命和情感，诗人的主观激情和客观形象融为一体，成为一个自身完整的复合体。为20世纪当代设计创意的产生与发展开辟了一条新的创意思维的途径。那么，意象创意的正确表达与否，与创意人的审美态度与美感直觉是分不开的，因此要培养学生的审美能力与对美感的直觉力，是生成与产生优秀创意的最佳途径，也是提升设计创意水平的发展方向。强调意象为生活中瞬间的情景与融合，强调直觉的作用，这是人生存的本真体现。意象思维则是使创意表达更广阔，与丰富不断变化的社会相呼应，也是顺应时代的需求，所以意象创意的视觉与优化是创意人运用个体审美态度和审美意识，积极地去创意表达形态与图形的含义，并在表达中演绎着新的视觉语言。

1.4　意象与意境

本节引言

意象思维存在于艺术与文学活动中，因此意象思维创意出的意境呈现在文学中，也表现在美学中，更展现在视觉意境中。应用在视觉传达设计、建筑设计、产品设计、服装设计以及绘画的视觉领域与实际中。本节阐述意境构成、空间意境、意象与自然意象、意象与意境的差异以及构成意境的条件，这些要素都是开发意象思维的理论基础和教学主题。

1.4.1　意境

意境也是中国美学范畴的概念，它是指艺术与设计创意作品的主题，即人与物、情与景、意与境融合后，所产生的审美的境界。意象、滋味、风骨、神韵等都是美学概念的提出，对意境论的生成有着重要的影响。意境是艺术作品与设计作品或自然景象中，所表现出来的情调和境界，也是抒情性作品中呈现出的那种情景交融、虚实相生、活跃着生命律动的韵味，具有无穷的视觉空间含义的乐趣。中国美学史的范畴包括艺术与设计作品中心与物、情与景、意与境的交融结合所产生的审美境界。《易传》"立象以尽意"说，已含有意境论的因素，对意境论的形成有着重要的影响，对意境论的形成有直接的启迪作用。唐代王昌龄首创，"诗有三境：一曰物境，二曰情境，三曰意境"，均为意境的基本特征的深刻论述。

近代王国维先生总结了中国古代意境理论，提出"何以谓之有意境？曰：写情则沁人心脾，写景则在入耳目，述书则如其口出是也。"现代宗白华先生，也把意境论提高到民族美学的经典高度并加以系统地阐述，意境学说的理论内涵和价值与日升温。"意境"经常是文艺作品借助形象传达的意蕴和境界。含蓄的意思和意趣、趣味又是意境导致的结果，"意境"在语言文字或视觉信息中所表示的内容、价值是传播的作用。在"意会"的内心领会思维意境与视觉意境，这是视觉传达设计的主题与意义所在。

意境也是中国传统哲学思想的重要范畴，它与美学一样作用于艺术活动与设计活动中。传统的绘画是通过时空与境界的描绘，在情与景高度融合后所体现的艺术境界。意境理论最先出现于文学创作与批评，三国两晋南北朝时期文学创作中有"意象"说和"境界"说。唐代诗人王昌龄提出了"取境"、"缘境"的理论，刘禹锡和文艺理论家又进一步提出了"象外之象"、"景外之景"的创作见解。明清两代，围绕意与境的关系问题又进行了广泛的探讨。明代艺术理论家朱存爵提出了"意境融彻"的主张。中国的山水泼墨最讲究意境的营造，清代诗人和文学批评家认为意与境并重，强调"抒写胸臆"与"发挥景物"应该有机结合起来。近代文学家和美学家都强调"意"的重要性。

图1-39、图1-40所示的作品从意象、神韵、意境的美学理念出发，是意境与自然形象的综合表达，情感与境界、心与物的交融、虚与实相生的韵味中表达审美观念，形成丰富的视觉语言与空间美感的传递与表达。

意境概念在中国绘画中主要用在山水画，在五代、宋、元时代得到迅速发展。但早在三国两晋南北朝时期，受道家思想和玄学的影响，山水画创作已经从地图制作式的

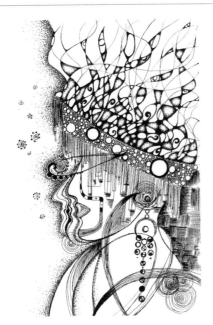

图1-40 意象审美创意/徐文廷/
指导教师：伊延波

图1-39 意象审美创意/孙珊珊/
指导教师：伊延波

幼稚阶段，跨进了讲"实对"，重"写生"的时期，画家们开始注重实境的描绘，并提出了"得意忘象"的理论和艺术创作宗旨，在"畅神"、"怡情"的思想指导下进行创作。这种理论和实践是后来传统绘画强调意境构成的先导。唐代美术史家张彦远提出了"立意"，五代山水画家荆浩提出了"真景"说，宋代画家郭熙提出了山水画创作"重意"问题，认为创作应当"意造"，鉴赏应当"以意穷之"，并第一次使用了与"意境"内涵相近的"境界"的概念。宋、元文人画的兴起和发展，画家的艺术观念和审美理想，尤其是苏轼在绘画上倡导诗画一体的艺术主张，以及元代画家倪瓒和钱选的"逸气"和"士气"说的提出，更使传统绘画从侧重客观物象描摹转向注重主观精神的表现。以情构境、托物言志的创作倾向促进了意境理论和实践的发展，对绘画中的意与境和相互关系作了较深入的分析，对绘画中的虚实、形神、情景等问题，意境的表现问题都做出了有益的探索。意境理论的提出与发展，使中国传统绘画，尤其是山水画创作在审美意识上具备了双重结构：一是客观宁静旷远的意境事物的艺术再现，二是主观精神表现，而二者的有机联系则构成了中国传统绘画的意境美。传统的审美意境在今天的创意设计表达活动中，一样具有积极的促进意义与启迪作用。

1.4.2 意境构成

意境构成是以空间与境界为基础，通过对境界的把握与经营得到"情与景融合、意与象融通"的思与行统一。这一观点不仅是艺术创作的根据，同时也是设计创意的依据。绘画是通过塑造直观的、具体的艺术形象构成意境的，而设计创意表达则是运用意象思维传达与影响被传播者的，因此学生与创意人是社会的领跑者，审美观念与审美形态及图形的优劣，直接影响社会与引导人们生活方式的改变，视觉信息的表达与传播者作用不可小视。为了克服意象造型的审美观念与审美表达的问题，以及在瞬间和静态感带来的局限性与困难，要加强学生与创意人的意象思维能力与创意表达能力的培养，是当今设计艺术教育教学的核心。通过富有启发性和象征性的视觉语言，达到积极主动的意象思维活动，掌握创意表达手法的流程和空间形态拓展能力，运用透视与透叠，正形与负形，黑、白、灰的意象造型元素，以最大限度地展现视觉时空的审美意境。一方面使设计创意在意境构成上获得充分的主动表达，突破与超越特定时空元素的局限；另一方面是为创意经济的发展，提供广阔的艺术想象的空间，使创意作品更具有无限的空间和形象蕴涵，创意出丰富的视觉语言服务于社会，创造出更广阔的视觉空间与思维意境。

图1-41、图1-42所示的作品是通过静的形态与动的结构关系对视觉意境的把握与表达，体现了情与景的融合、意与象的融通的意象造型。

意境的最终构成是由创意和欣赏两个方面的结合才得以实现的思维活动。创意是将无限的表现为有限，百里之势浓缩于咫尺之间，而欣赏则是从有限视域到无限的想象，咫尺间体味到百里之势。正是这种由面到点的创意过程和由点到面的欣赏过程，使创意作品中的意境得以展现出来，二者都需要形象和想象才能感悟到意境的美。意境就是设计家与画家用所表现的形象来表达胸中之意，对山水的情感，让后人欣赏创意作品的丰富视觉内涵。

在中国美学史上，意境这一概念的明确提出比较晚，唐代的艺术批评从佛学术语中引进了境和境界的概念，用来表示艺术表现的对象和创作的艺术形象。唐宋以后，意境的概念

图1-41　视觉温度/伊延波

图1-42　意象审美创意/孙妍/指导教师：伊延波

才开始出现在艺术批评中。通过清代的作家、批评家的讨论、辨析和广泛使用，意境的内涵更趋丰富、深刻和统一。意境理论的形成则是一个长期的历史过程，在先秦时代，中国古典美学已经研究了心与物的关系，认识到人之情是外物感动的结果。魏晋南北朝时期，在深入探索形象思维规律的基础上，充分讨论了艺术创造中的主观情感地位的情景统一的问题，要求"以形写神"，做到"气韵生动"，注意对审美对象内在特征的把握，自觉追求艺术的意蕴。

图1-43、图1-44所示的作品都是应用花、云、水等自然表象元素，以具体的事物与意象思维相结合，把对事物的情感思维用意象造型重构与表达，使观者欣赏到丰富的意境与视觉内涵。

图1-43　意象审美创意/王倩倩/　　　　　图1-44　意象审美创意/孙珊珊/
　　　　指导教师：伊延波　　　　　　　　　　　　指导教师：伊延波

1.4.3　意象的空间意境

"意象"一词又是中国古代文论中的一个重要概念。古人以为意是内在抽象的心意，象则是外在的具体物象；意源于内心并借助于象来表达，象其实是意的寄托物。中国传统诗论实指寓情于景、以景寄托情、情景交融的艺术处理技巧。诗歌创作过程是一个观察、感受、酝酿、表达的过程，是对生活再现的过程。而意象思维就是设计者对外界事物的心有所感，将寄托的思维与情感赋予所选定的具象或抽象的视觉形象上，使之融入创意人的某种感情色彩与思想内涵中，并创造出一个特定意象空间与审美意境，使欣赏者在阅读的时候能依据这种视觉艺术的作用在内心进行二次创意与解读，还在被传播者的所见、所思、所想、所感的基础上渗透并参与观者自己的感情、情绪、形态、审美、色彩以及个性与个人阅历。

1.4.4 意象与自然意象

意象通常是指自然的意象,即取自大自然的元素借以寄托情思的物象;意象都是自然意象。有时诗歌中所咏叹的社会事物、所刻画的人物形象、所描绘的生活场景、所描述的社会生活情节和史实,也是用来寄托情思的,这也是意象。即是相对于物象的事,相对于自然意象的社会意象。它是分析诗歌散文时的用语,是指构成一种意境的各个事物,这种事物往往带有作者主观的情感,这些意象组合起来就构成了意境;意象组合在一起,就形成了一个凄清、伤感、苍凉的意境。意象是具体事物的体现。意境是具体的事物组成的整体环境和感情的结合,情寄托在景中,景中有情,情景交融。

在中国诗学中一向重视"意"与"象"的关系,亦即"情"与"景"的关系,"心"与"物"的关系,"神"与"形"的关系。关于意象方面的论述很多,例如,刘勰指出诗的构思在于"神与物游";谢榛说"景乃诗之媒"直至王国维所谓"一切景语皆情语也"。移情于景,存心于物,凝神于形,寓意于象,实际上只是中国传统诗学关于诗的意象手法的不同表述。汉字作为象形文字,源于原始的近乎图画的符号,例如:"日、月、水、火、山、川、马、牛",相对于西方的拼音文字,汉字与诗的意象表达手法有着某种天然的联系,甚至有人据此提出"字思维"。而作为象形文字的汉字在长期的演变过程中,已逐渐抽象化。在指事、象形、形声、会意、转注、假借这6种造字方式中,象形的比重越来越小,现代汉字已经成为一套趋于纯粹的语义符号。然而,意象与自然意象、意象思维与审美观念、意象与创意表达,都是设计创意研究的主题与思考的方向,进而形成新的视觉语言体现与传达。

1.4.5 意象与意境的差异

意象与意境是设计创意中的两个重要概念,但对于它们的含义,许多人却往往混为一谈。对"意象"与"意境"的区分是正确界定其含义及关系,对于意象思维和创意表达都有积极的意义。文艺理论大家童庆炳先生在《文艺理论教程》一书中对意象与意境作了如下界定:意境是文学艺术作品通过形象描写表现出来的境界和情调,是抒情作品中呈现的情景交融、虚实相生的形象及其诱发和开拓的审美想象空间。意象是以表达哲理观念为目的、以象征性或荒诞性为基本特征,以达到人类理想境界的表意,即为艺术的典型性。根据这个界定,可概括出以下两点:

(1) 意象是一个个表意的典型物象,是主观的象,是可以感知的元素。意境是一种境界和情调,通过形象表达或诱发,体悟抽象的想象。

(2) 意象与意象的组合构成意境,意象是构成意境的手段或途径。正确地把握意象与意境都需要想象力发挥作用,而意象和意境的差异,则是创意人的主观情思与客观景物融合而创造出来的浑然一体的视觉境界。意象思维创意离不开意象,意象的选择只是创意的第一步,是意象造型的基础;组合意象创造出"意与境界"视觉语言的意境。

图1-45、图1-46所示的两幅作品的区分是意象与意境的差异表达,清晰地体现了意象思维的最终目的是围绕设计创意主题与思维拓展而进行的意象的表达。

图1-45　意象审美创意/孙薇/
指导教师：伊延波

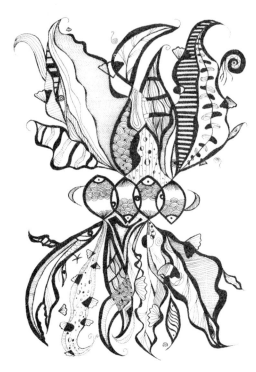

图1-46　意象审美创意/刘冰/
指导教师：伊延波

意境与境界才是意象的最终目的：第一，它们所达到的层次和深度不同，意象是指审美的广度，而意境指的是审美深度；第二，意境是意象的升华；第三，在中国文化中，意象属于中国古典美学的范畴，而意境指的是心灵时空的存在与运动，其范围广阔无涯，与中国人的整体哲学意识相联系。概括地讲，就是创意视觉语言的传达环境，可以是意象思维的创意场景，也可以是回忆，也可以是心中所想，实际却达不到的场景。意象创意表达的意境是创意人的心境和感受，"感时花溅泪，恨别鸟惊心"就是这个道理。意境与意象在本质上有一定的联系，都是主观与客观统一的产物，也是情与物的结合体。但它们又有区别：从形式分析，意象与词句相关；意境则与整体对应，把这些意象组合起来便生成了一幅融情于境的视觉语境。

1.4.6　意象构成意境的条件

意象构成意境的条件主要有两种情况：其一，由一个意象构成一个意境，独特意境。一般视觉艺术表达都是如此。其二，意象组合形成意境，即由多个意象构成一幅生活图景，形成一个整体意境，意象形态与图形都在抒情，引发观者无尽的审美想象，形成了审美的形态与图形的意境。从中可以发现，意象离不开意境，意境需要意象的构成与重构，形成符合审美意境的独特视觉含义，具有鲜明生动地呈现出绚丽的图与形的意象构成意境。

单元训练和作业

1. 作业欣赏

   要求：运用意象思维进行创意表达：①联想与想象表达；②自选故事表达。

2. 课题内容

   从视觉语言出发，运用点、线、面的造型元素，应用意象思维创意出新的形态与图形，手法构成不限，表达儿童时期的一个有趣的场景，运用自然元素与环境要素创意。

3. 课题时间：4学时

   教学方式：用A4纸张进行设计创意，完成作业后，师生共同讨论并点评、讲解意象思维的方向与思路，从中体会意象思维与创意表达的空间形象，学会开发意象符号与意境表达的方法和视觉语境。

   要点提示：意象与创意、内容与主题、审美与形式、主观与客观、自然与文化之间的内在联系，它们都是意象生成的诸多因素，因此认识并掌握意象思维是创意表达的源泉。

   教学要求：掌握意象思维与创意表达的方法，运用形态和图形的构成方法进行创意。

   训练目的：使学生从理论的层面认识意象思维生成与渊源，并为意象造型方法提供创意表达的手段，提高学生意象思维能力与意象造型表达的能力，达到主客观的高度融合与统一。

4. 其他作业

   要求：收集生活中各种视觉元素，学会归纳、概括；将生活中的审美元素总结或整合出具有特征与个性化的形态与图形；积累意象创意元素，从而提升意象造型的开发能力。

5. 本章思考题

   (1) 意象的多变性有哪些？

   (2) 意象功能与作用。

   (3) 意象可以抽象的纬度。

6. 相关知识链接

   (1) 孙宜生．意象素描——意象造型教学[M]．武昌：华中工学院出版社，1986.

   (2) 陈放．意念的创造[M]．哈尔滨：黑龙江美术出版社，1996.

   (3) 叶朗．美在意象[M]．北京：北京大学出版社，2010.

   (4) 刘显波．意象素描[M]．武汉：华中科技大学出版社，2007.

   (5) 于帆，陈燕．意象造型设计[M]．武汉：华中科技大学出版社，2007.

   (6) 陈圣生．诗歌意象纵横论[M]．北京：中国社会科学出版社，2011.

   (7) 叶朗．意象[M]．北京：北京大学出版社，2008.

   (8) 赵书．意象书法吉祥百字图[M]．北京：北京工艺美术出版社，2010.

   (9) [美]S．阿瑞提．创造的秘密[M]．钱岗南，译．沈阳：辽宁人民出版社，1987.

第 2 章　思维与视觉

课前训练

　　训练内容：收集图片或影像资料，从中分析出美的形态与图形元素，运用圆形、方形、三角形的造型方法，将收集的图片进行感性阅读、分类、归纳，并总结出它们之间共同的造型属性与元素，使意象造型的表达更具有视觉传达力。

　　训练注意事项：创意表达的过程中，应以意象审美为主导，思考从一般思维向意象思维转换的过渡，从思维活动变换为视觉语言蜕变的提升过程，以此达到意象造型表达的视觉意境突破，建立独特的造型语言与个性创意的图式。

训练要求和目标

　　训练要求：启发和引导学生从一般思维向意象思维的方向转换，将具象造型与抽象造型融于意象创意表达中，超越已有的审美观念，让主观的审美理念成为创意表达的主导理论，探索意象创意表达的视觉语言，应用形态与图形表达意象造型。

　　训练目标：使学生能够正确地认识和理解思维与视觉的关系，掌握意象思维转换成视觉语言的正确方法，学会从多角度和多层面去观察与思考，达到熟练掌握和表达意象造型的表达能力，在未来的工作中能自由地运用联想与形象的方法。

本章要点

　　了解思维种类
　　掌握视觉心理的相关理论
　　辨别视觉注意3个内容
　　构成视觉语言的元素
　　意象思维与创意思维的互为作用

本章引言

　　思维是人脑通过视觉反映的认识过程。视觉是为意象思维提供元素的途径。本章主要讲述了视觉心理、视觉思维、视觉语言的基本理论。其中分析了思维意象、创意思维、三种常规思维、联想思维的概念与理解。通过视觉认知心理的提升，对视觉思维起到良好的意象造型表达的推动作用，构建一个基本的意象思维与创意思维的方向或路径，促进视觉思维的运用与视觉语言的应用，思维与视觉在设计传达领域应用非常灵活与广泛。

2.1 思维

本节引言

思维是人类在漫长的历史长河中进化的体现,而思维能力又是客观世界诸多元素长期作用在人脑的结果。本节主要讲述思维、三种常规思维、思维方向分析、抽象思维与意象思维的差异,想象思维与创意思维、联想思维、外置思维与创意培养的基本理论,揭示了意象思维与创意思维之间的内在联系,逻辑思维与形象思维及灵感的内在属性,以及培养创意能力的重要性。

2.1.1 思维

思维不是两个或几个概念简单地联想组合,而是在概念的组合后应该在内容上是正确的,应该反映出概念所代表的现象之间的客观联系。这种一致性,也就是评价思维的主要标准之一。另一个标准是思维的广度,这种思维概括和说明了大量不同类型的事实,最富有成果的思维还包括新的、还没有被发现的现象。一般说来,前面讲的思维被证明是有重大价值的,也就是成为理论,是研究其他思维产生的依据。为了产生思维,在大脑里至少必须储存有两种模型的兴奋,它们的比较也是思维的实际内容。思维或者说思想不是神经元的模型,而是运动,是一连串活化作用及模型的比较。神经元模型是物质的,而思维与运动一样不能称之为物质。大脑使任何思维具有某种具体的符号外壳,而且不同于前人,都具有运用空间视觉符号:色彩、图形、文字、声音、影像、字母和数字的表示,种种符号的不同影响力使视觉语言的传达力可以提高,思维是学生与设计师亟待解决的学习内容。

图2-1、图2-2所示的作品采用均衡式构图的方法,并没有统一的定式,尽量在内容与造型重叠上多分析与思考,根据作者的思维、创意、情绪进行思维的纵横叠透,对意象形态赋予了新的生命与韵味。

图2-1 意象审美创意/徐文廷/
指导教师:伊延波

图2-2 生命魅力/伊延波

1. 意象思维

意象思维是对记忆与知觉之间的关系，在可以不问"记忆究竟是什么"的情况下，做出种种不同的描述与分析。比如，当一个人到动物园中去观看大象时，他会即刻把眼前出现的动物同他自己原先就拥有的关于大象的"视觉意象"作比较，然后，才认出眼前的动物的确是大象。这种通过知觉到回忆、视觉意象到思维意象的思维过程，是心理认知的过程。

第一，心理意象是什么状态？假如这种与外在知觉对象相对应的"内在意象"不是被用于识别某种外在物体，而是作为一种独立的形象出现，它会是个什么样子呢？当思维活动涉及某种物体或事件时，只有当这些事物或事件以某种方式呈现于大脑时才有可能。在直接的知觉活动中，这些东西可以被看到，甚至会被触摸到。而在知觉之外的其他心理活动中，它们却只能由那些记忆的或认识的形象间接地呈现出来。首先，出现于大脑中的意念，仍然是那些个别的或具体事物的意念，理解活动从这些基本意念出发，经过思绪的升级，逐渐上升为少数几个一般的意念。思维意象是模糊不清的，因为它还不具备一种真正的意象应该具备的东西，与知觉相比它还稍为逊色。当然，思维意象也会起到一种积极或肯定的作用，主要是由它的特殊本性决定的，那么这种特殊本性就是学习与探索的方向与内容。

第二，没有意象能思维吗？进入21世纪后，心理学家们开始通过种种试验去寻求这个问题的答案。在试验中，他们往往向被试者提问一些引起他们思考的问题。实际上，这种"无意象思维说"并不认为一个人在思维时从中找不到一点儿形象性东西。恰恰相反，他们一致认为，思维往往是有意识的，只是这种有意识的活动不是一种意象。即使那些经验丰富的人，当让他们把自己思维时脑海中进行的活动描述出来时，也感到无能为力。

今天的心理学家则坚持下述看法：如果证明了某种现象在"意识"中存在，自然会使人们相信它们在心灵中存在，但是如果一种心理事实是意识，不能接近，就不能由此而肯定它是否存在。除了心理分析学家们描述的那种极为特殊的"回归"机制之外，恐怕绝大多数人的心理活动功能都是发生在意识之下进行的。这些活动当然也包括了感官进行的日常感受活动，在思维活动中所做出的许多反应都是自动完成的。或者说，几乎所有反应都是自动完成的。因为这些反应所需要的步骤极为简单，所以只需一瞬间便足够了。因此，仅凭这些反应很难把思维的本质揭示出来，当提到那些试验者或被试者回忆他们思维时意象活动时，他们总是绞尽脑汁，甚至在动用自己的推理能力。

人类是运用语言媒介进行思维的，而意象所做的工作则是在意识限制之下进行的。这样一种假定虽然似乎极其合乎实际，但仍然没有告诉意象究竟是个什么样子，也没有告诉它是如何工作的。意象思维任何时候都可以进入意识之中，只是在那些早期心理试验中，被试者不愿意承认它们罢了。他们之所以声称没有见到什么意象，或许是因为他们经历到东西与他们所持的关于"意象"概念不符，意象思维的存在与作用，瞬间左右着思考或决定。

2. 创意思维

创意是一种复杂的思维过程。它起源于自觉的、有意识的思考，即搜索、接受和重组必要的信息，提出各种可能的方案，随之有了一个孕育的阶段。在意识或潜意识中进一步思索和酝酿各种信息重新组合的可能性。最后，通常由于受到某种因素的启发，以灵感的方式突然产生。

创意思维的表现方式如下：

(1) 组合。这是创意产生的一个主要方法，也是把旧元素进行重新的组合，从而产生新的视觉语言与图式。这些旧元素的组合与再创造或两个不相干的事物组合再创造，都需要通过一个共通的、有机的结合，进而产生新的视觉传达意义。

(2) 文字。文字是意义、概念的载体，是语言随着社会进步而产生变化的视觉元素，往往产生新的概念。文字的变化中蕴藏着无数新的意念、新的创意，因此在创意上能产生很多新颖的视觉表达形态与图形的含义。

(3) 文化。文化是一个复杂的体系，有物质文化、精神文化之分。在现实的传达中，两种文化交织在一起，相互渗透。创意与文化之间有着很强的相关性，有博大的文化作为创意的基础，才会找到更多的创意闪光点。

(4) 传统。在传统的文化中，充满了寓意和象征的含义。

(5) 分析。把一个整体的事物或物解剖成不同的成分、元素，分解后在每部分里找到一定的形式和意义的视觉语言，加以运用。一个常见的物象被分解，就打破了常有的看法；改变观察的角度，会发现换个角度看问题更有意义。

(6) 综合。把不同的形态元素、不同的概念元素通过一定的形式组合在一个空间里，这样可以发现异乎寻常的视觉特效。

图2-3、图2-4所示的作品都是应用多种综合元素统一的方法，作者将不同的意象元素进行新的重构，产生变幻无穷、丰富多姿的视觉语境，图2-3是点、线、面结合的表达，图2-4是应用关系创造的动感。

图2-3 意象审美创意/任新光/
指导教师：伊延波

图2-4 意象审美创意/马飞君/
指导教师：伊延波

2.1.2 三种常规思维

人的思维运动是看不见、摸不着的,但是可以通过思路反映出思维的特征。总览人类各种思维现象,可以总括为三种常规思维方式:逻辑思维、形象思维、灵感思维。它们在实际的工作中都反映出各自鲜明的个性与不同,并从创意的源点上激发出不同的表达意念。图2-5是应用被多种意象元素叠加得十分饱满,处理这种构图时要注意思维的主次关系。图2-6是主体突出鲜明,视觉焦点明确,四周的视觉元素起到了画龙点睛的作用。

图2-5 意象审美创意/孙薇/
指导教师:伊延波

图2-6 信仰/伊延波

1. 逻辑思维

事物内在的必然联系、构成原理、发展的必然规律都反映为逻辑关系,所以从事物构成的内在结构、构成原理、发展规律中思考,就是逻辑思维的基本特征。逻辑思维是学生在认知形态和图形过程中借助的概念、判断、推理表达的实践过程。它与形象思维不同,是运用科学的抽象概念、范畴揭示事物本质的思维,表达认知实践的结果。逻辑思维是一种确定的,前后连贯一致的思考关系,是有条理和有根据的思维。逻辑思维的方法主要有归纳、演绎、分析、综合,以及从具体思维晋升为抽象思维的过程。但是,它必须建构在社会实践发展的基础上,才能形成和发展逻辑思维的能力。而从社会实践中体悟把握事物的本质后,方能确定逻辑思维的任务和方向。实践的发展使感性经验增加,也使逻辑思维逐步深化和发展,是人脑对客观事物之间的联系与概括的反映。逻辑思维凭借科学的抽象揭示出事物的本质,它具有自觉性、过程性、间接性和必然性的特点。在设计与创意中,形象思维需要超越本身的自然形象时,逻辑思维会发挥作用,使形象重现新的视觉语境和传达含义。

2. 形象思维

从直观的形象元素契入,展开各种即兴的、延伸的思索,是形象思维的主要特征。现实社会中物质形态各异,人的精神感观千变万化,当特定的物质状态与人的精神状态产生撞击时，人的意识层会自然地产生出特定的意念，把不同的物质和精神状态下产生的意念进行排比，其中都自然地保留着原有形象元素作用和精神感官的影子。睹物生情、有感而发、有此及彼都反映为现实形象思维最普遍的现象。自然界的植物、海洋生物、云彩、岩石、水纹、泥土、各种动物的神态、人体曲线和丰富情感表现等，都是以直接的方式多次频繁接触的。接触得越多，感知就越深，注意度就越高，研究的深度与广度就越大，认知与表达的愿望越强，对关心的创意形象就越感兴趣，在创意思维中也越能表露得生动感人。

自然界的各种形象丰富多彩，对学生与创意人而言，可以说是取之不竭、用之不尽的创意元素。可以从生物功能、生物结构与状态的角度长时期观察，发现要想表达的瞬间形象元素。但是，自然形象并不是时刻都会主动地作用和刺激于创意人的视觉的，而是要求学生必须主动增加接触自然界中的各种事物形象的机会，才能获得思绪的最大的收益。就像没有吃过李子的人是不知道李子的酸甜一样，更谈不上从中引申出形象感知的再思考。形象思维在设计创意中应用得非常普遍，学生要不断增加对各类形象的认知和积累，在不同形象的作用和表现中提高认知能力，探讨各种形象的社会认同意义和发展趋势，提高视觉语言形象个性的表达能力，使设计创意的形象语言更具有视觉的影响力与震撼力，让形象思维得到更好的传达。

3．灵感思维

思维进入特定的环境，会突发性地产生某种思路，这是灵感思维的显著特征。灵感思维与其他思维形式相反，当思路萌发时，思考的内容与结果没有什么必然的联系，就像漆黑的夜空中突然闪现的火花。其实，这只是表象。人的思维结构分为知识平台、运转轴线、环境三个部分，有什么样的结构和容量的知识平台，就会支撑起什么样的运转轴线，决定着运转中的捕捉频率和面向环境的内容，整体结构犹如一座雷达。从这样的结构中可以观察出思考的重要性，从中得到与之完全没有逻辑联系的视觉效果。从表象分析，运转轴线和环境与得出的视觉效果没有直接联系，但其中知识平台的结构和容量，潜在地根植于思考积累中，并反复地向新的思考点输送思维信息与创意，一旦有机会内容相互碰撞，必然会获得意想不到的视觉效果，传达出与思考主题相关联的思路，而其中相关联的就是灵感思维。灵感思维在设计创意中被设计师与创意人广为认同，常常被视为带有"天分"色彩的先天素质，这种被神化了的灵感思维其实就是长期观察与思考的结果，绝非偶然。

透过上述原理，一个人灵感的多少、出现频率的快慢，一是取决于自身知识平台的结构与容量。比如一个对商品结构或广告策划知识非常缺乏的人很难产生出好的创意，一旦他对此有所研究，拥有一定量的相关知识，才有可能在此方面显现出灵感；二是取决于能否把有限的知识平台加速运转整合起来，有的人只会读书积累，但却不会把各种知识集成式地融入思维中，发挥效用；三是是否能在研究问题时，把思路调整到不同的创意环境中。例如：思考一幅标志造型创意，海洋、植物、人的行为的要求、社会审美潮流、时尚艺术表现风格、高新技术与材料、触觉、人生观、家庭、工作等不同的环境元素的渗透与介入，都会激活思维的更迭，努力和有意识地培养与体验对灵感火花的表达，以此来丰富和提高意象思维与创意表达的影响力。

图2-7、图2-8所示的作品是以形象思维与灵感思维相结合的创意，时间上的、空间上

的、物与人的、人与事的关联性等，这些都是创意人要传达的视觉意念，因此创意出的视觉审美意境与心理空间感差异较大的作品，给人以遥远感的视觉语境。

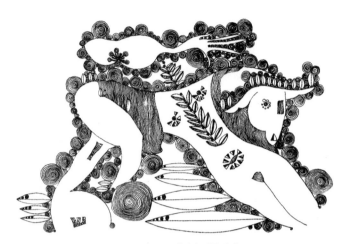

图2-7　靠近/伊延波

图2-8　意象审美创意/张丹/
指导教师：伊延波

2.1.3　思维方向分析

从思维方向的层面分析，可分为顺向思维、逆向思维、跳跃思维、终点思维。成人与儿童之间，思考问题的思维是不同的，从直观上反映的是成熟和不成熟，其实这种成熟与不成熟的背后，有着思路的定向与不稳定性的区别。儿童的思路今天可以这样，明天又会改变成那样，哪怕是前一个小时之前的表达，思路与现在也会有明显的区别。而成人随着年龄的增长，思路会越来越显露出单一性或单向性。所以许多设计师或艺术家非常欣赏儿童的童真思路，因为善于变换思路去思考问题，是帮助或启发寻求更多创意的有效方法。

思维方向的种类有以下4种方式：

第一，顺向思维是沿着事物构成的发展规律思索，探讨事物构成的基本原理和必然发展趋势。日常生活中针对一件新买的商品，总是先看说明书以弄懂如何使用和操作，这是典型的顺向思维，是顺着已经形成的商品构成去思考。

第二，逆向思维是从事物构成规律的反面进行思索，用设问的思路重新审视和验证事物构成原理、现实状态和新构成。逆向思维能帮助人们更加清醒地重新审视事物。

第三，跳跃思维是因思考进展中某一因素的作用，立即使思路直接进入一个思索点，从中获得问题的进一步展开或另辟出思索路径。

第四，终点思维则是以工作的最终目标为唯一方向，无论其中的过程如何复杂和漫长，都用最终的目的贯穿始终，并竭力减少中间过程，努力在最短的时间内以最小的投入早日完成工作。这种思维现象就是人们习惯称谓的以功利目标为核心的思维。例如：以新材料和结构设计一幅作品，思考点就在以新材料和结构表现为特色，围绕这个目标，所有的思索线和思考点都应"不择手段"地展开探讨，成效越大越快越好。日常生活、工作中的"为了工作而工作"的终点思维事例很多，它能督促人们加快思索频率，激发实现目标的热情和价值观。图2-9、图2-10是作者生活方式的体现，发饰、服饰、水与果汁，都融入了创意表达的主题中，视觉语言丰富且生动有趣，是顺向与逆向思维的一个完美诠释。

图2-9　意象审美创意/王娜/指导教师：伊延波　　图2-10　意象审美创意/张帅/指导教师：伊延波

2.1.4　抽象思维与意象思维的差异

抽象思维与意象思维的差异表现，可以归纳为：第一抽象思维。一直以来，人们总是习惯于把那些看不见、摸不着的思维与意识说成是抽象的，而把物理特征明显的、容易被人感知的东西说成是具象的。第二，意象思维。意象也是设计创意的主要思维方式，当创意人把注意力集中于事物的关键部位，而把其他无关紧要的部位舍弃时，就会见到一种表面上不清晰、不具体甚至模糊的意象形态。这种模糊的形态并不代表一个真实的事物，而是代表着某种物质的个性特征与整体象征，它不是事物的自然形态，而是在人们心灵深处感应的外化表达，更是创意人对某一种事物本质的、整体特征的认识与诠释之后视觉化的产物。

2.1.5　想象思维与创意思维

想象思维是在已有直接材料的基础上，在头脑中经过加工而重构出的新信息的心理过程，"想"在这里可以释义为加工、重塑、构成、重构等；"象"则是表示新的形态的形象体现。想象的目的是形象元素的再加工与成形；想象思维可分为再造性和创造性的思维。再造性想象思维意指主体根据知觉、材料，在头脑中再现客观事物的形象。创造性想象思维则依据经验和记忆中的形象，进行加工、整合而创造出新形象，是形态与图形创意设计的重要思维方式的体现。例如：在向他人形容某个城市的时候，对其中的风土人情都会作一些具体的描述，而对方则运用想象思维将这些信息在头脑中进行组织、加工、整理，获得一个整体的形象识别，这就是再造性的想象。相比之下，创造性的想象较为主观。又如：在电影中看到的UFO、阿凡达中的潘多拉星球等，都是运用想象思维完成创造活动的，是人类从未见到过的事物。想象思维是一种比较抽象的创造性思维方式，对于思维的构建有着重要的意义。

创意思维是每个人都具有的思维能力。在生活和工作中因职能和体验不同，就出现了大创意和小创意的差别：把一件穿旧了的衣领反过来缝制后再穿，将一个旧可乐瓶洗净后作为花瓶使用，在显微镜下看到分子结构时突然产生一个图形的构成，看到最新微电子技术成果后联想到新手机的形态构成，基于现有标志、海报、包装设计等产生的一体化视觉语言的新构想等。创意思维时刻都在人们受外界事物刺激和思绪运动中产生，有的创意表现是功利性的目标，为立刻解决生活和工作中的现状而思变，有的创意表现是如何实现价值目标。创意思变是人类社会最深层面的认识，可分为一般创意和设计创意。

在生活和工作中的活动为一般创意，能使人们的生活品质优化和充满意趣，而专业性的设计创意则是以人性化的物质形态把人类生存品质推向又一个新的物质环境。创意思维无时无刻不在丰富着人们的生活和工作，改变着人们的生活方式，提升着人们生活的品质，开拓着人们生活的新领域。创意产生的过程是表现思维的过程，犹如人想过河，过河是目的，采用什么方式过河就有思考的过程，设想中架桥过河、潜水过河、撑杆跳过河、找船过河、等河水的激流变小后游泳过河、做木筏过河等，都表现为不同思路与思维的方式。面对要解决的问题或实现的目标，应该有多条路可以到达，但是路是人走出来的，创意的形成是人敢想的结果，思路是在善于思量中越想越宽。在任何工作实践中，只有敢想，有了更多、更好的想法，才能敢干和干好。要建立和培养多条想象思路，重在如何建立和培养。要敢于反证，要勤于设问，要善于引申，要勇于推翻是良好的创意思维路径。

2.1.6 联想思维

联想是通过建立某种联系，由一事物的特征或属性想到另一事物特征或属性的心理过程。联想的基本特征是由此及彼，目的是用形象元素的寻找与关联建立和重构新的视觉形态与图形，联想的过程与结果可谓丰富多彩。例如：思维的延伸可以是从老鼠想到猫、猫联想到鱼、由鱼联想到海洋、海洋想到轮船、轮船想到钢铁、钢铁想到笼子、笼子再回到老鼠的联想思维过程。更可以在具象到抽象的连续性中进行，可以观察与寻找出表面好似毫无关联，但实质上却存在内在关联的事物，因此联想是一种非常具有创造性的思维表达方法。

2.1.7 非逻辑思维

对创造过程的研究，揭示出非逻辑形式的思维即是直觉、灵感和想象等，在创造的关键性阶段上起着主要的作用。于是，人们越来越重视对这些思维的研究，当代西方享有盛名的科学哲学家鲍波尔指出："人怎么产生一个新思想，无论是一个音乐题材或一个戏剧冲突,还是一个科学理论都是思维问题,可能对经验心理学具有重大意义,但是它同科学知识的逻辑分析毫不相干。"爱因斯坦根据自己亲身的科学创造实践,得出结论:"我相信直觉和灵感。"他一再强调,在科学创造过程中,从经验材料到提出新思想之间,没有"逻辑的桥梁",必须诉诸灵感和直觉。人类对非逻辑思维的研究有很长的历史,公元前5世纪,我国先秦的墨子和他的后学后期墨家创立了我国第一个形式逻辑体系"墨辩"。公元前4世纪的古希腊学者亚里士多德创立了今天通用的形式逻辑。古印度学者在公元2~3世纪也提出了独特的逻辑理论体系"因明"。今夫,形式逻辑更是发展到了数理逻辑的阶段,相比之下,非逻辑思维现在研究得还很不够。比如,只是在18世纪中期,德国美学家费肖尔首次把形象作为同逻辑思维并列的一种思维类型,明确地提了出来。但是,最近几十年来,随着对创造这个神秘领域的探索日益深入,人们对各种非逻辑思维的认识也与日俱增,这种探索主要是通过对科学家和艺术家的创造实践的研究,总结这些思维的形式和规律。当然,这种研究还处在草创阶段,离开建立形式逻辑那样的严整理论体系,还有更长的路要走。

如图2-11、图2-12所示的作品,其主体内容由线造型表达,作者为了避免线的枯燥乏味,特别在线的粗细、宽窄、方向、面积上做出了细致的调整,运用强对比的手法,使意象造型更加生动,富有趣味性。

图2-11 意象审美创意/王立荣/
　　　　指导教师:伊延波

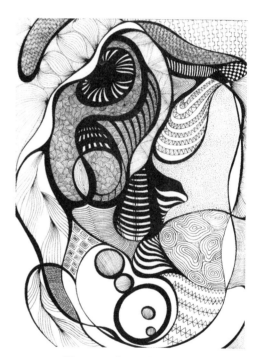

图2-12 意象审美创意/关爽/
　　　　指导教师:伊延波

1. 直觉

创意的关键是直觉,就是艺术家在形象观察和实战所取得的经验材料的基础上,通过直觉来提出代表创意成果的概念和虚拟图形与形象,经过实践检验确立以后创意的发展方向,直觉就成为建立创意理论的出发点。这几乎是说,创意行动就是直觉。在科学创造活动中有这么重大作用的直觉，并不是神秘莫测的东西。高度的直觉能力来源于个人的学识和实践经验，归根结底，就是以实践为基础。比如，爱因斯坦在进大学前和进大学后，对物理学的兴趣一直比数学大，学到的物理知识远远超过数学知识。因此，当他需要在数学中"把真正带有根本性的最重要的东西，同其余那些多少是可有可无的广博知识可靠地区分开来"。直觉这么重要，那么它究竟是什么呢？根据创意心理学研究现有的水平，今天还没给它下一个明确的定义，然而德国数学家施特克洛夫的一番话，有助于理解直觉的意义：创意"过程无意识地进行的，形式逻辑在这里一点也不参与，真理不是通过有目的的推理，而是凭着称为直觉的、感觉得到的直觉用现成的判断，不带任何论证的形式进入意识。"就是说，直觉是一种无意识的思维，不是逻辑思维是有意识地按照推理规则进行的思维。因此，直觉是思维的"感觉"先导，人们通过感官的直觉只能认知事物现象，运用直觉能够认识事物的本质和规律性，直觉是思维的洞察力。

在设计创意中艺术家依靠直觉进行选择，进行创意性的活动甚至一般的认识都是从发现问题开始的。正如苏联心理学家鲁宾斯坦所说：思维总是开始于问题。所谓问题实际上就是出现具有几种可能性的情形。法国数学家彭加勒说过："所谓发明实际上就是鉴别，简单说来，也就是选择，如果把找出尽可能多的方案的思维称为"发散式思维"，那么，在创意过程中当然还得运用"收敛式思维"。

图2-13、图2-14所示的作品是运用审美直觉来进行意象思维创意的作品，在创意设计表达中，只要仔细观察世间万物的微妙差别，无不蕴涵着造型美与肌理美，这些美好的事物就是启发思维创意灵感的火花与源泉，它们会与意象思维碰撞出千姿百态的意象造型效果和新颖奇特的视觉语境。

图2-13　意象审美创意/崔晓晨/
指导教师：伊延波

图2-14　意象审美创意/李欣/
指导教师：伊延波

美国学者库恩强调"收敛式思维"的作用，他还独特地提出，科学只能在这两种思维方式相互促进所形成的张力之下向前发展。第一，在选择中提供现成的解决办法以外，直觉还可以帮助创意人在创造活动中做出预见。第二，直觉在设计创意中提出新的概念和新的理论，就是提出新的科学思想。

应该指出，直觉是有局限性的，主要有以下两种情况：一是容易局限在狭窄的观察范围里。甚至，经验丰富的研究者，像心理学家、医生和生物学家也常常在范围有限的、数量不足的情况下凭直觉提出假说和引出结论。二是直觉常常会使人把两个风马牛不相及事件纳入虚构的联系之中。关于两个事件频繁重合的判断，是在关于它们的联想联系非常强烈的基础上做出的。可是，决定这种联系强度的不仅有事件重合次数，而且还有情感的吸引力，以及"重合的发生"在时间上的远近等心理因素。因此，直觉得出发现或者说猜测，应当由实践来检验它的正确性，这是设计创意的一个极其重要阶段。

图2-15、图2-16所示的作品是由多个形象集合而成的，如面孔、钟表特征、花形、叶子、服饰、发饰等，形象之间彼此共用边互消互长。所以在观者的眼中，因视角不同映入眼帘的形象事物也不尽相同，这种创作方式产生了一种全新的视觉元素构成，传递了更多

图2-15　意象审美创意/王立荣/
指导教师：伊延波

图2-16　意象审美创意/吴琼/
指导教师：伊延波

的视觉信息与审美意境。

2. 灵感

灵感是科学家和艺术家在创意过程达到高潮阶段出现的一种最富有创造性的心理状态。在这种状态中，科学家会突然发现，文学家会突然构思出绝妙的情节、动人的诗句等。灵感是长期辛勤劳动的结晶。苏联艺术大师列宾说："灵感是对艰苦劳动的奖赏。"作曲家柴可夫斯基更是形象地说："灵感是这样一位客人，他不爱拜访懒惰者。"灵感之所以叫人感到玄妙，一个重要原因是与有意识的逻辑思维这种心理活动不同，它是不知不觉地钻进头脑里来的，真可以说是"润物细无声"。然而，这并不意味着创造者不知道自己在做什么，或不知道自己的目标。问题是灵感产生的过程，创意者自己没有意识到，因为他的注意力完全集中在所思考的问题上。灵感是创意者长期辛勤劳动的成果。那么，在日积月累长年辛劳的基础上，到达灵感产生的阶段，可以找出些什么规律性的东西，或许能提供什么方法上的启示呢？灵感的最大特征，在于它是创意者调动自己全部的智慧，使精神处在极度紧张状态，甚至如醉如痴的疯狂状态的产物。产生灵感往往需要一定的客观条件，这一般表现为文艺家和科学家及设计师长期形成的习惯，因此这些条件都因人而异，在宁静清新的环境中，较易产生灵感。

3. 想象

法国思想家狄德罗说："精神的浩瀚、想象的活跃、心灵的勤奋就是天才。"其实，一切创造性活动都离不开想象，想象是对记忆中的表象进行加工改造以后得到的一种形象思维，因此它可以说是一种创造性的形象思维，想象可以分为再造性想象和创造性想象两种。这种区分最早是16世纪英国哲学家培根提出的，再造性想象的形象是曾经存在过的或者现实还存在着的，但是想象者在实践中没有遇到过它们。培根尤其强调"历史就是这样"。人们在学习历史的时候，不运用想象就不能深化和充实人们关于历史的知识。阅读文学作品，学习地理甚至数学等，也都是这样。创造性想象的形象却是当时还不存在的，它是从事创造性活动的一个重要的思维工具。创造性想象有以下特点：创造性想象是一种创造性的综合，是把经过改造的各个成分纳入新的联系而建立起来新的完整形象。英国诗人雪莱说："想象是创造力，也就是一种综合的原理。它的对象是宇宙万物和存在本身所共有的形象。"文学作品中的人物形象都是这样塑造出来的。作为创意性想象的结果，往往形成概念内容从直观上得到加深的"形象概念"。当代西方科学方法论的代表之一、阿根廷学者邦奇说："创造性想象富于形象。它能够创造概念和概念体系，这些概念在感觉上没有和它相应的东西，但是在现实中是有某种东西和它对应的，因此它孕育新奇的思想。"创意性想象的另一个特点是，所创造的形象强调甚至夸张了客体的某个特性。创意性想象在类比方法中也有重要的作用，它是模型方法的一个重要手段。想象模型是获得新知识的重要工具，是把理论知识同客体联系起来的手段，还是理论知识发展的重要环节。

想象还是思维创意的重要科学方法的一个要素。思维创意是在思维中对借助抽象和想象方法建立的理想化对象进行的实践，也称理想实践。爱因斯坦说："人们必须使用自己的想象力去想象一个理想实践"。英国数学家布罗诺夫斯基干脆把思维实践称为想象实践，再想象它们移到一起就必定重合。由此可见，想象的力量是无穷无尽的。意象创意思维的第一要素就是想象。

图2-17、图2-18所示的作品就充分发挥了作者的想象力。作品通过对自然对象的归纳、简化、提炼重新构成新的意象造型，这就是视觉思维与想象力的真实表达。

图2-17 意象审美创意/汪洋/
指导教师：伊延波

图2-18 意象审美创意/任新光/
指导教师：伊延波

2.2 视觉心理

本节引言

视觉心理是学习设计创意不能忽略的重要学习内容，它涉及视觉认知心理、视觉注意、视觉种类、视觉信息的理论内容，从中可以认识视觉理解、视觉情绪、视觉记忆对意象思维与创意表达的影响与作用。本节详细介绍了视觉认知的过程与步骤，阐述了视觉种类与视觉信息的内涵，使学生的思维能从感性进入理性，再超越表象向更深层次的主题提升。

2.2.1 视觉的认知心理

视觉每时每刻都在接受复杂多变的外在信息，但人总能正确地做出反应：选择、判断、识别、辨认、记忆等，这都依赖于人的视觉认知能力。视觉是人获得信息的重要途径，不同视觉现象构筑了完整的视觉感受，并伴随着相应的心理感受而活动。各种视觉现象的心理机制和心理作用下进一步视觉现象的变化，使追求进步的人们拥有了复杂的视觉心理变化。人类对此进行了多角度的研究。视觉分为感觉与知觉两部分，视觉感觉是视觉生理感受部分,而视觉的知觉是大脑在视觉感觉基础上进行的高级处理,人通过组织得到视觉信息辨认周围世界。视觉的感觉与知觉,是由光的物理特征和人眼的生理机制共同造就的视觉是人类最重要的感觉,视觉已成为许多心理学派最主要的研究对象之一,而视觉中的某些现象也直接和心理学有关,例如:形态学、色彩心理学。

图2-19、图2-20所示的作品应用视觉认知的心理图式,使曲线走向创造出一种节奏感强,与创意的视觉中心形成对比的意象造型,强调了审美意境的传达。

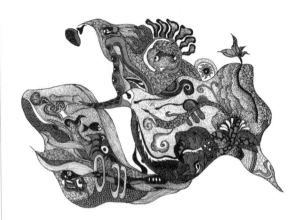

图2-19　意象审美创意/崔晓晨/指导教师:伊延波　　　　图2-20　叶色/伊延波

视知觉是人类复杂的心理产物,是心理学家长期探索最基本的理论问题。格式塔理论与格式塔心理学产生于20世纪初的德国,代表人物有惠特海默、柯勒、考夫伊卡、勒温,他们受哲学和胡塞尔现象学的影响,借鉴了当时物理界中流行的"场论"思想创建了该心理学。反对构造主义心理学关于对物体的知觉,是感觉元素的组合的观点,主张知觉高于感觉的总和,强调经验和行为的整体性。同时,格式塔心理学虽然强调经验的重要性,但更注重意识的作用,反对当时美国的行为主义心理学只注意外在经验、完全忽视内在意识的观点。

格式塔学派在研究中注重实验研究,这些实验为视知觉理论提供了重要的依据。因此,在视知觉研究方面,格式塔学派做出了很大贡献。格式塔知觉理论是指知觉有组织、结构和内在意义的一个整体,当人看到某事物时,无须对组成这一事物的各个部分进行分别分析然后再组合成整体的判断,而是能够直接整体把握事物的知觉结构。格式塔学派运用"场"和"同型论"来解释这一理论。格式塔学派借用物理学理论的概念,创造了"心理场"和"同型论"概念,作为一种整体存在决定每个组成部分的性质变化。格式塔心理学家利用这一概念解释整体结构对心理活动的作用,解释了拟动、错觉等视觉现象。视觉的生理感觉是把物理能量转换成大脑能够识别的神经编码的过程,任何感觉都是由某种刺激影响,某种感受而引起的。视觉的生理感觉是由光刺激眼睛产生影响而造成的,对人的视觉系统有作用的是一定波长范围内的电磁辐射。视觉每时每刻都在接受复杂多变的外在信息,但人总能正确地做出反应:选择、判断、识别、辨认、记忆等,这些都是依赖于人视觉认知能力来完成。

2.2.2　视觉注意

视觉注意是指眼睛把视线投向特定的目标,视觉被吸引到特定的事物。注意的一个重要功能是选择感觉输入的一部分做进一步加工。视觉在眼睛接受外在的光感信息后,经过大脑处理,在简单的感觉基础下形成复杂的知觉活动,这种知觉活动相对于简单的对明度与颜色的感觉,可以看做更高级的视觉理解活动,而理解活动最主要的体现为对图形的识别能力。

图2-21、图2-22所示的作品中,自然元素、传统元素的有序排列组合,就是错位与韵律的最好诠释,不同的视觉肌理通过间隔方式反复出现,削弱了单调的视觉感,产生丰富的信息含义。

图2-21　意象审美创意/李欣/
指导教师:伊延波

图2-22　意象审美创意/任新光/
指导教师:伊延波

1. 视觉情绪

人的视觉由明暗、色彩、运动、空间、形状等因素构成,而这些外在的刺激除了帮助对认知世界的了解,还影响创意人的心理感受、情绪。例如:地区与环境,意大利某色彩学家在欧洲地区作了日光测定,发现北欧的阳光接近于发蓝的日光灯色,人们会感觉到凉快或寒冷;而南欧的阳光则近于偏黄的灯光色,人们则会感觉到温暖或炎热,这种感觉就是通过视觉而反射到情绪上,从而影响人们的心理,光、色、形都能达到调节视觉情绪的作用。

2. 视觉记忆

视觉记忆满足了人的视觉寻找,也满足了人的心理需求,从宏观分类包括视觉领域的感觉记忆,也称映像记忆。它是指大量信息在很短时间内被存储。视觉问题解决的活动，有助于发展人认知的、情感的和心理的运动技能，为特定的视觉问题创意多种解决方案，并在创意的过程中形成调整力与选择能力，解读与反思视觉形式在空间、时间、功能、风格上的差异，描述出这种差异与历史及文化的联系，并用视觉形式的结构与意义来交流观念与评价作品。人的视觉思维能力的获得，要求能够运用精确的术语表达各视觉关系中复杂、深奥的观念，描述特定的形式与观念的起源，并阐释它们在自己及他人作品与设计中所具备有价值的元素，以及为这些观点做出评价及进行辩解的能力。同时，能够在特定的历史时期或风格范围内，将视觉形式的特性与人文学科或自然科学中的观念、问题或主题进行比较。视觉思维使人的眼睛学会如何辨别各种视觉形式要素，培养视觉的敏锐反应，增强接受视觉信息的能力，即敏锐的感受能力与如何"看"的能力，掌握一种从普遍和平常的物象中发现各种不同寻常的视觉现象的能力，进而达到对视觉形式的理解，获得深层的视觉经验和记忆的重现。

通过对基本要素、视觉法则与表现策略的研究，从而达到对视觉形式语言的理解，形成提炼个人的视觉图式并自觉运用这种图式的能力。应强调表现方法是作为深化视觉体验的表达方式，强调观察、认识、分析能力决定表现能力，掌握视觉表现的策略与方法。因此，在应用媒介、技法的过程中具备足够的敏感与信心，以便于其交流观念、经验、意图，达到对视觉信息的有效表达。

图2-23、图2-24所示作品中的意象造型是运用视觉记忆法，强调局部某一元素的变化与更迭，使构成的每一个细部处理的高低错落、起伏生动都富有形象性与条理感，是感性美和理性美的高度融合。

图2-23 像水一样/伊延波

图2-24 意象审美创意/任新光/指导教师：伊延波

2.2.3 视觉种类

设计艺术教育工作者常常提醒学生，不会使用眼睛或不能注意设计中所运用的丰富色彩是一件遗憾的事情。当然，这种说法有一定的准确性，但是，他们的责难却没有考虑每一个体对形态、色彩、肌理的读解之间的差异,而所有的艺术表达却必须依靠这些进行区别。只要稍微研究一下视觉心理就会发现,观看从一开始就是有选择的,眼睛对形态做出什么反应取决于许多生理和心理因素。现在,可以很容易证明把"观看"与刺激视网膜的光量总和等同起来,其实是错误的。他们的技艺的实现依靠的是这样一种经验,即无需对形态和图形做逐一的考察,而只要凭感觉就能区分什么是丰富,什么是混乱,相信眼前的造型与表达的多层次秩序,既丰富了视觉语言,又对规则进行了有意义的探索,又会使其仍然感受到形态与图形的变化无穷和丰富多彩。对一种在美学创造中地位甚低,而且也只配享受低微地位的艺术形式来说,这样的表述未免有些夸张。然而,历史证明,有些伟大的艺术造型突破纯与极端的限制,能化多余为丰富,能化意义模糊为神秘,这都是视觉种类的魅力所在。

在将某一特定问题的研究方法和术语运用到其他研究领域时,需要特别慎重,而现在人们却常常缺乏这种慎重,由于知觉有这样一个特征,因此信息理论所研究的那种信息加工的类比变得颇有成效。尽管应该慎重,但不要过分强调类比关系,不用专业术语也能很容易把对延续的探测和信息理论基本观点联系起来加以应用。

图2-25、图2-26所示的作品将相似的造型元素进行大小对比、方向变化构成新图式,巧妙地运用点、线、面,疏与密,动与静构成了优美的视觉韵律,使设计创意富有鲜明的民族感、时代感、节奏感的体现。

图2-25 意象审美创意/石兴/
指导教师:伊延波

图2-26 意象审美创意/李欣/
指导教师:伊延波

2.3 视觉思维

本节引言

视觉思维是学习和讨论的重要核心问题，视觉思维概念和无定形认识与内觉都是提升视觉思维理论认识的依据，视觉思维不仅是一种直观的感性经验，更是一种思维方式。本节阐述了视知觉与形式、视知觉与视觉思维、视觉思维与形式生成、内觉是潜意识的认识，内觉现象发生，讲述了视觉是认知外部世界和掌握客观世界重要的获取途径，借助视觉与思维的进一步完善，新的意象造型形态和图形不断呈现，达到有效的传达思想与情感信息，使个体的视觉思维得以延伸和拓展。

2.3.1 视觉思维的概念

20世纪中叶，国际美学大师鲁道夫·阿恩海姆首次提出了"视觉思维"的概念。所谓的"视觉思维"是指对视觉形式的感受方式，借助于形式语言进行思考的方式，运用图形媒体语言对所见所思进行描述的方式。俗话说："眼睛是心灵的窗口，事实上我们是通过视觉形象，用脑在观察世界。"视觉思维理论是阿恩海姆所发展出来的视觉心理学的一个独特系统，他借鉴了格式塔心理学的理论。格式塔心理学产生于20世纪初的德国。格式塔知觉理论：知觉是有组织、结构和内在意义的一个整体，当人看到某事物时，无须对组成这一事物的各个部分进行分别地分析然后再组合整体的判断，而是能够直接整体把握事物的知觉结构。格式塔在德文中指形式、形状、方式、实质，而今具有了新的意义。

图2-27所示的作品是运用视觉思维与意象思维的高度概括表达，作者以丰富的想象力将鱼造型的特征凸显，构图十分饱满，从而避免了单一造型和单调形态，巧妙地突出了视觉主次关系的明确性，色彩的黑、白、灰的对比构成既和谐又统一，达到了优美造型的视觉传达效应，从而创意出了优美的视觉意境，使观者对鱼的概念与形象产生无限想象。

图2-27　意象联想/孙红旭/指导教师：伊延波

1. 视知觉与形式

视，强调观看；觉，强调感知。视觉的形成是眼睛和大脑共同作用的结果。当光线照射到对象物体的时候，就由这些物体把一部分光线反射或散射出来，这些反射或散射出来的光通过人的瞳孔和晶状体把对象物体的影像投射在视网膜上，最后由视网膜的视神经细胞把这些信息传送到大脑的视觉中枢。这一过程只是获取了对象物体的编码信息，还不能形成视觉感知，只能说是完成了视觉的"资料收集"工作。只有经过大脑，根据人的经验、记忆、分析、判断、识别等极为复杂的整理过程，才能形成物体的形状、颜色等概念，才是视觉感知形成的完整过程。

格式塔心理学家认为，知觉会比眼睛遇见更多的东西，知觉是由各种感觉元素组成的。所以，对事物的视觉感知是一种心理经验(视知觉)，而不仅仅是对对象客观属性的简单识别。换言之，"任何形"都是知觉(视知觉)进行的积极组织或建构的结果，而不是客体本身就有的。如果两根相同长度的线段，在不同方向折线的影响下，使视觉感知到它们产生了长短的变化，从这一感知过程可以发现人的视觉感知并不是对物体客观属性的机械反映，而是一种积极的、主观性的视知觉。同时，格式塔心理学认为对形状的感知更是对形状整体把握的过程。当把各部分作为一个整体进行感知时，整体更具有了新的视觉含义。

2. 视知觉与视觉思维

阿恩海姆对视觉思维的本质释义证明，视知觉具有思维的一切本领。这种本领不是指人们观看外物时，高级的理性作用参与到了低级的感觉之中，而是说视知觉本身并非低级，它本身已经具备了思维功能，具备了认识能力与理解能力。阿恩海姆从不同方面来说明这一问题。

第一，视觉不是机械的器官，而是具有选择性的。"看到的各种知觉探索中显现的世界并不是直接产生的，它的某些方面顷刻就被构造出来。而另一些方面则需要慢慢地显示，但不管是迅速形成还是慢慢显示，都要经过不断证实、重新估价、修改、补充、加深理解等。"

第二，视觉作为"距离器官"，对远距离之外出现的事物或事件的迅速感知，有利于观者采取一种更加适宜的与现实相一致和平衡的活动，有利于对事物全面的认识，因而是理智的最基本表现。

第三，视觉涉及某个问题的解决，把事物的不完全部分加以补足等。

如上所述，视知觉对视觉对象具有主动选择性与逻辑组织性，概括而言，这种作用主要体现在形态构成与图底关系两个方面。组合形态构成，是将视觉信息编织成相对完整的形态以表达意义；所谓图底关系，如上文介绍是主体视觉形象从相对的底子中进行分离。实际上这两个功能又相互联系，因为人们在展开视觉组织时，往往需要形态与底子相剥离，而这种图底区分过程，正是形态编制过程。上文中介绍的格式塔形态组织方法，例如：简化方式、相似方式、接近原则等是视觉进行选择性与组织的主要方式，是视觉主动搜寻要素。

在视知觉的选择中，产生了"图"与"底"的关系，而实际上当具备了这一意识后，要在一定的视域中发现图与底的现象与关系并非难事，一般的规律体现为"将被包围的、较小的、对称的、垂直或水平的区域、运动的和有意义的物体知觉为图，反之则为底。问题是在视觉形式的建构过程中，出于效果或趣味的需要，往往故意模糊图与底的关系，以不确定性构成图和底的互相转化现象，即在特定范围的视觉信息中的图与底关系，彼此交替呈现，随着人的视觉焦点注意力的转移而变化。在视觉形式的创意与设计中，图底模糊、彼此互融的现象往往成为一种刻意追求的视觉效果。研究者又将这种使视知觉游离不定的图式称为多图形。可以认为，多图形的价值主要体现在两方面：其一，由于形态的模棱两可，而生成互动性与趣味性；其二，由于图形的歧义带来了视觉信息丰富性与感染力。

图2-28、图2-29所示的作品。在设计的过程中反复运用同一元素或同一单元，连续排列成一个整体，达到突出某种感情、强调加深观者视觉记忆的目的，呈现出统一与和谐的视觉效果。

图2-28　意象审美创意/王立荣/
指导教师：伊延波

图2-29　意象审美创意/崔晓晨/
指导教师：伊延波

3. 视觉思维与形式生成

视觉思维学说集中地体现，在阿恩海姆的《艺术与视知觉》与《视觉思维》两部著作中，重点考察艺术形式与人的视觉的关系，以对人的视觉简化机制来分析，来探索图与底的特征。后者是以对人的视知觉的理性特征的研究，对感知与思维、艺术与科学等范畴之间的对应进行缝合。阿恩海姆认为，艺术作品的视觉价值及意义是建立在知觉基础之上的，他又指出：知觉是一种抽象过程，在这一过程中，知觉通过一般范畴的外形再现个别的事实，这样，抽象就在一种最基本的认识水平上开始，以感性材料的获得来开始进行视觉思维。阿恩海姆极力主张知觉与概念是不可分割的，他认为在知觉的内涵中，应该包含着"概念"范畴，这一认识是建立在人具有把各种经验性概念与知觉活动加以联系的能力基础上的。事实上，在人的任何视觉行为中，都有原有概念的人，知觉作为视觉主体的人接触、把握视觉现象与视觉行为的过程与手段，其意义不仅是一种对客观事物简单的直观性感知，还是一种重要的创意性活动。而视觉形式意义中的知觉则是体现为在某种具体的形式态度制约下的知觉活动，可以称其为形式知觉，形式知觉的意义就在于它能够将知觉对象按照具有概念特质的形式规则进行重构，其结果是生成一种新的形式。因此，知觉成为人们获取视觉形式的一种最基本有效的手段与途径。形式的视觉试图把整个世界作为视觉形式来看待，并以此为基础建构起一种新的与自然事物的关系。而视觉思维的格式塔方法则是这种关系的具体体现。德国批评家菲德勒说："艺术与科学一样，是一种探索、一种格式塔，在人类感觉到需要为自己已具备辨别力的意识创造，一个世界艺术与科学就必然地出现了。"他进一步认为："在一件作品中，格式塔形式活动是在一个外在化完备中寻求获得视觉思维形成的道路，这样作品本质不是别的什么，而是格式塔形式本身。"

图2-30、图2-31所示的作品运用视觉思维的形式法则，将各个形象要素分辨出主次关系，有效地选择视觉焦点的所在位置，调整主体形象在表达中与其他要素之间的联系，借此获得视觉的最佳审美意境和视觉思维的传达方式。

图2-30　意象审美创意/宋国秋/
指导教师：伊延波

图2-31　意象审美创意/孙珊珊/
指导教师：伊延波

2.3.2　无定形认识与内觉

心灵的非表现性活动，在意象中是怎样单独地产生，怎样没有任何后来的心理修饰，或者是怎样以自身为目的，怎样就会停止了活动，怎样就会得不到满足甚至遭到挫折。意象虽然是创意过程中的一种常见的、非常重要的成分，但是它本身不能构成创意产品，不过当产生意象神经刺激受到抑制，也就是传递意象的大脑区域停止活动时，意象就改变了方向。无定形认识是一种非表现性的认识，也就是不能用形象、语词、思维或任何动作表达出来的一种认识。由于无定形认识是发生在个人的内心之中，这种特殊的机能称为内觉，从希腊文而来，"内部"之意，用来把它和概念相区别，概念是一种成熟的认识形式，能够被体验到或产生了他人表达给其他人的视觉信息与传达。

图2-32、图2-33所示的作品将人的面孔与物相结合，赋予重构的造型，产生意象视觉感，创意表达出一种优美感与沧桑感。

图2-32 意象审美创意/徐文廷/
指导教师：伊延波

图2-33 阅尽沧桑/伊延波

1．内觉的前意识

内觉也被一些学者称之为非言语的、无意识的或前意识的认识。德国符兹堡学派的著作最先指出过，有某种心理过程的发生不具有表现性，但是并不处于成熟思维的水平。惊醒、犹豫、疑惑，都被屈尔佩描述为一种不能详细、准确加以分析的体验（《意识形态》，1901年），阿赫则描述为是一种"无形象认识的实际呈现气(1935年)"。在符兹堡学派做出这些结论的同时，法国心理学家比奈也得出相似的观点（1943年）。比奈认为某些思维形式完全没有形象：实际上是意向而不是意象才是心理生活的基础。这个"意向"就和符兹堡学派所称的思维使命有关。内觉是对过去事物与运动所产生的经验、知觉、记忆和意象，是一种原始的组织，这些先前的经验受到了抑制而不能达到意识，但继续产生着间接的影响。

内觉虽然超越了意象阶段，但是由于内觉不能再现出任何类似知觉的形象，因此不易被认识到。同样，内觉也不能导致直接的行动，不能转化为词语的表达而停留在前词语水平。内觉虽然含有情感成分，但并不能发展为明确的情绪感受。内觉的内容只有在被转化为其他水平的表现形式时才能被传达给别人，比如说可以转化为词语、音乐、图画等。没有这种转化，对内觉本身的表达或许是不可能的事，尽管常常想努力去这样做，就是将会看到的那样。这个困难就在于内觉是脑中介的结构，并不等于动作、词语、形象或明确的情绪感受，创造力就是把后者原始的抽象形式改变成为前者的抽象类型。

2. 内觉现象发生

内觉现象也会发生在梦中。在考查梦时，必须在这里提到更为经常发生着的一种相反的过程：心灵当中的无声、无形的无意识观念，在梦中转变成了具有表现性的形态，也就是转变成视觉形象或转变成以视觉形象为主的形态。精神分析学的主要任务，就是研究无意识是怎样和为什么会在梦中显现出它。如果内觉沿着直接的和更短的路程到达睡梦中，那么它至少暂时就没有多少机会沿着曲折的路程达到创造力。另外，一个人会觉察出所产生的内觉与自己对内觉释义是有差距的，他会说"我懂得其中的意思和感受，但就是说不清"。精神分析学不仅对梦，而且还对生活中的情境进行研究。

内觉体验的成果以及与创造力的关系，取决于内觉是否停留在内觉的水平上，但也容易发生各种变化：①内觉能够转变成可以传达的符号，也就是转变成各种前概念形态和概念形象；②能转变成动作；③转变成更确定的情感；④转变成形象；⑤转变成梦、幻想、白日梦、退想等。在所有这些情况下它们都会成为通向创造力的出发点。移情就是一种传达，很大程度上它形成于对相互之间的内觉所产生出的基本的领会。有些人处在内觉的水平占优势的情况下，可以从别人那里体验到很强的移情感受。有些情况就包含着典型的移情、内觉的传达方式。有创造力的人都说，甚至在他们知道什么是内觉之前就已经觉察到一些基本的内觉结构了。

有些人认为无意识的假设甚至在社会学里，古尔德纳(1970年)也提出了能够规范生活的无意识领域的假设。在从事精神分析的研究工作中发现，不仅具体的生活模式，而且还有无意识的生活哲理也在规范着人们的存在，而人们并没有觉察到这种现象。这些哲理常常由一些基本观念所组成。在有创造力的人当中，这种内觉的认识处于一种不确定的活动状态，这是在寻找一种形式，一种有着确定结构的组合。在创造过程进入到允许使用词语和观念的分化阶段，有两种思维类型起着突出的作用。一种类型可以包括在原发过程的广大范围之内，另一种类型则包括在继发过程的范围内。本章研究的重点就是第一种类型，这种思维方式被不同的术语描述为原始的、不成熟的、废弃的、古体的、反分化的、不正常的、不健全的、信号的、具体形象的、幻想的等。图2-34所示的作品，其中的概括元素是作者观察生活的结果，意象造型独具个性，充分体现了作者的想象能力与创意能力，在意象思维能力与创意表达的进程中反复推敲，体现了作者的一种内觉思维活动的过程与形象外化表达能力。

图2-34　意象造型/余卉/指导教师：伊延波

2.4 视觉语言

本节引言

视觉观察与体验，可以跨越不同地域、文化、语言等障碍，凭借视觉语言的传递互为理解和交流。本节阐述视觉语言的构成元素：点、线、面、体、空间、色彩、肌理的功能与作用；进一步讲解应用于视觉语言的再创造思维，并重新构成意象表达，运用视觉语言进行视觉传达的再创意，可以将意象思维与创意表达的视觉语境应用在设计领域，发挥着积极的影响与传达作用。

2.4.1 视觉语言构成元素

语言是人类交流思想的工具，是传达含义的媒介。人们借用这一工具认识各个学科门类，各种艺术形式乃至行为都有各自的语言表达方式。例如：哲学语言、机器语言、艺术语言及视觉语言等，同时语言自身又具有独立的表现价值。任何作品都离不开语言这一传达媒介，设计、文学、建筑、音乐、舞蹈、美术等领域都有各自的语言作为表达的方式。文学的语言包括语音、文法与修辞三个层面；而建筑的语言包括建筑的体积、空间与环境等；音乐的语言则是包括旋律、节奏、和声和音色等；舞蹈的语言就是包括结构、动作与时空等。然而，视觉形式则是借助于语言学的方法，可以从语素、语汇与语法的层面进行表达，语素就是视觉世界中最基本的元素；语汇则是语素组合方式与表达的方法；而语法就是造句的规则。视觉语素、语汇与语法构成了视觉语言的体系。视觉元素是视觉世界中最基本的元素，它包括点、线、面、体、空间、光影、色彩、肌理等，但其中点、线、面、体、空间是物象内在的层面，而光影、色彩、肌理是物象外在的表象层面。它们共同作为视觉的语素，成为视觉语言基本的元素。点、线、面、体是在某种抽象的视觉方式下呈现的视觉效果，是归纳与提炼的结果，阿恩海姆在《艺术与视知觉》中指出："人的眼睛倾向于把任何一个刺激样式看成已知条件所允许达到的最简单形状。"构成主义与康定斯基的观点都符合语素的实质，是基于内在基本层面上的分析，同时现代分析哲学与自然科学发展也促使艺术与设计中分析方式的形成。点、线、面、体是相比较而产生的视觉传达效果。

2.4.2 点

在《辞海》中对点的解释为：①细小的痕迹；②液体的小滴。在《英汉大词典》对点的解释为：①点是小点或是小圆点；②点是状物或微小的东西，少量的与一点儿的可见物。从符号学上分析，点也具有一种原元素的特点。它一方面是空间的转角，另一方面又是这些面的起点。面直接引出点并由点向外延伸，比如：在建筑形态构成中，点指的是构成建筑形态的最小的形式单位，这里所讲的小是相对的，在实际的城市设计和规划中，当考虑建筑的布局时，需要把很大体量的建筑物看作点。从点的属性上来看，点具有某种内倾性。康定斯基说："点本质上是最简洁的形；点具有一定大小，在视觉形式中，点在生成的同时就具有了一定的大小。"如用笔画出的墨点、电器上的点状按钮等，点具有一定形态。点的表现有大小与形态的多样性，是与点被运用的目的以及用于表现的材料、肌理、工具有密切联系的。不同的目的、功能、观念、表现手段、工具、材料、承载物、媒介物呈现了不同的点：平滑与粗糙的点、透明与朦胧的点、简洁与丰富的点、轻松与凝重的点。因此，可以通过对点的形状、大小、位置、色彩、数量进行有目的的变化，从而使由点构成的意象表达产生丰富的层次、节奏、韵律的内在张力与视觉感受。

图2-35所示的作品体现了作者对形态元素的掌握，点的形状、大小、方向、肌理等视觉语言表达充分与准确，形象变化丰富与造型表达元素统一和谐，达到了主题性与趣味性的巧妙融合。

图2-35 意象造型/许堃/指导教师：伊延波

2.4.3 线

在《辞海》中对线的解释为：①细长像线的东西，如：光线、线香；②界线。在《英汉大词典》中对线的解释为：①线是绳或索的含义；②线是纹路或皱纹及掌纹的含义；③线是叠数，而线有直线或谱线；④线是赤道的圆周线或弧线；⑤界线与边界线；⑥界线与场界线及击剑线；⑦分界线与界线；⑧轮廓线。

从性质上来分析，线可以为两种：直线与曲线。从形态上来讲，线分为几何形线与自由形线。康定斯基在分析直线属性时指出：直线是一种来自外部的力量使点按某种方向运动产生的结果。直线主要包括水平线、垂直线与对角线，其他任何直线都是这3种类型的变通形式。线的表现是依附于实体而存在的，例如：轮廓线、结构线、明暗交界线、天际线等，与实线相对的是虚线。线是视觉形式中人们认识和反映自然形态最概括、最简明的表现形式。线可以凭借自身的曲、直、弯折的形态变化，水平、垂直、倾斜的方向变化，生动地反映出形态的轮廓、体积、动势、质感等特征，在视觉语言表达中具有极强的表现力和创造力。

另外，线在视觉感知上具有丰富的情感特征和强烈的空间变化。通过对线的恰当把握能够表现出设计师的情绪以及对象的形态特征。例如：直线给人一种正直、明确、有力、前进、勇敢的感觉；而曲线给人一种温柔、优雅、浪漫、舒缓的感觉；折线能给人躁动、焦虑、不安的感觉。又如：粗线给人以厚重、结实、笨拙之感；细线则给人纤细、灵巧、活泼、敏锐之感。线所体现的空间性格，则是通过形态各异、位置变化、疏密组合而产生的方向感、运动感、远近感等视知觉感受。因此，利用线进行表达，视觉语言才会更具有内在张力，必须要学会把它们相互融合、构建在一起，为受众带来更多的视觉信息和更新的视觉体验。

2.4.4 面

在《辞海》中对面的解释为表面，如：水面；在《英汉大词典》中对面的解释为：①平面；②扁平物；③在同一平面上的。点的排列形成了线，线的平移形成了面；线以水平、垂直、交叉、自由的方式密集可以形成面；点的扩大或线的扩张都可以形成面。"面"的形态主要分为几何形面、有机形面、自由形面这3种状态。

几何形面是由较为规则的直线或曲线构成的面，称为几何形面或有机形面。有机形面遵循自然的法则，具有生命的形态。自由形面则包括偶然形，人有意识与无意识的创造形态，表达的自由度相对较为宽泛，具有宽泛的视觉特点。例如：激烈与平静、张力与收缩、柔软与僵硬，都可以表现多种材质与肌理的效果。面的表现是视觉的基本表现手法，也是一种归纳与概括的视觉方式；面作为可感知的概念要素，与几何学中的面是不同的。几何理论认为："面是线有秩序按一定方向移动的轨迹。"而图形中的面则是点的扩大、线的加宽或者是点和线的综合体现。它可以是三角形、方形、圆形的规则几何面，也可以是呈现各种有机而丰富形态的不规则面。在视觉语言的表达中，可以面与面相互作用，运用组合、并列、重叠、接触、联合、减缺等组合手法表达丰富的视觉变化，而图形语言的审美表现则是源于设计师对视觉语言的精心经营，对其把握的准确、理解的深刻是设计生命力的体现。

图2-36所示的作品呈现出的点、线、面等，体现出作者对视觉要素的把握，这些要素在构成设计创意时，创意人考虑到形式与内容之间的关系，表达了视觉语言彼此之间相对独立又相互制约的原则，最终使整体设计趣味性浓郁、格调高雅、意境优美，富有较强的视觉理性美感。

图2-36 意象造型/孙红旭/指导教师 伊延波

图2-37、图2-38所示的作品采用静物为主题的创意元素，在静态图形的基础上创造出具有动感的意象设计表达，作者根据意象思维、创意思维、情感参与发挥了造型能力的熟练性，最终实现意象造型的顺利，形成不同的审美意境表达，目的是传达作者的思想与美学理念。

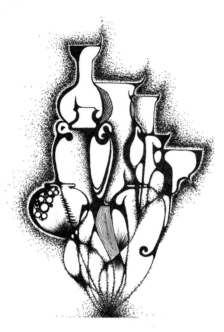

图2-37　意象审美创意/徐文廷/
指导教师：伊延波

图2-38　意象审美创意/王慧/
指导教师：伊延波

2.4.5　体

在《辞海》中对体的解释为：几何学上具有长、阔、厚三度的形体，而《英汉大词典》对体的解释为：体积和容积；容量与体的基本属性。

第一，"体"按虚实关系可以划分实体、虚体、虚空间，这里所指的体主要指实体，实体是指实在的物体；点、线、面，或者体本身都可以构成实体，现实空间的体具有上下、左右、前后的关系，虚体是指实体周围的空间；虚空间是指实体与虚体共同构成的空间，实体、虚体与虚空间所呈现的是相辅相成的关系，它们都是物体的重要部分，功能不同的物体对这部分各有侧重。

第二，体的量感与尺度对体量感的表达起着一定的决定性作用。例如：埃及的金字塔、巴黎的埃菲尔铁塔等，由于巨大的体量呈现了雄伟、壮观的景象。无论是古代还是现代，在建筑领域，体现力量、纪念、崇敬的建筑一般都具有较大的尺度。尺度是相对的，是通过对比体现的，对比与比例都影响体量感的表达。对于大体量的形体，往往采取在表面开洞或装饰图案的方法削弱大体量的敦实与笨重感。形体的材料、肌理与色彩对体量的表达也有一定的影响，不同的材料、肌理与色彩引起不同的量感联想。

第三，体与材料的不同，对体本身的视觉特点的形成有直接的作用。铸铜与铸铁呈现凝重、厚实、纯粹、坚韧的视觉特点；而大理石、石料、木材、草柳，以及其他自然材料有亲切、自然、恬淡的视觉特点。但是，不锈钢面、不锈钢管具有光亮、坚挺、锐利等的视觉特点；透明材料如玻璃、有机玻璃、透明塑料具有轻盈、空灵、洁净的视觉特点；还有一些粗细各异的丝状的材料，如铁丝、铜丝具有灵活、多变的视觉特点。材料对形体最终的视觉效果有直接的作用，或者说材料就是形体的一部分。在创意中考虑形体的同时就要考虑材料的运用，对材料的选择就是一种创造性表达。

第四，体与光的关系比点、线、面与光的关系重要。没有光，人们是看不见眼前的一切形体，不同的光线具有不同的强弱、色彩、角度、范围，对形体视觉特点的表达产生迥然不同的效果。所以，光线是体在创造过程中不可忽视的组成部分。体的表现是在设计、建筑、绘画中，运用透视法则、光影明暗规律和虚实对比技巧，创意空间真实效果的体积感与立体感及形体感。

图2-39、图2-40所示的作品将奇思妙想的创意大胆地表达在特有的意象思维中，把视觉肌理、动物造型、人物错位、欧式风格的卷草纹一并融入其中，将不同的形态与黑白交错置换描绘出绚烂多姿的视觉意境，运用宁静的视觉语言创意出无限的可视空间，传达出清丽恬淡的节奏感与韵律感，造型优美，表达方法熟练，并创造出充满意趣与强烈的视觉冲击效果。

图2-39　意象审美创意/耿立明/
指导教师：伊延波

图2-40　意象审美创意/关爽/
指导教师：伊延波

2.4.6　空间

空间以实体构筑"无"的空间，构成室内居住空间。空间的生成概念包括：一是界面与围合。从最基本的层面分，空间是由界面的围合而产生的。基面、垂直面、顶面称为界面的三要素，界面三要素组成了最基本空间形态。在人为空间中界面往往具有一定的目的，界面的形状促成了人们对它的识别，从而引起视知觉的反映。例如：基面包括地面和地坪；顶面包括空间容积的上限；垂直面则是立面。围合是对界面三要素的综合运用，并且体现了界面三要素的组合关系，界面的围合还产生了空间的形状，也影响了空间存在的性质。二是空间的组织。单体空间是相对独立的单个空间，是基本的空间单位。组合空间是单体空间的组织,是空间秩序的体现,总之,空间的组织方式以适应多种功能的需要,只有某一区域的空间组织形式才具有某种单一的关系,空间在表达的过程中常常是综合形式的体现。

1. 功能对空间的限定

功能对空间有量、形、质3个方面的制约。量的规定性体现在要求空间具有一定的尺度与容量,以容纳人类或物品;形的规定性体现在要求空间具有一定的形态,以满足不同的人类需求;质的规定性体现在界面与围合中,产生的空间必须具有保护功能,防止受到外界因素的侵害。空间的性质是艺术与设计范畴所讲的空间,它包括物理空间与心理空间。在物理上,空间是物质实体限定与围合的空的部分;心理空间则不是物理上的真实存在空间,而是一种人对空间的感受。通过视觉的作用,物理空间与视觉空间皆可引发人对空间的体验。依照物质的外延性,空间还可分为:虚空间与实空间。虚空间是处于围合状态的空间,而空间除了虚实之分,对一个较为封闭的物体而言。空间的概念有内外两层含义,形体结构的内部称为内空间,形体外部的一定区域称为外空间。空间形态表现为以下几种:

①原始空间:包括人类对空间的需求(生理与心理的需要);②古典空间:包括空间具备组成空间的基本要素,竖面、顶面与垂直面;③流动空间:包括在构造上采取的是框架结构,墙体不起承重作用,墙成为了隔断;④统一空间:又称全面空间,它包括模糊空间与多义空间;模糊空间则是指空间的含义与空间构成具有不清晰与不确定的性质,多义空间是指类属边界不清晰和性质不确定的空间。

图2-41所示的作品中有白色与黑色两种色彩,黑色的背景决定了创意的主色调,显得格外明朗清新。图2-42所示的作品线条排列优美,次序感强,具有强烈的节奏感与反复

图2-41 意象审美创意/朱丹/
指导教师:伊延波

图2-42 意象审美创意/李欣/
指导教师:伊延波

变化排列感，元素之间的穿插自如，造型玲珑剔透，线与线的衔接十分稠密，营造了多义、多层次的空间效果。

2. 空间的属性

空间的属性表现为如下几方面：

(1) 空间的维度。在艺术与设计中，空间表现具有多维性层次。线表现为一维空间，面表现为二维空间，体表现为三维空间，三维空间与时间的组合表现为四维空间，而超现实的空间画面表现为五维空间。

(2) 空间感。它是指物体依照透视规律或通过光影对比与色调变化呈现出上、下、左、右的位置关系，还有与前、后、远、近的空间层次关系，更有具象形态、抽象形态、平面形态、立体形态的空间感。二维平面中没有真实的空间，形态只有依照透视规律或通过光影对比、色调变化，呈现出上、下、左、右的位置关系，与前、后、远、近的空间层次，从而具有空间感或是通过在平面上投射现实世界的影像来体现空间。

(3) 包装与展示中的空间。包装中的空间与被装于其中的物品相联系，其关系主要有这样几种类型：①直接反映所包装物品的功能属性；②成为携带物品的工具，具有一定强度的纸板经设计后可折叠成便于携带物品的半开敞式空间构架，并具有保护物品的功能；③包装空间大于所载物品实际需要的空间，提供物品展示的位置外，还具有引导视觉流程与信息传达的作用。

(4) 矛盾空间。矛盾空间是一种错觉空间，在真实空间里不能存在，只有在假设的空间中才有，矛盾空间以其矛盾性来制造空间视错觉，以引起视觉的关注。荷兰艺术家埃舍尔的绘画作品就是矛盾空间的典型体现。他的绘画创作源于悖论、幻觉和双重意义的思想观念，他将那些不可能的场景与物绘于同一画面空间中，将一个极具视觉魅力的"不可能的世界"的矛盾空间呈现在眼前。

图2-43、图2-44所示作品的意象创意中采用视觉元素的虚实、大小变化，来为观者的

图2-43 意象审美创意/邓亚娟/
指导教师：伊延波

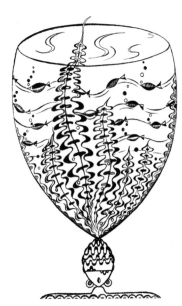

图2-44 意象审美创意/汪洋/
指导教师：伊延波

视觉感制造一种空间的视觉效果，以明确的视觉导向将主题信息置于重要空间位置，达到空间视错觉的作用，使视觉语言的意境更美、更丰富、更富有视觉信息传达的意义与影响。

2.4.7 色彩

色主要指明度，颜色分五色；彩主要指色相，如五颜六色。在科学不发达的古代，人们把色彩看成是物体自身的属性。现代科学实验证明，色彩是人眼受可见光作用对物体产生的一种视觉反应。视觉现象的产生基于3个因素，一是光，物体对光线的吸收与反射；二是正常并健康的视力；三是客观事物的存在。每一物体对不同波长的光都有不同程度的吸收、反射、透射的作用，物体的色彩与光源色和物体的物理特性有关。色彩作为物体最直接的特征之一，是视觉的基本要素，色彩组成丰富多样的世界，人们常常借助色彩来辨识物体，从色彩中获取各种各样的视觉信息，并从中体会自然赋予的色彩创意灵感。

1. 色彩的基本结构

色彩的基本结构是由色彩的物质属性，色彩的原色、间色和复色，色彩三要素及色性组成的。

(1) 色彩的物质属性。光色与颜料色是两种不同属性的物质，光色是一种物理性的光学现象，而颜料色是一种专门显示色彩的物质材料。当观看物体时，看到的是光色；当人们在纸上用色彩描绘物体的时候，人们使用的是颜料色。颜料色还可以根据材料的物质属性进一步划分为油画色、水粉色、水彩色、印刷色(CMYK)、玻璃色、纤维染料色等。由于各种颜料色的成分成色方式不同，以及所附着的材料不同，所以各自的色彩谱系都有一定的差别。

(2) 色彩的原色、间色和复色。色彩中不能再分解的基本色为原色。原色是由其他色彩混合不出来的色，原色的混合能产生出其他色彩，但其他色的混合不能还原成原色。根据色彩的物质属性，色彩三原色有两层含义。三原色分别是红、绿、蓝，分别缩写为R、G、B。通过三原色不同比例的混合可以得出所有光色，三原色同时叠加得白色。从理论上讲，颜料三原色的混合可以得出所有颜料色。两种原色混合所得的色彩称为间色，亦称第二次色。色光三间色为品红、黄、青。在光色中，人们既可以通过两种原色的叠加生成间色，也可以通过从三原色叠加后的白光中减去一种原色光而产生间色，这是光色与颜料色不同的地方，颜料的两个间色或一种原色与其对应的间色(红与绿、黄与紫、蓝与橙)相混合生成复色，也称为第二次色，复色的纯度比间色低。

(3) 色彩三要素。任何一种色彩都包含色彩的三要素，可以通过色彩的三要素来把握色彩，分析某种色彩在色谱中的位置，控制不同色彩间的对比与调和，以建立协调的色彩关系。色彩三要素分别是色相、明度与纯度。将色彩三要素用三维关系来表示的色标模型称为色立体。

(4) 色性。色性是指色彩的冷暖倾向。色彩的对比与调和，是人们对色彩的运用在一定程度上受到年龄、风俗、民族、地理等的影响，但是色彩在运用中的组合与搭配有它自身的规律，即色彩之间的关系。

图2-45、图2-46所示的作品中大小不一的圆形要素，将空间里的抽象元素发挥到恰到

好处，这些具有很强的节奏感与空间飘移感的点，寓意空间的上升与滑落感，达到视觉延伸与扩展的视觉效果，让观者产生无限的向往与遐想。图2-46所示的作品，其中一气呵成的动态曲线，形成曲线与黑面的对比，是作者追求美好愿望的心理表达，视觉冲击力强。

图2-45　意象审美创意/孙思文/指导教师　伊延波　　　　图2-46　看见/伊延波

2. 色彩的对比与调和

色彩对比与调和是设计创意表达的重要元素，本课涉及的是无彩色的应用，即黑、白、灰的运用与表达。

(1) 色彩对比。从色彩的性质来分，色彩对比的种类有：色相对比、纯度对比、明度对比等。从色彩的形象来分，色彩对比的种类有：形图对比、面积对比、位置对比等。从色彩的生理与心理效应来分，色彩对比的种类有：冷暖对比、轻重对比、胀缩对比、进退对比等。从对比色的数量来分，色彩对比的种类有：双色对比、三色对比、多色对比、色组对比、色调对比等。

(2) 色彩调和。色彩调和是色彩三要素调和的方式。色相调和包括：无彩色系调和、无彩色和有彩色调和、有彩色相调和中的邻近色调和、类似色调和、中差色调和、对比色调和、补色调和。明度调和包括：同一明度调和、邻近明度调和、类似明度调和、对比明度调和、强对比明度调和。纯度调和包括：同一纯度调和、邻近纯度调和、类似纯度调和、对比纯度调和。

色调关系调和是指一个色彩整体构成倾向的总概念，即在一件设计或绘画作品中，全部色彩调和过程的总的色彩效果称为色调。

色调又是一个色彩组合的总体特征，是色彩组合与其他色彩组合相区别的体现。色调可以分为亮色调、暗色调、鲜色调、灰色调、冷色调、暖色调等，也可以按色相分为：红色调、黄色调、黄绿色调、金黄色调、蓝调、蓝紫调等。要使色调产生和谐，必须围绕明确的主色调进行配色，即色彩构图关系的调和，渐变调和包括明度渐变、色相渐变、纯度渐变，隔离调和。在对比色中加入同一色点或色线或用黑、白、金、银、灰等中性色勾勒轮廓，比例调和即通过调整色彩的主从关系达到调和，如改变对比色面积大小，或突出主色调或减弱其他色调。此外，还可以通过不同的色在生理视觉上混合产生新的调和色,即是色的空间混合。

图2-47、图2-48所示的作品巧妙地运用线条,粗与细、长与短、疏与密、节奏与韵律的变化,为视觉冲突制造变幻的信息传达,使意象造型表达形成了主题的节奏感与动感,运用有限的抽象元素创意出无限的审美意境,这是作者创意的最终目的,也是意象思维的宗旨,展现了一种宁静而律动的视觉美感。

图2-47　意象审美创意/徐文廷/
指导教师:伊延波

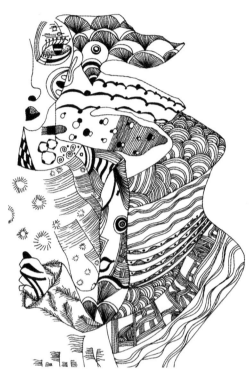

图2-48　意象审美创意/张璐璐/
指导教师:伊延波

3. 色彩的表现方法

色彩的表达是视觉语素的重要的运用体现。概括地可以分为4种表达语言:写实性、装饰性、表现性、象征性。在具体的艺术作品中,可以是其中几种方式的综合运用,对每种方式产生清晰的认识与理解,以便更好地表达意象思维与创意表达。

(1) 写实性。在二维平面上,色彩通过色相、明度、纯度的变化,具有再现三维实体的特性,所以色彩具有写实的表达特质。写实性的色彩遵循物体受光照射后产生的明暗变化规律,明暗变化与光色关系再加上空气透视对色彩影响,三者重叠构成了色彩的写实性语言。

(2) 装饰性。色彩的装饰性表现语言,主要是体现色彩自身的对比与调和的秩序关系,以表现色彩自身为目的,体现色彩自身的关系规律。在装饰性色彩的画面中,色彩所依附的物体造型具有平面化的趋向,在元素的选择上或方或圆,或具象或抽象,在构图的经营上或是色彩对比、或是位置对比,都已经过艺术的加工,不以对客观视觉现实的表现为目的,所以画面不以真实场景中物象的与环境色、间光色关系的限制。对色彩的选择，通过色彩自身的对比与调和创造和谐的视觉画面，在总体上体现浪漫、抒情与唯美的特征，在视觉传达设计、绘画、雕塑中体现的较多。

(3) 表现性。在色彩表现性语言中，色彩已成为设计家与美术家的个人感受或载体，也是精神表达的媒介，更是意象思维与创意表达的重要视觉元素之一。

(4) 象征性。色彩的象征性与文脉具有密切的联系，是文化的产物，体现为色彩中所包含的约定俗成的信息阅读。不同民族、地区、国家都有自己的色彩象征，对不具某种特定的文化语境的人来说，不具有解读某种色彩的象征性能力，色彩对他来说不具有象征性。

2.4.8 肌理

肌理一词的英文"texture"，源于拉丁语"texture"，有编织或织物的特征之意。肌理是物质的内在属性，它是原生材料与手艺、排列或构成、外力或加工的相互作用的结果。它主要包括3个方面的内容：物质结构的纹理，元素排列所呈现的纹理，物体上受外力作用生成的痕迹所呈现的纹理，这些纹理都是意象思维与创意表达经常运用的元素。

1．肌理的分类

从人的视域的角度，肌理可以分为宏观肌理、表层肌理、微观肌理3种。从肌理生成的角度，可以分为自然肌理与人造肌理。从人体感官的角度，可以分为触觉肌理与视觉肌理。从形态及其生成的角度，可以分为3种：①物质结构的纹理；②元素由排列所呈现的纹理；③物体受外力作用所呈现的纹理。从视觉的角度来讲，肌理的意义不是自然的或人造的，也不是能够观看与触摸的，而是视觉层面上丰富的形态，从而在视觉上对肌理产生比较深入的认识与理解，掌握与运用视觉肌理的效果，可以创意更多的视觉艺术表达样式，为意象造型的有效传达，增加更多的视觉变化元素和造型表达元素。

2．肌理的生成与表现

了解和掌握肌理的生成与表现，目的是创意出更丰富的视觉语言，更好地传达创意主题，丰富视觉文化，改进生活方式，净化人们的心灵。

(1) 物质结构的纹理是物质的组织与构造，造就了物质的肌理；物质的纹理具有客观性，而肌理则是物质的内在属性。

(2) 元素的排列是形成肌理的重要方式，从中可以观察到形形色色的由排列而形成的肌理。例如：有以点为元素的排列，也有以直线与曲线为元素的排列，还有网状的排列，排列可以是有序的，也可以是无序的，排列可以在平面进行，也可以在空间中展开。

(3) 物体受外力作用所呈现的纹理，主要表现为外力在物体上留下痕迹，包括自然力产生的肌理、物理变化或化学变化产生的肌理、人用肢体或工具创造的肌理，以及机器加工产生的肌理等。

肌理具有生理与心理功能，不同的肌理带给人不同的心理快感与联想，还会给人一定的心理暗示，色彩与材料也会对人的生理与心理产生影响，在设计艺术表达中把握肌理与材料，以及形态与色彩的统一，将更有利于阐释创意的主题。

单元训练和作业

1. 作业欣赏

   要求：运用点、线、面的视觉语言分析作品的含义与象征性，解读作品的形式美感与创新及创意美感。

2. 课题内容

   ①观察一组静物(5～10件)，随意摆放在地中央，构图自定，表达手段不限；运用点、线、面的视觉语言，进行重组与重构的创意。要求：造型因素不能类同，表达独特的观察视角；②选择一张肖像图片或观察一位人物的头像均可，写生后依据画面打散重构，造型与表达手法不限，传达的视觉信息含义与象征意义要清晰，表述创意作品的主题和切入点；③给学生5～10个抽象的概念，运用视觉语言元素进行构思重组或重构创意设计。要求：表达明确的视觉形式语言的对比，手法不限，主题含义与象征明确。

3. 课题时间：8学时

   教学方式：用A4纸进行设计创意，一律用黑色笔和白色纸，要求学生理解黑白灰的对比关系，完成作品后，全班集中点评，师生共同讨论与交流，形成新的创意表达思路。

   要点提示：训练应从本章的理论和思维方法入手，运用视觉语言的诸要素，进行重组、重构的创意表达，主题、构图、元素不限，进行自由的联想与想象，运用意象造型的方法表达。

   教学要求：启发和引导学生的思路，可以让学生的想象延伸到未来、过去的生活与学习中，学生要用自己特有的审美观念与意象造型表达主题。要求：学生讲述命题或观察，对思考过的客观形态和形象进行分析、整合、归纳出新的意象造型表达含义，主题含义要明确。

   训练目的：训练的目的不仅使学生掌握意象思维方法，同时也使其学会运用视觉思维的方法，将各种思维方式转换成传达的视觉语言，提升视觉传达的使用价值和审美意义。

4. 其他作业

   任选主题，例如人物、动物、植物、建筑或生活中感兴趣的物体，均可以运用意象思维与视觉思维的方法创意与表达的实践，在作品的实践中，探索出新的视觉语言与表达意境。

5. 本章思考题

   (1) 思考创意思维、意象思维、视觉思维的区别。
   (2) 非逻辑思维对创意的影响。
   (3) 视觉应从哪几个方面注意？
   (4) 视觉思维影响创意表达的因素有哪些？
   (5) 抽象思维与意象思维的差异有哪些？

6. 相关知识链接

   (1) 曹方.视觉传达设计原理[M].南京：江苏美术出版社，2005.

(2) [美]鲁道夫·阿恩海姆.艺术与视知觉[M].孟沛欣，译.长沙：湖南美术出版社，2008.

(3) [美]鲁道夫·阿恩海姆.视觉思维[M].腾守尧，译.北京：光明日报出版社，1987.

(4) [美]卡洛琳·M.布鲁默.视觉原理[M].张功钤，译.北京：北京大学出版社，1987.

(5) [德]理查德·豪厄尔斯.视觉文化[M].葛红兵，译.桂林：广西师范大学出版社，2007.

(6) [英]马尔科姆·巴纳德.艺术、设计与视觉文化[M].王升才，张爱东，卿上力，译.南京：江苏美术出版社，2006.

(7) [南非]埃里克·杜·普莱西斯.广告新思维[M].李子，李颖，刘壤，译.北京：中国人民大学出版社，2007.

(8) [美]鲁道夫·阿恩海姆.艺术与视知觉[M].腾守尧，朱疆源，译.北京：中国社会科学出版社，1984.

(9) [英]E.H.贡布里希.秩序感[M].范景中，杨思梁，徐一维，译.长沙：湖南科学技术出版社，2006.

第3章 审美视域

课前训练

训练内容：搜集形态或图形素材，从资料中观察和分析出静态与动态的意象表达元素，运用点、线、面造型元素，对欲想表达的动态与静态主题进行构思，体现视觉的意境。

训练注意事项：鼓励学生主动去观察自然、社会和生活，从中领悟共性美与个性美的视觉元素；了解审美主体的养成，努力提高自身的审美观念和美的感知力。

训练要求和目标

训练要求：通过学习美学理论，掌握审美的概念，形成审美意识，运用视觉思维与视觉语言，表达意象思维的主题，运用美学理论指导意象造型实践与美的探索。

训练目标：使学生了解审美主体的重要性，掌握审美领域的理论，认识审美观念的形成与自然、社会、艺术、科学、技术有着密不可分的联系，提高审美意识。

本章要点

了解审美意象与审美表象的区别。
掌握审美活动的特征与本质。
理解培养审美主体的5个方向。
了解和理解审美领域与审美范畴。
分析审美意识与审美潜意识对创意的影响。

本章引言

审美是研究有关美的视觉形态与图形的视觉信息。本章主要阐述审美、审美思维主体、审美意识与审美潜意识、纵横审美意象、审美领域、审美范畴的基本理论。在此基础上进一步论述审美意识与审美潜意识对审美主体思维的影响。同时，讲述审美心理与审美价值对形态或图形表达的作用，了解国内外审美意象与审美范畴的起源，明确审美意识与审美追求，并理解审美潜意识的主体是通过家庭教育和社会环境的潜移默化而逐渐形成的审美意识。

3.1 审美

本节引言

审美是美学范畴的概念,学习审美是为了提高学生的审美意识和审美能力,运用视觉语言的元素达到审美价值的体现。本节主要讲述审美、审美意象、审美表象、审美联想、审美活动的理论内容;详细地阐释了感觉力、想象力、理解力的含义、区别与联系,重点讲解了审美活动的性质与特征,从而提高学生与设计师的审美观念、审美认识、审美意识。

3.1.1 审美释义

审美是人类掌握世界的一种特殊的思维与形式,审美是人与客观形成的一种没有功利的、形象的和情感的关系状态。审美又是理智与情感、感性与理性、主观与客观的具体统一,在追求真理与发展的积极审美观。美是能让人感到愉悦的一切事物,它包括客观存在和主观存在。审美就是人们对一切事物的美与丑,做出评判的一个思维过程的结果。因此,审美是一种主观的心理活动过程,也是人们依据自身对某一事物的要求所做出的一种对事物的思维结果,因而具有很大的偶然性与多变性。但是,审美观念同时也受制于客观因素,尤其是人们所处的时代背景、文化背景、成长背景都会对人的审美评判标准起到很大的影响与作用。

审美是一种主观的思维活动,因此很多艺术家认为:审美观念与审美态度只是人的一种特殊的思维活动与行为。但是,审美观念会影响与作用于创意领域,例如:建筑与视觉传达设计、音乐与舞蹈、产品设计与陶艺、服装与服饰、饮食与绘画等。审美存在于人们生活的每个角落,走在大自然的风景中,需要观赏与审美的点评;走在城市的建筑中需要去领悟历史的文化元素。当然,这些存在都是审美的因素与表象,人们需要审美、理解审美概念、研究审美元素,从审美思维与审美观念的层面探讨与学习美学基础知识。重视审美态度与审美能力的提升,不断给心灵注入甘露,让自己的审美情趣与追求更加具有社会意义与存在的价值。审美的追求是提高人的精神境界,而这精神境界的实现,就是创意表达出更多、更美的视觉艺术,这是美学的基本观点,也是审美观念在理智与情感、主观与客观的统一再现。

图3-1、图3-2所示的作品都是主观思维活动的

图3-1 有趣生长的联想/
冯馨瑶/指导教师:伊延波

图3-2 意象审美创意/邓亚娟/
指导教师:伊延波

一种审美过程,使意象思维各自发挥着独特的创意造型,把两个看似不相干的图形进行融合,体现了作者出奇制胜的表达手法,使表达主题更贴切、更生动地体现出来。

1. 审美感觉力

　　审美感觉力从以下三个方面体现:一是审美感官的产生,由于审美需要与形式感的密切联系。首先,集中地表现为审美感觉力,审美感官有一个产生的过程,人类的感官虽然在形式上与动物的感官相同,但其实质与内容并不一样。二是审美感觉力,人的感觉是人脑通过感官和神经系统对现实事物个别属性的直接反映。审美感觉力主要体现在色彩、音响、形体等形式因素的敏锐的识别力,表现为一种对形象的主动选择能力。三是审美知觉力是在知觉与感觉的基础上建立的,感觉是对事物个别特征的反映,知觉却是对事物的各个部分相互关系的完整形象的整体把握。审美知觉既有一般知觉的共同性,又有自身的特殊性。审美知觉与认识和实践的目的没有联系,只与情感的要求有关,审美知觉力能按照审美需要的要求,对客体进行加工处理或完成主动建构审美对象的活动。更重要的是审美知觉力能感受到各种因素相互关联所构成的整体形象的韵律,引起心灵上的感应与领悟。

2. 审美想象力

　　审美想象力是学生与设计师不可或缺的思维能力。审美想象力作为想象的一种,与想象一样,按类别可以分为初级形式和高级形式,而初级形式是联想,高级形式则是再造性想象和创造性想象。

　　(1) 联想与审美联想力。联想是由一件事物想到另一件事物的过程,具体可分为接近联想、相似联想、对比联想、关系联想等。在空间和时间上接近的事物在经验中容易形成联系,引起接近联想。在审美活动中,联想是不可缺少的一种思维能力,所以审美知觉建构了一个审美对象,那么联想能力就把这个审美对象扩大为整个审美世界。

　　(2) 想象与审美想象力。比联想高一级的想象是再造想象和创造想象,即狭义的想象,创造想象不是依据现成的描述,而是根据人的思维中的理想与目的,将自己记忆中的表象改造、加工、综合,创造出崭新的与创意人的理想、目的一致的形象。在审美活动中,想象更是不可缺少的一种能力。幻想是创造性想象的变种,是依据人对未来或虚幻世界的理想模式所创造的现实中并不存在的形象。在审美创造中,审美想象力的强弱直接决定和影响创意作品的社会意义和在实践中的应用价值。

　　(3) 审美想象力的特点。审美想象与科学想象有联系又有区别,二者都是以记忆表象为基础的心理运动能力,但是二者相比又有很大的不同。首先,审美想象具有情感性的特征,是按审美情感、审美理想的要求而展开的想象,与科学的想象不同。其次,审美想象具有自由性与创造性的特征。

3. 审美理解力

　　审美理解力也称为审美领悟力,同样是审美活动中不可缺少的一种审美能力。审美理解力是指在审美活动中,审美主体以感性的形式对客体意蕴直接的、整体的把握和领会。它是审美活动中的理性因素,渗透在审美感觉力和审美想象力的整体过程中。

　　(1) 理解与审美理解力。理解是形成概念和运用概念来把握事物的内涵和意义,即认识事物的本质,是认识过程的最终结果。理解可分为直接理解与间接理解。直接理解是在瞬息间立刻实现的、不用任何中介的思维过程，往往与知觉过程相融合，在感知的同时就是理解。间接理解则要通过概念、判断、推理等一系列的阶段或过程，是科学认识活动中理解的特点。在审美活动中，不可能存在理性思维的独立阶段，审美理解力首先是一种直接理解力，因为审美活动面对的是具体的审美对象。

(2) 审美理解力。审美理解力和科学活动中的理解力相比，主要有以下两个特征：首先，审美理解力是一种感性理解能力，作为一种直接理解力，审美理解力始终不脱离感性，是一种感性理解能力；另外也涉及存在的内在本质，审美理解力之所以是一种感性观察力，是由审美对象存在方式所决定的。审美理解并不专属于审美活动的某一个阶段，它贯穿、渗透在整体审美活动中的全程。审美理解的感性特征还表现在它是一种情感的理解。因此，审美理解力不仅离不开感性，而且还超越感性，虽然无确定的概念，但又趋向概念。审美理解融合于审美想象和审美情感中，犹如水中盐，无痕有味。其次，审美理解力具有多义性，审美理解力虽然不是对知识的理解力，但它仍然离不开知识的积淀。

图3-3、图3-4所示的作品都是以审美想象力作为创意的基础，在思索与创意时，作者的灵感和意象思维触角涉入不同的领域，所表达的视觉语言感受也各有不同，体现了设计创意的独创性与个性审美的能力，表达了意象思维纵横思考的状态。

图3-3　畅姿/伊延波

图3-4　方向元素重构/徐菱/
指导教师：伊延波

3.1.2　审美意象

审美意象也称为审美心象，是人在审美过程中将对象的感性形态与自己的心象状态相融合而生成的心理的形象，是由哲学、文艺学、心理学上的意象概念转换而来的。审美意象是人大脑对客体形象的主观印象，具有客观的形象性，又经过创意人的选择、集中、概括、加工等主体意识的改造，渗入了创意主体的思想、情感、想象，含有不同程度的理解因素，是被接纳、改造过的客体意与主体意的统一，是形象性、生动性与概括性、创造性的统一，也是主体感知形象经过意识系统的作用而形成意中的意或意中的寓意。其中产生的动力是人在审美实践中展开的联想、想象和情感活动，其实质是尚未用物质手段表现出来对象的人化、人本质的对象化。审美意象激起艺术家的创意冲动，促成艺术构思和对一定物质表现手段的选择，使生活形象向艺术形象转换。它还联结着艺术家心理、艺术形象心理与欣赏者心理的统一，使艺术作品更具有积极的发挥，是社会功能与应用价值的体现。

审美观也称为审美观念，是主体对美、审美、创造美所持有的相对稳定总体观念和指导思想，是世界观、价值观和审美意识的组成部分。它包括美的生成观、发展观、本质观、创造观、审美的实践观、历史观、价值观、政治观、伦理观、享乐观以及艺术观、美育观等。它既在对前人审美观念的批判继承、借鉴、吸收的基础下，经过观念同化、顺应和分析、综合、改造以后而确立统一，又在审美实践中不断概括、总结自己实践经验、审美经验，并自觉或不自觉地上升为理论而形成、发展。与人的哲学观、价值观、人生观、社会观、历史观、政治观、伦理观、艺术观、宗教观、自然观等相互影响、相互渗透，具有深层的社会内容。不同时代、民族、阶级的人和各个人的审美观既有继承性、稳定性、共同性，又有发展性、差异性、对立性和个性。审美观有正确、偏全、深浅之分，正确反映对象审美特性和发展规律以及美的创造规律就是审美观念，审美观念具有可塑性、自调性和能动性，人们可以在实践和学习中自觉地调节、改造、充实自己审美观念。它一旦形成和系统化以后，又制约着人的审美选择、感受、判断、情趣、理想、能力，并指导人们自觉地从事审美和创造美的实践活动。审美观念界定有广义与狭义：广义就是总体美学观，而狭义则是审美的观点。

3.1.3 审美表象

审美表象是审美活动中事物外部整体性特征直接作用于感官，而在头脑中所形成并巩固下来的完整印象。它是审美心理形式之一，来源于对具有具象性事物的外部特征的直接感知，是大脑对现实的、以往的感觉、知觉材料，各种有关新、旧形象信息加以综合、整理和概括的结果，并以具象形式沉淀于记忆之中。审美表象按表象的感官来源可分为视觉表象、听觉表象、触觉表象；对象刺激的直接性可分为直接表象和间接表象，记忆表象与想象表象；按表象内容概括的程度，有个别表象、一般表象和综合表象等。所以，审美表象是审美心理活动的基本单元，是由感觉、知觉到理智、情感的过渡阶段，以及由感知到创造的中间环节，是形象思维和抽象思维的复合点及最后的分界线。积累的审美表象越丰富、越清晰，创意人的想象力、创造力就越强，审美判断就越有真实性与真理性。

3.1.4 审美联想

审美联想是创意人感知某事物的同时连带想起其他与此有关的事物的心理过程，又是审美心理形式之一。它是审美活动中的一种积极、能动的具有拓展性与延伸性的心理活动。审美联想一词最早由英国洛克于1690年在《人类理智论》一书中提出：审美联想的基础是客观审美特质对人的刺激强度、次数，对象之间时空形态与图形的邻近性，当前事物与记忆中事物所固有的联系。其生理机制是大脑皮层暂时神经联系的复苏，以往兴奋痕迹在新对象刺激下的重新复现。心理条件是以往感觉印象、记忆材料的丰富，是记忆的复合，回忆的表现和结果，是表象与跃念、理智与情感、客观制约性与主观能动性的统一。它有多种形态，可分为接近联想、相似联想、对比联想、关系联想；表象联想、观念联想、语义联想、情绪联想；直接联想、间接联想，清晰联想、模糊联想，自由联想、控制联想等。

审美联想可将对象与自我沟通，激起自我意识，使对象成为人本质的对象化；将分散的事物加以组合，构成完整的审美意象；可由表及里，由点到面，由此及彼，突破时空和对象固有形态的限制，自由扩展到其他事物，从而丰富对象审美的特性，深化、强化美感；还可引起感知的扩张，引起移情、通感等。审美想象是审美主体在特定对象的刺激与诱导下，将大脑中已有的相关表象重新进行组合、加工、改造而创造新的形象的心理过程，是审美心理形式之一，是中国古代美学和文艺理论中常运用的概念与观念，神思、浮想、迁想、神与物等语汇中揭示出了审美想象、艺术想象的特征。在西方美学史上，审美想象与形象思维具有相同的含义；在古希腊时期亚里士多德就已提出了想象一词，表述了还有关联性和主体性对事物的特性、事物之间联系的认识程度，以及将特定的审美的目的和思维状态加以延伸和结合，形成新的审美想象。

图3-5、图3-6所示的作品在体现出审美联想是创意人感知表象的同时，联想起其他表象的心理诠释过程，这种联想的过程往往给设计创意带来更广泛的意象思维空间，能更深刻地表达创意主题的内涵。

图3-5　意象审美创意/耿立明/
指导教师：伊延波

图3-6　看见的联想/王慧/
指导教师：伊延波

3.1.5　审美活动

人的审美活动是人类的多样性活动中一项特殊活动，一般理解为日常生活中欣赏活动，不同于人类的物质生产活动、生存活动、认识活动、宗教信仰活动以及社会交往活动，而是一种精神享受的活动。英国人类学家马林诺夫斯基特别提到了人的这种精神享受活动，他说："人是靠着分工合作和预先准备所获得闲暇和机会，他又享受着色、形、声等所造成的美感。"这种在闲暇中对色、形、声等所引起的美感享受就是审美活动。而审美意象存在于审美活动中，审美活动的这种意向性的特征，证明了审美活动正是人与世界的沟通。在审美活动中，不存在那种没有自己思维的世界。世界一旦呈现，就已经有了自我意识。审美对象就是这么一个世界，它一旦显现时，就已经拥有自我意识，将自我的审美意识融合在审美对象中。然而，客观存在又不是审美对象，于是自我意识的投射或投入将审美对象自然显现，使自我意识产生审美活动。但是，另一方面，从自我意识中产生的东西也产生了创意思维，在自我意识成为审美对象见证人的同时，它又携带着自我意识进入它的光芒之中。这就是审美体验的意向性审美，对象的产生离不开人意识活动的意向性行为，离不开意向性构成的生发机制，人的意识不断激活各种感觉材料和情感要素，从而构成一个充满意蕴的审美意象。世界万物由于人的意识而被照亮、被唤醒，从而构成一个充满意蕴的意象世界或美的世界，意象世界是不能脱离审美活动而存在的，因此在设计艺术教育中亟待解决审美意识与审美能力的提升问题，审美只能存在于美感活动中，这就是审美与美感的同一性。

1. 人类的审美活动

　　人类的审美活动，第一是由人的需要与层次决定的，人之所以有这样的活动而没有那样的活动，是由人的内需要与人本质的规定性决定的。人有什么样的需要，就有什么样的活动。人类的审美活动，应该是以内在的审美需要为根据的。人首先是活着的有生命的机体，不可避免地每时每刻处于活动变化之中。这种生命体的活动可分为内部活动与外部活动，内部活动是指脏器的运动，例如：循环系统的运动，消化系统的运动，分泌系统的运动等，而精神运动正是人们的审美活动，辩证法告诉人们：物质运动是普遍的、永恒的和无条件的，因而是绝对的。但是，有条件的平衡和静止始终是存在的。因此，人有生存需要、享受需要和发展需要三个层次，生存需要是作为生物人存在的必要前提。第二是劳动与人的需要发展，人需要的层次性表明人需要是从低级向高级不断发展的，作为人生命活动的主要模式的劳动对人具有双重性质。一方面，劳动作为主体改造客体的实践活动，是满足人的生存需要或谋生的手段。另一方面，劳动本身就是一种生命活动，是人的需要和目的，因此对人又具有乐观生存的意义。马克思曾精辟地指出："我的劳动是自由的生命表现，因此是生活的乐趣。"第三是审美需要的产生，人的审美需要被马斯洛归为超越性的需要。但是，它并不是一个独立的需要层次，而是在人类三种基本需要的基础上派生出的一种特殊需要。同时，由于物质享受是生存需要的高级满足，故而单纯对物质享受的追求并不是审美需要。只有当需要不再追求实质性的对象，而只是追求对象的形式来使自己获得生命的自由感或快感时，这种追求才是审美需要，审美需要与精神享受的需要关系更为密切，也可以说，审美需要就是一种精神享受的需要。

　　图3-7、图3-8所示的作品以跳跃性的意象思维方式表达出，构思创意造型的独特，构图新颖，视觉肌理赋予变化，将众多元素综合，给观者更加直觉的效应。

图3-7　意象审美创意/孙薇/
指导教师：伊延波

图3-8　意象审美创意/孟祥玲/
指导教师：伊延波

2. 审美活动的特征

审美活动的特征与其他的人类活动相比较，具有自身的特征。审美活动的主要特征为：超功利性、主体性与感性。

(1) 审美活动是一种超功利性的人类活动。功利性是狭义的层面，意指的是物质功利性。审美活动的超功利性，使它与一切有着直接或间接功利的目的活动相区别，那些功利性的活动包括生物本能活动、物质实践活动、精神活动、社会活动等。

(2) 审美活动又是一种最具有主体性特征的人类活动。所谓主体性特征，指的是人所具有的自主、主动、能动、自由、有目的的活动的特征。在审美活动中，这些主体性特征比其他人类活动更加强烈。在人的社会活动中，各种规范与限制更明显地存在。在具体的审美活动中，主体能够随意地想象，这种想象更具有自主、能动、自由的特点。在审美活动中，人们对于对象的选择是自主、能动和自由的，可以不受外部力量的强迫，所以在选择中主体自身的兴趣、爱好、理想等起着主要的作用，因此审美活动的主体性主要表现为人的精神自由，这也是审美活动的本质特征之一。

(3) 审美活动还是一种具有感性特征的人类活动。感性是指一种人的感性生命、生理需求、情感、个性等，是与人性的自然状态、人性的根基相联系的状态，审美活动的出发点是一种与感性生命直接关联的生命需要，并且对客观形象的把握还是一种感性存在。

3. 审美活动的本质

从审美活动的现象和特征分析中，对审美活动有了初步的印象。审美活动有别于人类生理本能活动、物质生产活动、认识活动、伦理道德活动、宗教信仰活动等，是一种特殊的人类活动。这种特殊的人类活动，具有超功利性、主体性以及感性的特征。第一，审美活动不等于认识活动，从美学史上来审视，审美活动一直被认为是一种认识活动，这种对审美活动的认识可以说是从美学形成阶段就存在。第二，审美活动是一种有价值活动，从本质上分析，审美活动出自于人的欲望、兴趣等与感性生命的要求相联系的需要，是为了达到审美需要的满足而进行的活动。在审美活动中，作为主体的人关心的是对象能否满足自身需要的特性，而审美对象则对人显示出它对人的有用性。因此，在审美活动中，审美主体与审美客体之间的关系是一种价值关系，也就是人们与满足自己需要的外界物的关系。价值这个普遍的概念是从人们与满足他们需要的外界物的关系中产生的审美活动，而不像认识活动那样要去认识客观世界、客观真理，如果概念的形式去定义对象，审美活动对客观存在价值的寻求，对自身需要满足的追求，所以审美活动本质上就是一种价值活动。

3.2 审美主体

本节引言

审美主体是本章重要的学习内容，审美主体水平的高低、优劣也关联到创意表达作品的优劣，直接影响创意在社会中传播的效果，因此培养出高水平的审美主体是当今设计艺术教育的首要任务。本节主要阐述审美主体、审美心理结构的培育、审美价值的基本理论，分别讲述了审美思维主体的特征、结构、追求、标准、能力的重要内容，并从感知力、想象力、理解力以及内在情感方面重点培养，达到提高审美主体的目的，提升创意表达的水平，实现审美价值和社会价值的传播。

3.2.1 审美主体

概括地讲，审美主体就是处在审美活动中的人。而当审美活动在人类活动中独立展开，成为一种特殊的活动形式时，在这种活动中就自然地、历史地形成了特殊的主体和客体，也就是审美主体与审美客体。所以，对审美主体本质规定性的探讨，也必须放在审美活动中，作为与审美客体相对应的一个概念来进行，使审美主体的表达与创意更具有美的意境。

1. 审美主体的特征

审美主体作为审美活动的承担者，有其自身的特点，而这种特点则是相对于实践主体、认识主体、伦理主体等而表现出来的。首先，审美主体是感性的主体。审美活动虽然是人的一种高级精神活动，但它不同于认识活动，具有明显的感性色彩。从审美活动的对象来分析，审美主体是以感性的方式存在着和发展着的。例如：线条、色彩、形状、音响、韵律等。其次，审美主体是情感活动的主体。再次，审美主体是自由的主体，在学生与设计师创意的时候是要明确地认识到审美活动的自由特征。

图3-9～图3-11所示的作品中可以清晰地观察出审美主体是感性的，由于意象形态与图形作为视觉语言的一种，它以其独特的语意表达方式与解读思维所传达的审美信息，以视觉与心理的真实、简洁、直观的形象表达，既有利于识别、记忆并能产生丰富的联想的同时，生动、夸张、象征的特点又能弥补文字语意的局限，帮助观赏者去了解与理解传达的思想情感与意境，从而领悟审美主体的意象造型特征和表达方法。

图3-9 创造愉快/伊延波

图3-10 花瓶的不平静/任新光/指导教师：伊延波

图3-11 意象审美创意/孙珊珊/指导教师：伊延波

2. 主体的审美结构

群体的审美主体为个体的审美主体提供了审美的先天的可能性。这种先天的可能性就是人类学的审美文化的心理结构，也被简称为主体的审美结构。人类的文化心理结构包括三部分，即智力结构、意志结构和审美结构。只有把审美结构放在人类文化的心理结构的整体中,才能把握审美结构的基本特征。人类文化的心理结构的形成是人类长期实践的结果,心理结构分为三个层次:生理层次、心理层次和社会文化层次。第一个层次是生理层次,美感得以产生的生理机制不是主体审美活动中最主要的因素,但却是最基本的最原始因素。第二个层次是心理层次,相对于生理层次而言,心理层次是更高一级的层次。这个层次的重要特点是物的对象化。第三层次是社会文化层次,这个层次是审美结构最高层次,它与心理层次紧密相连。只有了解审美主体的结构与层次,掌握意象思维的方法与创意表达的方法,才能提高对美学理论的学习与应用能力,达到创意出优秀作品的目的。

3. 主体的审美追求

审美主体之所以能成为审美活动的发出者、承担者,是因为有着内在的审美追求。人类的审美活动本是一种以主体内在的审美需要为根据和动因的活动,所谓审美追求也就自然蕴涵着更多的社会、历史、文化与精神等,人所特有的本质需要,也是整体的审美的需要。

审美追求主要包括审美欲望、审美兴趣与审美理想三个方面的基本内容:

(1) 审美欲望。它是人的生理层次上的审美追求,也是审美需要最初始的表现形态,因为欲望本是需要的最初始的表现形态。

(2) 审美兴趣。它反映着人的心理层次上的审美追求,是审美需要最突出的表现形态,因为审美需要是人特有的需要,本质上是不同于欲望的,审美兴趣是美学研究的一个传统课题。审美兴趣作为审美需要的心理表现形式,是与审美欲望相联系而又不同于审美欲望的心理因素。审美欲望是一种本能的活动倾向,审美兴趣则是带有认识性质的活动倾向;审美欲望是一种本能欲望,审美兴趣却是欲望的升华,它是带有社会文化内容的心理因素。

(3) 审美理想。它反映着人的精神意识层次的审美追求,是审美需要的最高表现形态。因为,人之所以为人,不仅是因为人具有欲望与兴趣等感性的层面,更因为人具有理性的层面,具有精神意识。审美理想与审美兴趣、审美标准等关系密切。审美兴趣的形成必须以审美理想为基础;审美理想对审美活动的宏观调控,也包含着对审美趣味的宏观调控。

审美主体之间可以有相同的审美理想。但审美理想具有两个显著的特征:其一,审美理想以感性形象的方式存在。其二,审美理想具有二重性,是共性和个性的统一。

审美理想的共性有两层含义:第一,相对于个体的审美主体而言,一定时代、一定社会的审美理想有其共同特征。相对于一定时代的审美理想,人类又有某些共同的审美理想,这一点决定了人类文化、艺术的共同性。这是由主体的内在尺度,共同的生理心理结构决定的。审美理想一经形成,便会反过来对审美活动的发生和展开,起到自上而下的规范和指导作用。审美理想在审美活动中的作用表现在两个方面。首先,审美理想从宏观方面确定审美主体选择审美对象的范围。在审美意识中,审美理想是处于最高层次的具有规范性、导向性的形象观念,是一种相对稳定的价值取向。主体要选择什么样的审美对象,总是不自觉地受到审美理想的指导。与主体审美理想相符合的就会引起主体的审美活动,而不相符合的就不会引起主体的审美敏感,甚至会使审美主体感到厌恶。第二,审美理想体现着人进行美的创造的理想目标,激励人们去努力追求美、创造美，吸引人们为创造美而努力。

图3-12、图3-13所示的作品经过意象思维的再创过程，以审美理想图式为主体的审美理念为主导，对审美活动的发生和展开从自上而下的规范，令观者一目了然，同时也能被人们所接受与认知。

图3-12　意象审美创意/肖佳妮/
指导教师：伊延波

图3-13　永远/伊延波

4．主体的审美标准

审美标准一般是指在主体的审美活动中形成的、用以评价对象的一种内在"尺度"。由于这种尺度的存在，世界上的事物才有了"美"与"丑"的差别。

（1）关于审美标准。马克思在把人的劳动与动物的活动作区别时讲：人与动物的不同，在于人懂得按照任何一种尺度来进行生产，并且懂得怎样处处都把内在的尺度运用到对象上去。审美标准作为主体的内在尺度是人类历史的产物，因而具有客观生理、心理基础与客观规律性的特征。审美标准一般是指人类群体的标准。审美标准作为主体的特殊的内在尺度，主要可分为两个方面类型：一是对形式的审美标准，另一是对形象和意蕴的审美标准。

（2）对形式的审美标准。对形式的审美标准一般称之为形式美的法则，是对与内容不直接相关的、具有相对独立意义的形式审美的要求，也是人们在长期的审美活动中提炼、概括出来的，能引起人审美愉快形式的共同特征。它们主要有整齐、对称、均衡、比例、节奏、调和、对比、和谐等。整齐是最简单的形式构成，是同一色彩或形状的一致反复。对称则是以一条线为中轴，左右或上下两侧均等的形式构成。均衡是对称的变体，是指中轴线两边的形体不必完全等同，只求大体的相当、相应，仍保持一致的形式构成。均衡比对称更有差异性和灵活性，给人以稳定中透出动感、一致中显出自由的美感。比例是体现事物整体与局部以及局部之间关系的形式构成。节奏是指运动过程中时间和力度的有秩序变化、有规律的组合和反复。调和与对比显现出事物矛盾运动的两种状态，调和是在差异中趋"同"，对比是在差异中趋向"异"。和谐是最高一级的形式构成，又称为多样统一。对形式构成及其韵律的审美标准即形式美的法则有着广泛的一致性，几乎在一切民族中通用。其根源在于这类审美标准是以人的生理心理结构和作为自然生命体的活动规律为基础的，是对象的形式与人生命体的自由、和谐活动契合。

图3-14 传统的新演绎/王娜/
指导教师：伊延波

图3-15 穿越概念的联想/徐菱/
指导教师：伊延波

所以，这类审美标准的客观生理心理基础，是应该予以承认的。当然，形式美的法则最终是在人类实践活动中，主要是在劳动中逐步提炼、抽象而形成的。

（3）对形象和意象的审美标准。与人的心理意识与精神层面的审美追求相对应，人对形象及其意蕴也是具有内在的审美标准的。这类审美标准的历史具体性也主要体现在时效性、地域性和阶层性三个方面。审美标准的时效性是指每一种审美标准都有一定的时间域限，审美标准的地域性是指每一种审美标准都有一定的区域，审美标准的阶层性是指每一种审美标准都是社会特定阶层人的审美标准。

（4）审美标准的个性差异。主体审美标准的共同性和历史具体性都是就社会群体作为审美主体的尺度而言的，现实的审美活动却是由具体的个人作为主体来进行的，审美标准个性差异的形成是与人的个性特点直接相关的。审美标准个性差异：首先与人的先天因素有关，例如：神经类型、气质、禀赋、生理素质，因此尤其是设计艺术教学的过程中，教师要善于发现学生的个性与素质，因势利导，才是教育与教学的正确方向。

5. 主体的审美能力

审美主体是在人类实践活动中生成的主体。这不仅指在实践活动中产生了审美需要，也指在实践中主体形成了一定审美能力。概括地讲，审美能力就是审美主体所具备的能使审美活动展开到某种程度的能力，审美能力主要包括审美感觉力、审美想象力与审美理解力。

图3-14、图3-15所示的作品运用审美感觉力、审美想象力、审美理解

力,来对创意进行诠释与解读,使创意主题更加鲜明,既有古典美学的意义,又有现代美学的简约主义的含义。

3.2.2 审美心理

审美心理学美学亦称"审美心理学",是美学的分支学科之一,是研究审美心理结构、心理内容、心理形式、心理运动及其规律的学科,心理学与美学相结合后所产生的交叉学科。从古希腊开始,就有关于审美心理现象的观察和描述。18世纪的英国经验派开始对审美活动中的知觉、表象、想象、快与快感等进行研究。19世纪至20世纪,形成了许多派别,最主要的有:①以费希纳为代表的实验心理学美学,采用实验、测量、统计的方法,以受验者的心理反应确定美与不美;②以S.弗洛伊德为代表的精神分析学美学,认为艺术的美仍是受压抑的"无意识"本能欲望的升华;③以阿恩海姆为代表的完形心理学美学,认为美在于"完形",而"完形"是大脑皮层和知觉对外界刺激进行了积极的组织或建构的结果;④以马斯洛为代表的人本主义心理学美学,认为人有多层次的需要,在于人从对象中达到自我的实现。20世纪80年代以来,中国心理学美学开始有较大发展。

3.2.3 审美心理结构的培养

审美心理结构的培养,主要从以下几个层面去培养与引导,即从感知能力、想象力、内在情感、审美理解力培养,全面提升学生的综合能力与整体素质的教育。

1. 感知能力的培养

美育不仅应该渗透于普通教育的德、智、体各科中,而且应成为一个独立的或专门的领域,这个专门领域的最主要任务,就是运用某些专门的教学手段,建立起审美的心理结构。所谓审美心理结构,是人们在欣赏和创造"美"的活动中,各种心理能力达到高度活跃时构成的一种独特的结构,这种结构最容易在艺术家与设计家的心理活动中体现出来,审美心理结构的培养或建设,主要包括以3个方面的内容:①培养敏锐的感知能力;②培养丰富的想象力;③培养透彻的理解力。上述3种能力的协调与合作,需要自然地渗透在各种能力的应用中,无须单独列为一个方面的内容。敏锐的感知是积累丰富的内在感情的重要手段,因为对内在感情的体验、认识和积累往往是通过感官,对外部自然形式和艺术形式的把握来完成的意识。

意识的培养又包括两个方面:一是从理论上理解生命的种种特征;二是引导学生亲自从自然万物中观察生命的特有形式。从理论上讲,生命的最明显特征就是它的运动性,换言之,生命在于运动。对于这一点,在审美教育中是必须向学生讲清楚的,要使他们认识到,生命的运动成因和特征,还应该使学生懂得要观察生命的活力,就必须观察各种运动模式即"动态形式",所谓动态形式,就是由物质的运动造成的形式。

2. 想象力的培养

从本质上讲,想象就是将通过感知元素把握到的完形或是大脑中储存的现成图像与图形加以改造、组合、冶炼,重新铸成全新的意象的过程。因此,在讲到对想象力的培养时,首先要考虑到培养丰富的情感。情感在想象中如同炼钢炉中的燃料和炉火,没有它，就不会有高温，因而也就熔炼不出优质的合金。其次，要有丰富的"内在图像与图形"的储藏。"内在图像与图形"是想象的原料；正如贵重的合金需要有各种贵金属作为原料一样。所谓内在图像与图形，就是以信息的形式储藏在大脑中的种种意象，有时候人在梦中、在回忆中、在知觉和观察时，接受某种特殊刺激时，某种过去的经历或自己曾经热恋过的对象，便呈现在"心灵的眼睛"中。现代神经生理学表明，这种负责储存"内在图像与图形"的部位，就位于丘脑和下丘脑周围的网状组织，即边缘系统中。内在图像与图形在人的生命活动中具有举足轻重的作用，仅就审美活动而言，它的作用主要有两个：一是帮助知觉选择，二是作为想象活动的原料。知觉选择就是对外来的信息进行筛选。内在图像与图形除了增强选择力之外，还有作为创造性想象之原料作用。创造性想象就是依照情感本身力量、复杂度和延续程度，对储存原料的图像与图形，加以重新改造、组合产生出一种全新的形象的活动。不断增加和丰富自己的"内在图像与图形"储藏，是培养丰富的想象力的重要步骤。这犹如大地的肥力积蓄，只要土膏肥厚，春雷一动，便可万物滋生。

　　图3-16、图3-17所示的作品在意象思维设计创意的过程中，运用想象与联想可以使创意达到事半功倍的效果。把某事物的形态、图形、空间、造型等诸多元素进行创造性的整合，往往会取得独特的、强烈的视觉震撼力。

 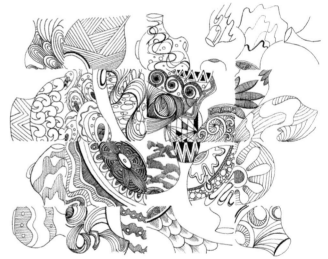

图3-16　意象审美创意/史耀军/
　　　　 指导教师：伊延波

图3-17　飘浮的瓶/孙珊乐/指导教师：伊延波

3．内在情感的培养

　　内在情感是人整个生命的重要组成部分。因此，用内在感情的炉火对"内在图像与图形"进行熔炼的过程，实则是以一个生命创造另一个生命的过程，其中有十月怀胎的辛劳，又有一朝分娩的痛苦，还有忘我牺牲的精神。总之，生命的本能遇到了意识和理性的阻挡和压抑，它的行动路线就由直变曲，由平坦变为起伏，由赤裸裸变为含蓄隐蔽。这是本能冲动向人的丰富情感的转变，是单一和贫乏多样统一的转变。艺术想象所需要的炽热的情感，它在纷繁复杂的生活中孕育，在当今设计艺术教育中完形，是思考与培养的过程。使学生了解与认识内在情感的逐步形成与意象思维与创意表达的优良有直接关系。

4．审美理解力的培养

审美理解力是在感受的基础上，把握自然事物的意味或艺术作品的意义以及内容的能力。审美理解力不是与生俱来的，在某种程度上讲，审美理解力是有意识的教育和无意识的文化熏陶的结果。既要求受教育者对自然和艺术的大量感性接触，又要求他们有广博的学识，对各民族的深层意识和各个时期的时代精神的认识，对各种艺术的风格的认识等；既要求他们了解各类艺术使用的各种不同符号和表现"语言"，又要求他们养成一种按照自己体验到的人类情感模式对事物分类的习惯。总之，这是一种全面的教育，是一种深刻到能改造自己内在情感和思考方式的教育。

审美理解力的教育大体可以从以下的两个方面内容阐释：①运用一般教育方法达到的对一般知识的掌握；②运用特殊方法达到的对形式中意味的理解。这里讲第一种，这种教育所要达到的目的主要有三个方面：①对各类艺术的表现技巧的理解；②对典故和各种符号象征意义的理解；③对各个民族的深层意识、哲学思想和对各个历史时期的时代精神的理解。在这三种理解中，前两种较为容易掌握，而且靠记忆、背诵、学习、观察就能掌握。

总之，审美理解离不开对各个民族的深层意识、时代精神和文化结构的理解，有了这种基本的理解，形式中的意味才会向设计者招手。审美理解方面的教育与训练是必要的教育，可以通过正常教育手段达到。对审美的最重要理解，是对形式中暗含特殊意味的直观性理解。

3.2.4　审美价值

审美价值事物对人所具有的审美意义和心理效能具体如下。审美价值不同于实用价值和科学价值，它取决于事物审美特性同人的实践需要、精神需要、审美需要的功效关系。对象对人的实践有益于内容、形式，具有独特的审美功能，被人所把握，满足人的精神需要、审美需要，就具有肯定的审美价值，反之则是否定性价值。它是主客体相互作用的结果，是规律性和目的性的统一，主体与客体的统一。事物的审美价值是被人发现和创造的，事物客观具备的美是产生审美价值的物质基础。但是，只有当事物在人的实践中被"人化"，具有了社会中的内容，充分地证实了人的本质力量的丰富性，使人从对象中直观自身，事物才具有特定的审美价值。审美价值与观念是在历史发展中形成和发展的。在人类社会初期，事物的实用价值先于审美价值。后来随着生产力和审美意识的发展，事物对人才逐步形成相对独立的审美价值，并以独特的形式反作用于人的社会实践、审美实践。在不同的时代、民族、阶级有不同的审美价值观，它制约人的审美态度和美的创造(图3-18、图3-19)。在意象思维领域，想象源于人的感性认识，是人的本能的反应，是意象创意设计的特定审美价值与视觉信息的传达。

图3-18 形象的意想/冯馨瑶/
指导教师：伊延波

图3-19 意象审美创意/崔晓晨/
指导教师：伊延波

3.3 审美意识与审美潜意识

本节引言

审美意识与审美潜意识是本节讲解的重要内容，审美意识的形成要靠社会教育来完成，而审美潜意识则要靠家庭教育和自我教育以及社会环境熏陶逐步形成，因为审美潜意识更多的是在家庭环境和生活环境渐渐形成的审美观念和审美心理的认知。本节对审美意识、审美潜意识、基本原理、二者的互为作用与差异、功能以及3个步骤与方法的基本理论内容方面进行讲述与讲解，提高学生审美意识与审美潜意识的觉醒，并让其学会自觉成长。

3.3.1 审美意识

审美意识支配人的审美、创造美活动的思想、情感、意志。它是人的社会意识的组成部分，并和其他社会意识相互影响、相互渗透。它包括审美的显意识和潜意识，都是审美心理活动进入思维阶段以后的意识活动。审美意识的产生、发展以人与现实的审美关系为前提，以客观事物的审美特性为源泉和对象，以人的健全感官、脑功能为生理基础，以审美的感知、判断、想象、情感、意志活动等一系列心理活动为心理基础和心理形式。审美实践以及对审美实践经验的概括、总结是形成审美意识的认识基础。

人在实践中对审美形象信息、审美经验经过分析、概括和学习、借鉴、训练，才能形成以视觉语言为载体的审美意识，它是人所独有的社会意识，受一定社会历史条件、人类审美意识积淀的制约，并随着社会生活、人的实践能力、思维能力、客观事物美，尤其是艺术的发展而不断建构、积淀、改组和发展。它具有主体性、自主性，有时代、民族乃至个人的独特性、差异性，又有一定的普遍性和共同性。人的审美意识具有一定的系统性、自控性和能动性，可以通过感知对象特征，唤起时空意识和整体意识、关联意识；可以对事物的认识从感性到理性，从局部到整体，从本质上把握对象的审美特性，并直接影响人的精神世界和丰富、深化人的各种社会意识。当它一旦形成和系统化，成为人的自觉意识以后，又可以转化为人的内在力量，反作用于客观美，使客观事物打下人的精神印记，并推动人去自觉、自由地按照美的规律改造客观世界，创造美和发展美。审美意识是当代美学研究的主要对象，它标志着美学研究的重点已从客体转向主体。因此，在设计艺术教学中，急待解决教学主体(学生)的审美意识提升。

3.3.2 审美潜意识

审美潜意识是无穷的力量之源。潜意识是成功的必备武器，怎样培育潜意识的力量？积极正向的态度是最有效的催化剂。让潜意识发挥作用是思想习惯的关键，如渴望已久的荣耀、快乐和富足。在这个世界上有两种人：一种人充满磁性，他们对人生满怀信仰，坚信自己生来就是要赢得胜利和辉煌的人。而另外一种人则毫无磁性，这样的人太多了。如果，想成为一个富有磁性的人，就要努力领悟磁性，就会获得难以数计的成就。释放磁性的无穷能量，答案就是这奥秘其实就在每个人的潜意识里，那是一种很容易被人们忽略的强大力量，是不可思议的力量。只要学会与潜意识建立联系，并发挥出潜意识的力量，那么智慧、地位、财富、健康、欢乐、幸福等，将会一起出现在每个人的生命里，使每个人的人生将更为绚丽多彩。如果一个人心态开放，善于接受新鲜事物，那么不论何时何地，在潜意识中的无穷智慧都会提供给他所需的一切知识，不断激发他的思想和创意，最终引领他走向一个妙不可言的真理世界，可以随心所欲地生活，自由自在地体验健康与快乐(图3-20、图3-21)。在某种环境中，审美潜意识可以帮助创意人明确表达信息与内容，引导观者的意象思维与审美主体一起探寻审美意识的佳境，感受造型各异的审美形象与表达及传达的视觉魅力。

图3-20 意象审美创意/孙珊珊/
指导教师：伊延波

图3-21 静与动重构/董禹辰/
指导教师：伊延波

审美与潜意识的融合生成新的内心开始，每个人都有权去发现这份内心世界的宝藏，人们的思想、感受、力量、光明、情爱和美好，都深埋在这片未知的世界。在人们的内心，审美潜意识的力量使一切都可以康复如初，变得如同新生婴儿一般快乐圆满。而审美潜意识将为学生打开心灵的枷锁，让他们突破物质和肉体的局限，重获灵魂的自由！从现在起运用审美潜意识的力量去创造崭新的人生，它将会像大海一样辽阔，像天空一样宽广，像金矿一样富有。审美潜意识虽是无形无色，却存在思维中，也有着实实在在的强大力量。发掘并善用审美潜意识的力量，可以让学生洞察先机，未雨绸缪，遇到难题时都会迎刃而解。只要发挥出这种内心的力量，就会发现自己身处于智慧构筑的成功之中：富有、宁静、祥和而又安定。必须通过学习才会懂得和运用审美潜意识，而一旦掌握了审美潜意识，并加以运用，审美潜意识将会在意象思维与创意表达的各个方面发挥出令人难以置信的巨大作用，让创意人怀着诚挚的希望去拼搏，把心底那些原本遥远的梦想变成最为真切的现实视觉语言与倾诉。

3.3.3　审美潜意识力量的基本原理

在任何新的领域里面进行探索和学习，掌握这个领域的基本原理，都是最为关键的一步。只有懂得了潜意识力量的基本原理，才能熟练地运用审美潜意识的力量。而学会运用潜意识力量之后，就能在生活中进行实践，达成各种各样梦寐以求的目标。无论是物理学原理、化学原理还是数学原理，都与潜意识的原理具有同样的性质。审美潜意识也是这样一种原理，所有的经历、经验、物质条件和个人能力，之所以会是今天这个样子，全都是由潜意识根据思想促成的状态。只要诚心诚意地把这些潜意识原理运用到审美潜意识中，就意味着掌握了科学有效的心理暗示方法。可以借此为意象思维的表达谋取更大的创意空间，让充满生命力的视觉语言在审美潜意识中逐渐生成，使审美潜意识根据思想发生改变的同时得到提升。而审美潜意识的暗示就是心中的所思所想，思想的蓝图改变了，审美潜意识同样也会起变化。意象思维与审美潜意识融合与生成，给创意表达的功能和性质提供了广阔的思考领域。使用"审美意识"与"审美潜意识"的词语来表示心灵的创意，是了解与表达的重要环节。

3.3.4　审美意识与审美潜意识的互为作用

如果把审美潜意识比作是一个花园的话，那么每个人都是这个花园的园丁。习惯性思考，每一个念头都会成为"因"，而周遭的一切都是以前原因的"果"。这就解释了为什么掌握自己的思想是如此重要的原因。唯有如此，才能得到想要的审美意境。从现在开始，在审美潜意识的花园中播种下优美与笨拙、图像与形态、意象与表达等意愿的种子吧。让思想沉静下来，让自己确信这些创意愿景，毫无保留地把它们同自己的审美意识融合在一起。如果持续不断地把这些种子种在审美潜意识的花园里，那么将会等到一个辉煌的收获季节。如果你的审美意识能够正确地思考，并且不断地把和谐而富有建设性的想法注入审美潜意识中，那么审美潜意识力量就会在一片平和中发生作用，带来和谐而令人满意的审美意境。只要开始控制思维的流程，就能够有意识地运用审美潜意识的无限潜能，解决遇到的意象审美问题。只要懂得了审美意识和审美潜意识的交互作用原理，就可以重构创意形象表达，改变创意表达的造型观念，以此来达到视觉信息传达的目的。审美潜意识对于审美意识的改变是非常敏感的，审美意识为审美潜意识划好沟渠，而无尽的智慧和能量都在这些沟渠中流动，运用审美意识与审美潜意识的互为作用是开掘内心宝藏的开始。

3.3.5　审美意识与审美潜意识的差异

审美意识与审美潜意识的差异，就像是一个球的两面一样，而不是各自的独立的实体。审美意识做出的是理性选择，而审美潜意识则在意识毫不知情的情况下，自发地推动着呼吸系统和生命循环系统。像土地接受农民撒下的种子一样，审美潜意识总是无条件地接受着一切加入审美意识层面的观念。

通过心理学家的试验有意识地选择和对比，可以发现潜意识只是无条件地接受意识给予的建议。而一旦接受了意识层面的观念，它就立刻开始将其向现实转化。这些简单的案例清楚地展示了潜意识的特别之处。潜意识不具有独立人格，遇事不加选择，只会忠实地服从意识的指令。通过人类5种感觉器官来观察世界，并指导人类在周围环境中行动自如。审美意识是理性的选择；而审美潜意识就是不能进行推理的感性或知觉。但是，审美潜意识正在发挥着意象思维与创意造型的神密的力量，给人们带来梦寐以求的视觉意境与新的视觉传达力。

一旦审美意识认同了某种观念，审美潜意识就会毫不犹豫地接受。所以，暗示是一种非常强大的力量。不同的人对同样的暗示有不同的反应，这是因为他们的潜意识状态不同。色彩、形态与图形将成为视觉中的常态，而人将变得越来越善于解读这些视觉语言的审美意境，它们将成为人们生活中快乐和活跃的视觉信息，美好的审美理念将给每个人都带去审美的意境。

图3-22、图3-23所示的作品是随着意象图形的平移、伸缩、旋转而生成的形态结构创意，而点、线、面之间的对比，产生了强烈的视觉感与探寻感。

图3-22　意象审美创意/石兴/
指导教师：伊延波

图3-23　意象审美创意/吴乃群/
指导教师：伊延波

3.3.6　持续一生的审美潜意识功能

在人的一生中，超过90%的心理活动都属于潜意识思维，如果不能有效利用这股神奇的力量，只能终身生活在很有限的范围内。潜意识的活动会持续一生，并且随时贡献出自己的力量。由此，审美潜意识的活动也会维持一生，要形成良好的使用意识，用完全正确的事实去填充审美潜意识，它总是根据思维习惯去生成各种各样的创意。为了达到目标，思想是明智的，决定肯定会是明智的。如果思维积极健康又极富创造性，就可以克服各种各样的困难，去体验梦寐以求的成功。为达成目标会全力以赴，坚定不移地将心目中的所思所想传达给审美潜意识，好的创意结果就会在前方等着你。审美潜意识的运用如此相似，必须清楚该干什么，必须要有一个明确的决定。不用焦急，不要去关心那些琐碎的细节，只要知道结果就行。使用想象力，而不是意志力，发挥审美潜意识的作用，不要特意让意志力去干扰它。要想象着事情的结果，感受那种自由自在的状态，就会发现审美意识总是把方法强加给审美潜意识，然后引领实现心中的目标，反复观想所带来的奇迹是让审美潜意识发挥效力的好方法之一。审美潜意识是身体里的设计师，它控制着身体的各个关键进程。

3.3.7　审美意识与审美潜意识成功的三个步骤

运用审美意识与审美潜意识的三个步骤：第一，坦然现实问题；第二，将问题交代给审美潜意识，它会高效地寻找到解决问题的方法；第三，带着问题已经解决的坚定的信念进入梦乡。怀疑和犹豫都会削弱审美潜意识的作用，意象创意和自由表达都是由审美潜意识左右的结果。当内心生成审美意识发挥作用时，审美潜意识就会有效地发挥作用。怀着坚定的信心向审美潜意识传递健康的意象，然后休息调节，把审美意识交给审美潜意识的力量。通过放松和自我暗示，使意象思维渗入审美潜意识之中，审美潜意识的力量将接管创造的意念，将审美潜意识的元素变成现实。根据反转原理，越是用力就越是不可能成功，越可能事与愿违地失败。所以，学生必须学会解决愿望和想象的冲突，运用意志力解决问题时，学生要习惯于预先假定存在着和愿望相违背的情形，掌握审美意识与审美潜意识的互为转换关系。

图3-24所示的作品充满理性的分析与构成方式，将具体而感性的形态与图形巧妙地重构表达，给人以强烈的视觉影响力，并让人感受到内心深处理性分析的思考力与形象表达力。

图3-24　意象联想/孙红旭/指导教师：伊延波

3.3.8　运用心灵的方法

阐述运用心灵的法则，绝大多数的科学家、艺术家、诗人、作家和投资者都对意识和潜意识的相互作用原理有着深刻的了解，而这也正是他们共同的成功的路道。潜意识开始释放出生机勃勃的能量。它无疑知道意识具有两个层次，一个是理智充分知觉得到的意识层次，而另一个则是理性不能直接感知到的潜意识层次。意识与潜意识展开对话，一切都在掌握之中，潜意识必须听从意识的命令，依据意识的号令行事。没有意识的命令，不可以轻举妄动。可以惊奇地发现，潜意识将会受到深刻的触动和影响。潜意识接受来自意识的命令，然后开足马力向指引的方向前进，这些竟然都是意识思维造成的。由此可得，一切创意其实早就深藏在每个人的内心，只需要把意象思维、创意思维、灵感思维挖出来，让其发挥创意的传达作用。

古往今来所有的伟人都明白释放潜意识力量的秘密，告诉自己的潜意识要达到什么样的效果，潜意识就会向意识传递答案。心灵的思想就是心灵的信仰，而信仰的规律就是心灵的规律。心灵工作的原理是潜意识信仰的一切最终都会实现，将改变创意思维与表达语言，最宝贵的创意不在别处，就在陪伴人一生的心灵与思维中。潜意识创造现实的力量极其强大，只要潜意识接受了一个观念，它就立刻开始将其转变为现实！问题的关键在于，无论这个观念是好是坏，潜意识都会不加选择地接收并同样拥有。人类的心灵有一条规律：意识决定潜意识。心理学家和精神专家指出："当意识转化为潜意识时，会在大脑皮层留下生理印记"。

3.4 纵横审美意象

本节引言

本节讲解的是古今中外审美意象与审美范围的内容，使学生能从纵向和横向的人类发展史中，了解和理解审美意象与审美范围的起源与发展，催生审美意识的形成，为今天的设计艺术行业服务。博而广的审美观念一定会创意出优秀的设计创意作品，提高视觉传达设计的品质，从而表达审美意识与审美潜意识对视觉维度的影响，提升作品的审美价值、应用价值。

3.4.1 审美意象的世界

美也称为意象世界。意象世界不是物理世界，是人的创意，是对物的实体性超越。那么，意象世界和真实世界是不是就分裂呢？中国传统美学认为：意象世界是一个真实的世界。王夫之一再强调：意象世界是"现量"，"现量"是"显现真实"、"如所存而显之"，在意象世界，世界它本来存在的那个样子呈现出来了。要把握中国美学的这个思想，关键在于把握中国美学对"真实对世界本来存在的样子的理解。"在中国美学看来，世界不仅是物理的世界，而且是生命的世界，是人生活在其中的世界，是人与自然界融合的世界，是天人合一的世界。乐是人和自然界的本然状态，所以在中国哲学和中国美学之中，真就是自然。这个自然，不是一般说的自然界，而是存在的本来面貌，它是有生命的，是与人类生存和命运紧密相联的，因而是充满了情趣的。胡塞尔提出的"生活世界"的概念，是与西方传统哲学的所谓"真正的世界"的概念相对立的。这个"生活世界"，是有生命的世界，是人生活于其中的世界，是人与万物一体的世界，是充满了意味和情趣的世界，是存在的本来面貌。意象世界是人的创造，同时又是存在本身的敞亮。一方面是人的创造，另一方面是存在的敞亮，这两个方面是统一的。"搜妙创真"这两句话都包含了一个思想：通过人的创造，真实本来面貌得到显现，美是作为无敌真理的一种现身方式，美属于真理自行发生。

图3-25、图3-26所示的作品从点、线、面、体切入，开始与意象思维的融合，培养对形态与图形的归纳和提取的思维模式，利用丰富的视觉语言，加深传播的意义与影响力。

图3-25　意象审美创意/张丹/
指导教师：伊延波

图3-26　意象审美创意/刘真/
指导教师：伊延波

3.4.2　超越与复归

　　生活世界仍是人的经验世界，是本原的世界。在这个世界中，人与万物之间并无间隔，而是融为一体的。这个生活世界就是中国美学说的"真"，"自然"。这是一种生生不息、充满意味和情趣"乐"的世界，是人们的精神家园。人被局限在"自我"的有限天地之中，犹如关进了一个牢笼。日本哲学家阿部正雄说："作为人就意味着是一个自我，作为自我就意味着与其自身及其世界的分离；而与其及其世界分离，则意味着处于不断的焦虑之中，这就是人类的困境。这一从根本上割裂主体与客体的自我，永远摇荡在万丈深渊里，找不到立足之处。"总之，美(意象世界)一方面是超越，是对"自我"的超越，是对"物"的实体性的超越，是对主客二分的超越。另一方面是复归，是回到存在的本然状态，是回到自然境域，是回到人生家园，因而也是回到人生的自由境界。美是超越与复归的统一(图3-27、图3-28)。将原有思维超越是人生存的需要，也是客观发展的挑战，结合生活之外的不定元素的衍生，在不定形的图形语意的定形基础上延伸与变异，最终超越一般思维而复归意象表达的意境。

图3-27　意象审美创意/任新光
指导教师：伊延波

图3-28　意象审美创意/孙珊珊/指导教师：伊延波

3.4.3 古埃及的审美意象与审美范畴

纸莎草作为审美意象蕴藏着古代埃及人几个方面的审美意象：第一，以旺盛的生命力为美。即以生机盎然的生命形式为美的观念；第二，以有用的东西、对人类生活有益无害的东西为美；第三，以高大坚韧的东西为美。莲花和莲蓬以其生命的悦目的色彩既是绿色，而给人以美感，并以其丰产多子为特性。莲花对于许多民族来说，都有着积极向上的意义。例如：狮子、鳄鱼、河马、眼镜蛇。在古代埃及的宗教中，许多动物具有神性，或者说许多神都具有动物的形态。又如：金龟子，金龟子的审美意象表达了古埃及人对生命的赞美，对创造生命东西的赞美。太阳是万物生命的根源，太阳之子是法老，是地上万物的统治者、施惠者。法老死后，进入天空，升入苍穹。所以，鹰是崇高生命和权力的象征，是代表生命和权力的审美符号。

古埃及三大神学体系创世论的核心都是太阳崇拜。古代埃及宗教信仰根植于一个简单而固执的观念之上，即认为宇宙是静态的。古埃及人坚信他们生活在一个永恒的世界里。在他们的世界观中，一切存在都是永恒的存在。人和动物的肉体可以死亡，但它们在轮回中，像不死鸟那样，形态变化而灵魂不灭。生命就像尼罗河水一样，潮涨潮落，尽管尼罗河永远进行着这种周期性的变化，但尼罗河却永远存在。古埃及人的审美意象非常丰富。从审美意象开始，古代埃及人在漫长的历史中，逐渐从具体走向了普遍和抽象的思维，升华出了一些抽象的审美观念，形成了人类较早的审美范畴，如玛阿特所代表的绝对美。古埃及审美观念，第一是实用美，美是有用的、有益于人们生活的东西。第二是人体美，古埃及人的人体美观的基本标准是：五官端正，眼睛大而明亮，胸脯微微挺起，身材匀称窈窕，动作灵活优美，显得生机盎然。第三是艺术美观，古埃及人已有高度发展了的艺术美的观念。了解古埃及的审美意象与审美范畴，使学生掌握不同民族的图形与符号的象征意义，丰富自己的创意语言。

3.4.4 苏美尔人的审美意象与审美观念

苏美尔人的审美意象和审美观念，发生在底格里斯河和幼发拉底河流经的地区(简称"两河流域")，这是人类的诞生地和文明发源地之一。古代两河流域的文化充分地证明人类之间的文化传播的必然性、持续性和多向性。苏美尔人的宗教在他们的生活中占有重要的地位。这种宗教由崇拜自然物的多神宗教发展而来，也盛行动物或兽类崇拜。这种宗教是原始的图腾崇拜的延伸，因此具有明确的拟人性和人神同形等典型的原始宗教特征。从苏美尔人的宗教崇拜对象中，可以看出他们的宗教观念和最初哲学观点和审美意象。尽管苏美尔人早已消失在历史的风尘中，遗存稀少，但是通过已发掘整理的神话传说、歌谣俚语、造型艺术中，还是可以对其思维特征进行尝试性的描述。

(1) 具体性、形象性思维。苏美尔人很少有抽象的观念，即便是有某种抽象的普遍性的类化观念，也会把它们转化为具体的形象来加以表述或表现。

(2) 象征性、拟人性思维。象征性、拟人性思维是建立在"万物有灵""万物有生"观念之上，通过"以己度物"的认知思维方式来表达的。

(3) 想象性思维。苏美尔人以想象的方式来猜测和解释现实世界的所有现象。

(4) 意象性和情感性思维。苏美尔人往往在情感欲望的推动下，按主观的理想或愿望去自由创造各种组合的事物，或者去建构现实中不存在的形象。苏美尔人的审美意象和美的观念源于水,由于他们生活在两河流域,因此他们认为,水是宇宙万物的本原,也是一切生命之物的本原。生命也是苏美尔人崇拜的形象,他们将那些有益于人类生活或生命的自然物赋以神性。例如:月亮、星星、太阳、水、鱼、植物及丰收神等,这些有益于人的生活和生命的东西,就是他们最早的审美意象。

图3-29、图3-30所示的作品是采用拟人的思维方式。作者通过观察生活,充分运用了自身对形态与图形的总结、归纳和再创意的能力,体现了创意人在常态的环境中运用审美的特殊视角去观察周边的事与物的能力。

图3-30　意象审美创意/邓亚娟/指导教师:伊延波　　图3-29　意象审美创意/曲美亭/指导教师:伊延波

3.4.5　古巴比伦、亚述、新巴比伦民族的审美意象与审美观念

古巴比伦、亚述、新巴比伦民族的审美意象与审美观念,是在审美观念中最显著的观念,崇尚狞厉、冷峻、巨大。第一,亚述艺术是亚述统治者审美趣味和审美理想的表达。马克思说过:"每一个时代占统治的思想就是统治者的思想,在军事专制的亚述帝国时代,国王不再是祭师的附属和工具,而是精神领袖。"第二,狞厉张扬之美。第三,亚述艺术体现出审美思维的原始完整性与思维的特征,审美意象是崇尚巨大和高度。

3.4.6　希伯来、波斯、阿拉伯、伊斯兰、印度民族的审美意象与审美范畴

对审美意象与审美范畴问题的关注,远在古代的希伯来、波斯、阿拉伯、伊斯兰、印度民族的漫长的生存与生活的繁衍中。将审美意象与审美范畴的精神活动融于人类的物质生活中,仍在传承与延续着各民族的意象思维与审美意象的精神期盼,可以从中认识与理解并解读出审美意象的观念,至今仍在传播、影响、作用于人们的思维和行为中。

1. 希伯来

希伯来人的审美意象来源于石头、山岳、树木、林泉,认为它们都有生命力和灵

性。希伯来人在划地界时,用石头作为标志。光:希伯来人继承了自苏美尔人以来的审美传统。希伯来人认为:美的东西是发光的、悦目的,有强烈的视觉快感。生命:希伯来人以生命的现象为审美的意象,这个观念形成很早,很古老。希伯来人认为:美的东西是运动着,或者表现为生机勃勃,有强烈的生命感、生命气息和富于性感。希伯来审美范畴。美:①美指"好",美和好是同义词,可以互用。②"《旧约》的神话中,美被当成被创造的东西、世界的物质性的不可分割的质"。③宇宙和世界之美都是上帝通过理性的思考后,用意念创造的,因此上帝创造世界、创造美的活动不是心血来潮之作,而是出自于缜密理性的思考。希伯来感性的美和理性的美,"感性的"美:看得见、摸得着和享受得到的世界美。"理性的"美:圣灵的美,所谓"理性的美"包含着丰富的内涵。人体美:在希伯来人的审美观念中,不仅以生命为美,以生机盎然的东西为美,而且对于人体之美而言,表现出了非常强烈的以性感为美的观念。

图3-31、图3-32所示的作品中,原生形与再生形之间存在着一种内在的联系与关联。这种关联来自于创作者对意象思维表达特有的美感和对美的诠释,它包含了形象与文化内涵的外在表达。

图3-31 意象审美创意/孙珊珊/
指导教师:伊延波

图3-32 意象元素重构/冯馨瑶/
指导教师:伊延波

2．古代波斯

古代波斯人的审美意象与审美范畴。首先是古代波斯的索罗亚斯德宗教哲学的二元本体论,远古时代波斯各部族的自然神崇拜、多神崇拜的宗教,在公元前七世纪时,逐步衍化为较统一的"二元神"崇拜观念。所谓"二元神"信仰是指两类对人类有利益的或有伤害的神异力量信仰。这两种类型善、恶的神力从根本上是对立的,这种对立构成了人们的宇宙观和世界观。在索罗亚斯德宗教思想体系中,善是表现古代波斯民族意识元范畴。火是人类文明生活的突出标志,对火的合理利用,是人类超越动物世界、把自然加以人化的重要表征。光、火都是实体性的东西、象征和寓意。也就是说,以类比、引用、假借、隐喻、象征等方式,把光、火的实体性质转化为精神性的观念或特性。第一,这种转化使光具有"照明性"特征,光能瞬间消除黑暗、模糊、阴影,因此它很容易被转换成人们头脑对外部事物清晰的认知。第二,光能产生温暖和热力,具有激发作用,因此光就成为了激发情绪、振奋心灵、爽朗精神的生命力的象征。第三,火和光都能迅速地蔓延,把光明和热力扩散出去。因此,光和火就成为情绪感染力表现和象征。第四,火光不断向上蹿升特性被波斯雅利安人转换为"王权"、"至上"的神圣地位等观念。古代波斯人从而就把物质性的东西转换成精神的观念。例如:古代波斯人崇高观念体现在建筑艺术上,一是建筑气势宏大、雄阔、壮观,显示出崇高观念,居鲁士的都城帕萨尔加迪的宫殿占地广阔,各幢建筑之间间距很大,给人以空阔之感。第二,宫殿建筑结构及其装饰讲究秩序感、对称性和装饰性变形,就古代波斯波利斯都城克谢尔克斯王宫殿整体布局分析,它各个部分疏密相间,井然有序,这些都是了解与理解古代波斯审美意象的契入点。

3. 阿拉伯

阿拉伯、伊斯兰民族的审美意象与审美范畴,则是伊斯兰时期的阿拉伯人的审美思想,是建立在伊斯兰教宗教哲学的基础上,是伊斯兰精神在审美上的表达。第一,蒙昧时期的阿拉伯民族的宗教信仰。第二,蒙昧时期的阿拉伯人的诗性思维对审美观念的影响,蒙昧时期的阿拉伯人的思维方式,基本上也是诗性的思维,原始思维的成分浓厚。阿拉伯人在诗性思维的主导下,形成了许多审美意象。其重要的审美意象是月亮、星辰,崇拜月亮和星辰是游牧社会的象征。与游牧民族对待月亮和星辰的态度相反,处于农耕生产中的阿拉伯人则对太阳有更多的肯定和赞美。

自古以来,水就是阿拉伯半岛的生命象征,那里除了小面积的草原和绿洲,剩下的就是沙漠。泉水是阿拉伯人最崇敬的东西:"沙漠里水井,有清洁的、能治病的、活气的凉水",故在古时就已变成崇拜的对象。绿洲是生存所依赖的地方。绿色是生命的色彩。古代的贝都因人在雨季来临时,逐水草而居,依水草而生。在他们的观念中,绿色就是生命的色彩。绿洲中人们和牲畜赖以生存和生活的棕榈树、枣椰树、水草、小麦、大麦、葡萄等都是绿色。绿色又代表宁静、和平、富足,所以对于阿拉伯人而言,绿色绝不是简单的物理学色彩观念,而是文化学意义上的生命色彩符号,是美的意象。这种传统色彩美感一直延续到伊斯兰时期。至今,绿色就是伊斯兰教色彩符号,骆驼是阿拉伯人的审美意象,而石头有神秘感、神圣感。最有名的石头崇拜就是对麦加圣地"克尔白"圣石的崇拜。

4. 伊斯兰

伊斯兰时期,阿拉伯民族的审美意象与审美范畴,是以伊斯兰教的绝对美的观念为出发点,逻辑地包含有无限这一范畴。一种是通过文学语言的象征、比喻来说明。阿拉伯纹样在平面结构上具有满与平均的特点,满就是构图的密集和布满,没有空白和明显的疏离。平就是构图的平均分配,结构上的平衡;"均"就是总体上构图的均称、完美,构图有着鲜明的秩序感。伊斯兰教义认为:真主是无限的,也是崇高的。美具有目的性与规律性。安拉所创造的世界既是和睦的、规律的,因此也是和谐的、美好的。伊斯兰思想认为,真主所创造的宇宙是有规律的、有秩序的,无数天体在各自的轨道上运行,没有丝毫的混乱,万物按照自身的规律生长和死亡,周而复始,这就是最大的和谐与均衡。天然之美是真主原创的美。在安拉所造的万物中，生命体是最美的。在所有的生命体中，人的生命形式是最美的。阿拉伯伊斯兰思想关于美和丑的问题曾有着激烈的争论。首先，他们从个人的道德行为中寻找形成的原因；其次，他们从事物的外部形式上发现反和谐、反规律、反均衡造成的原因。从蒙昧时期起，阿拉伯人就追求纯净，他们以纯净的事物为美。蒙昧时期的阿拉伯民族崇尚单纯、简明、质朴之美，这种审美观念既表现在事物的形式美和色调美，也表现在对人的审美欣赏之上。

图3-33、图3-34所示的作品从构成角度分析，体现的物象都是处于静态中，但情感却在笔端表达中充满无限的张力。意象的图形悄悄绽放，展现了创意之外的生命力在生长，将观者带到审美意境感受的视觉盛宴中。

图3-33　温馨/伊延波

图3-34　意象审美创意/王倩倩/指导教师：伊延波

5．印度

印度审美意象与审美范畴具有以下三种特征：

(1) 根深蒂固的泛神论思想。印度思想从泛神论哲学思想生发出许多具体的观念，这些观点之间有着内在的逻辑关系。首先，人们在感觉经验中形成了万物有生命的观念。其次，原始的泛神论宗教都相信万物有灵。灵魂不死。

(2) 永恒与无常。印度思想的理论和实践，都是从思索永恒与无常问题上展开的。"永恒与无常"思想，被佛教称之为"常见"和"断见"，它们是印度哲学的主要范畴。永恒观：常见观既然确立，就逻辑地引申出了"有限与无限"、"时空无限的观念"、"现象与本质"的关系、认识论上的"无明"与"双昧"等观念和范畴，以及"梵我一如"的人生理想。有限是现象世界中的一切存在物的本性，万物只存在于有限的时间过程中和有限的空间中，有生有死，其存在期间也是处于不断变化之中的，寂灭则是万物最终的结果。无限在时间上是永恒，在空间上是无穷大。

(3) "灵肉二元"的人生观与"人生四期"的实践论。永恒与无常的二元对立的观念不仅决定了印度思想的特征，也决定了印度民族既热爱现实，又憧憬出世和解脱的人生态度。论证印度早期的宗教哲学和美学观念，应把《奥义书》作为主要对象，并且重点研究哲学思想的基本特征，这有两个原因：①任何研究都力图全面地把握对象。②任何研究都必须寻找典型的对象。所以，在向古今中外文化与历史学习的同时，了解和理解古代的发展史，也不能忽略掌握美学的基础理论与哲学的基础知识。

3.5 审美领域

本节引言

审美领域的研究与学习是为了丰富学生的意象思维，让意象的思考超越已有的审美标准和观念，将视野放到更高、更广的立体思考位置。本节阐述自然美与社会美、艺术美与科学美、科学美与技术美的理论，使学生的思维透过表象，向着更深层的思考探索。在创意表达时让自己的思维回归到第一直觉，这是本节的教学目的。审美不是孤立的概念或观念，而是渗透在设计艺术领域的思想、观念、方法、态度，以致审美能力影响设计作品优劣与视觉传达的效果。

3.5.1 自然美

自然美的问题，在美学史上是一个引人关注的问题，也是讨论的一个焦点。讨论比较多的是自然美的性质和特点问题，以及与自然美性质相关联的自然美与艺术美谁高谁低的问题。自然美的性质问题也就同时解决，突破了自然美的性质问题，对于自然美的性质主要有以下几种看法：

(1) 自然美在于自然物本身的属性。例如：形状、色彩、体积、对称、和谐、典型性等。

(2) 自然美是心灵美的反映。

(3) 自然美在于自然的人化。

(4) 自然美在于人和自然相契合而产生的审美意象。任何审美意象都是内心形象的外化表达，同时又是见于外物的影响与作用。总之，自然美就是审美主体见于自然物、自然风景后，内心形象的外化意念与审美意象表达。视觉传达是学生通过观察事物，运用自然元素再造来表达意象思维的极好途径，将普通的事物赋予生命与活力，这也是意象思维特有的表达方法与特征，在设计创意活动领域里都有所体现，意象思维的应用极为广泛(图3-35、图3-36)。

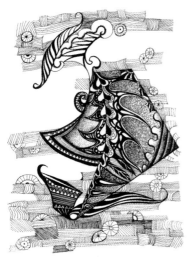
图3-35　意象审美创意/邓亚娟/
指导教师：伊延波

图3-36　意象审美创意/王慧/
指导教师：伊延波

宗白华说："自然美是主观生命情调与客观的自然景象交融互渗的结果，成就一个莺飞鱼跃，活泼玲珑，渊然而深的灵境。"这个意象世界，也就是石涛所说："山川与花神遇而迹化"所生成的美。与自然美的性质有关的几个问题：第一，是否所有的自然物都是美的。近年来在英美美学家中流行一种肯定美学的观点，认为自然中所有东西都具有全面的肯定的审美价值。第二，自然物的审美价值是否有等级的分别，艺术品的审美价值有等级的分别，它的理论实质就是要把文化、价值的内涵完全从审美活动中排除出去。第三，自然美高于艺术美，还是艺术美高于自然美，这也是在美学史上热议的一个问题，争论的双方旗帜都很鲜明。它们都是意象世界，都离不开人的创造，都显现真实的存在，并没有谁高谁低之分。自然美是审美活动中一种社会文化活动，美是一个历史的范畴。艺术美也是如此。在人类历史上，自然美的发现是一个过程。宗白华先生的分析有趣的是，他启示人们对自然美的发现、欣赏，自然美的生命离不开人的胸襟、心灵、精神，最终离不开时代、离不开社会文化环境。在一个特定的文化环境下，山川映入人的眼帘，印在人的心里，灵化而又情致化，情与景融合，境与神交汇，从而呈现一个蕴藏着新的生命的意象世界。自然美是历史的产物。自然美的意蕴是在审美活动中产生的，它是人与自然物互动的结果、互相契合与融合的产物，因而，自然美必然受审美主体审美意识的影响，必然受社会文化环境及多维次因素的影响与作用。在不同的时代、不同的民族、不同的文化氛围、不同生活环境中成为审美对象时，意蕴与象征的含义也不相同。图3-37、图3-38是利用自然元素而构成的表达，创意出不同的文化背景与不同成长环境的意象思维，体现出较大的差异性的审美意境。

图3-37　意象审美创意/王娜/
　　　　指导教师：伊延波

图3-38　培育阳光/伊延波

3.5.2　社会美

社会美也是本课要讲述的主要内容，主要包括两个方面。

第一是社会生活如何成为美。

(1) 社会美和自然美一样，是意象世界，不同的是社会美来源于社会生活领域，而自然美来源于自然物和自然风景。社会生活是人生活世界的主要领域。

(2) 人物美。人是社会生活的主体，所以讨论社会美首先要讨论人物美。人物美可以从三个层面去分析与解读：人物美的第一个层面是人体美。例如：人体的造型、比例、曲线、色彩等因素，构成了一个充满生命力的意象世界。第二个层面是人的风姿和神态。第三个层面是处于特定历史情境中美的因素都是人，人的美不能脱离社会生活，都必然生活在特定的社会历史环境中。老百姓的日常生活是社会生活的最普通、最大量、最基本的部分。如果人们能以审美的眼光去观察，它们就会展现出一个充满情趣的意象世界。第四个层面是民俗风情的美。在一定的历史时期，一个地区的人民群众都有自己相对固定的生活方式，人们称之为民俗。民俗风情是重要的审美领域。因为，它包含着人生的印记、历史的图景、百姓的酸甜苦辣、喜怒哀乐等。第五个层面是节庆狂欢，民俗风情中最值得注意的是节庆狂欢活动。节庆狂欢活动是对人们日常生活的超越。当代德国学者约瑟夫·皮帕说："以有别于过日常生活的方式去和这个世界共同体验各种各样的和谐，并浑然沉醉其中，可以说正是节日庆典的意义。"第六个层面是休闲文化中的审美意味，人类社会很早就出现了休闲文化。"休闲并不是无所事事，而是在职业劳动和工作之余，是人一种以文化创造、文化享受为内容的生命状态和行为方式。"休闲文化的核心是一个玩字，而玩就是要体现自由的、没有功利的、没有目的社会美的表象。

3.5.3 艺术美

艺术美是要通过美学理论的分析和研究才能得到的答案。在西方美学史中对于艺术的本体有多种看法，影响比较大的有以下4种表述：一是模仿说；二是表现说；三是形式说；四是惯例说。

以上诠释了关于艺术本体的4种看法：第一是艺术品呈现一个意象世界，艺术的本体是审美意象。艺术品之所以是艺术品，就是在于艺术美在观众面前呈现一个意象世界，从而使观众产生审美感性。这个完整的、包含着意蕴的感性世界，就是意象，也就是艺术的本体。艺术不是为人们提供一件有使用价值的器具，也不是用命题陈述的形式向人们提出有关世界的一种真理，而是向人们呈现一个完整的世界。而从广义讲意象是美的，就是审美意象。艺术的本身就是美，所以艺术与美是不可分的整体。第二是艺术与非艺术的区分，如果不能使人们产生美感，那就不能生成意象世界，也就没有艺术可言。与艺术本身有关的还有一个问题，就是艺术与非艺术区分的问题。既然人们认为艺术是可以界定的，认为艺术的本身是审美意象，那么人们当然认为艺术与非艺术是应该加以区分的，关键就是看这个作品能不能呈现一个意象世界。第三是艺术创造始终是一个意象生成的问题，艺术的本身是审美意象，因此，艺术创造始终是意象生成的问题。第四是艺术作品的层次结构，分为两个层次：一是外在因素，二是内在意蕴的层次。第五是意境，在艺术意象中，人们可以区分出一种特别富有形而上意味的类型，那就是意境。意境是中国古典美学中一个令人瞩目的范畴。将这个范畴提取出来，经过分析归纳后，形成现代美学的体系。意境也称为境界，但是"境界"一词很多又与人生境界、精神境界含义联系在一起。

图3-39、图3-40所示的作品采用两个不相干的图形，将它们整合在一起派生出新的意象图形，使图形具有了新的含义。在不改变线条、大小、结构、比例的前提下，创意具有美感的可能性和无限的审美意境联想。

图3-39 意象审美创意/徐文廷/
指导教师：伊延波

图3-40 意象审美创意/崔晓晨/
指导教师：伊延波

3.5.4 科学美

科学美的问题是美学理论中，包含极其丰富的一个问题，也是极具有兴趣的问题。大师的论述：科学美的存在于性质，彭加勒是法国大数学家、物理学家、天文学家，他认为科学美中具有一种简单美和浩瀚美。爱因斯坦对物理学的伟大贡献就是人所共知的，他的相对论具有非凡的美，就是伟大的艺术品。海森堡是德国的物理学家，对量子力学的建设做出了重大贡献，1932年获诺贝尔物理学奖，他一再谈到科学美的问题。狄拉克是英国物理学家，他与薛定在1933年共同获得诺贝尔物理学奖。狄拉克说："对数学美的信仰是他和薛定取得许多成功的基础。"杨振宁是美国华裔物理学家，因对宇宙定律的研究与李政道共同获得1957年诺贝尔物理学奖。杨振宁曾获很多著名大学的邀请，并到这些大学发表题为"美与物理学"的讲演，受到热烈的欢迎，所以杨振宁肯定在科学中存在着美。杨振宁认为理论物理学中存在着三种美：现象之美、理论描述之美、理论架构之美。以上介绍了彭加勒、爱因斯坦、海森堡、狄拉克、杨振宁等几位物理学大师，对于科学美的论述。从他们的论述中，可以观察与分析出4点特征：①他们都肯定了科学美的存在。②在他们看来，科学美表现为物理学理论、定律的简洁、对称、和谐、统一等美的形式语言，也就是说"科学美"主要是一种数学美、形式美。③他们都指出"科学美"是诉诸理智的，是一种理智美的体现。第四，他们都相信，物理世界的"美"与"真"是统一的，因而他们都强调：科学家对于美的追求，在物理学的研究中有着重要的作用。

图3-41所示的作品运用造型表达了对动物属性的把握,将有限形的表达与不断变化的空间及时间的形象联想结合。

图3-41　意象联想/孙红旭/指导教师:伊延波

3.5.5　技术美

技术美具有广义与狭义之分。从广义来讲,技术美属于社会美的范围,也是社会美的一个特殊的领域,更是在科技时代与整体生存环境的美。学术界对"日常生活审美化"有多种多样的理解和解释,认为将"日常生活审美化"理解为对科技时代、经济时代的一种描述是比较准确的技术美。

(1) 对技术美的追求是一个历史的过程,将实用的要求和审美的要求融为一体。然而,在西方历史上,它也是一个历史发展的过程,例如:莫里斯与手工艺运动、苏利约与功能主义、包豪斯与设计教育、从产业设计到人的整体生存环境的设计。

(2) 功能美、技术美不同于艺术美,它不能撇开产品的实用功能去追求纯粹的精神享受,它必须把物质与精神、功能与审美有机地结合起来。

(3) 功能美的美感与快感,美感的特性就是没有功利性。

技术美特征主要为:①产品的功能,不仅包括实用功能,还具有审美功能与文化功能。②产品的功能必然要体现形式美的诉求,越是高端产品,它的形式美要求也越高。因此,在学习与掌握自然美、社会美、艺术美的同时,技术美也是引导学生重视的重要内容之一。

3.6　审美范畴

本节引言

对审美范畴的学习与研究是学生进步与提高的途径。本节阐述优美与壮美、悲剧与崇高、丑与荒诞、沉郁与飘逸、空灵的审美范畴理论,了解和理解相关学科的审美范畴、不同审美的含义,丰富意象思维的路径,实现创意表达的审美意境与意象审美的传达与传播作用。

3.6.1 优美与壮美

优美与壮美属于最基本的审美价值与类型,从发生学或历史性上看,它们是最早实现的一种审美价值。它们萌生在人类能够控制的、自由自觉地创造、容易使人感到自身力量并引起心理和精神上快感的物质实践与精神实践的领域。

(1) 优美。从价值载体来看,凡能使人感到优美的对象一般具有小巧、轻缓、柔和的特点,小巧是指优美的对象占有的空间较小。优美感的心理特征,是表现出对象与主体之间的和谐。优美是人对自身生命、力量的静态直观。优美的和谐、平静、松弛、舒畅使人感到纯净的愉快和美好,并使人感受到生活的迷人魅力,是一种令人心醉神迷的美。

(2) 壮美。与优美对象的特点相反,壮美的对象是巨大、急疾、刚强的。中国古代文论与画论称壮美为阳刚之美,壮美感的这种心理特征是在审美过程中逐步显示出来的,壮美的舒畅、豪放使人感受到豪壮的审美愉快,壮美也是人在对象性的审美活动中对自身生命和力量的静态直观。意象思维图形所传达的优美与壮美的视觉意蕴,可以应用到生活中的各个领域,最终实现创意设计本身的价值,领悟优美与壮美的造型含义(图3-42、图3-43)。

图3-42 意象审美创意/李欣/
指导教师:伊延波

图3-43 意象审美创意/史耀军/
指导教师:伊延波

3.6.2 悲情、悲剧与崇高

悲情、悲剧与崇高都是具有"悲"意味的审美价值类型。但这里的"悲"不同于一般日常生活中的悲惨、悲哀,而是能让人"以悲为美",即获得审美愉快悲。人的审美心理结构进一步建构起来,相应悲的对象对主体来说才具有审美价值。

(1) 悲情。悲情指人的一种忧郁、悲伤、痛苦的情怀,这种情怀产生于人与一种无形的自然力量或自己认同的社会制度的矛盾冲突。悲情的主体有着追求真、善、美的人生理想，但强大的客体作为一种客观力量总是打击与扼杀这种理想，造成痛苦、忧郁与悲伤。因此，悲情的原因主要在于人生失意。所谓人生失意，就是指人生愿望与人生理想的不能实现。人生失意蕴涵的是人与自然、历史的矛盾，以及个体的有限性与宇宙的无限性的矛盾。悲情的价值载体只能是艺术作品，因为现实中的因人生失意引起的悲是强烈的痛感，是忧郁与悲伤，不是美。对悲情的感受会使审美主体获得一种审美价值或美感。

(2) 悲剧。悲剧这种审美价值类型的出现是以作为戏剧的悲剧的兴盛为基础的，悲剧的价值载体同样只能是艺术。悲剧感是指审美主体对悲剧的感受，是主体所获得的一种审美价值或美感。悲剧感是强烈的痛感中的快感，悲剧感的获得来自于悲剧对人生意义或人生价值的揭示。

(3) 崇高。崇高这个概念早在古罗马时就出现了，但真正把它作为一个审美范畴进行研究，应推至18世纪的英国美学家博克，他说："崇高的价值载体，首先是体现这种冲突与抗争过程的艺术作品，与生的崇高与壮美有着很大联系。因此，学习和领悟悲情与崇高的含义，有利于意象思维和审美造型能力的拓展，表达出新的视觉语言或语境。"

3.6.3　丑与荒诞

荒诞作为一种审美价值类型，是西方现代社会与现代文化的产物。荒诞的本义是不合情理与不和谐，它的形式是怪诞、变形，它的内容是荒谬不真。从形式上看，荒诞与喜剧相似，但荒诞的形式是与内容相符的，并不像喜剧那样揭示形式与内容的相悖或形式所造成的假象，所以荒诞不可能让人笑。荒诞的形式还与原始艺术相似，因为怪诞、变形本是原始艺术的特征。从内容上看，荒诞更接近于悲剧，因为荒诞展现的是与人敌对的东西，是人与宇宙、社会的最深的矛盾。但荒诞的对象不是具体的，无法像悲剧和崇高那样去抗争与拼搏，荒诞的产生有其社会根源。

1. 丑在近代受到关注

首先，要对"丑"的概念作两点分辨。第一，这里讨论的"丑"，作为审美范畴，与优美、崇高等审美范畴一样，它并不是客观物理存在，而是情景融合的意象世界，它有一种"意义的丰满"，是在审美活动中生成的，不把握这一点，很多问题就弄不清楚。第二，作为审美范畴的"丑"，并不等同于伦理学范畴的"恶"，在日常语言中常常把"丑""恶"连成一个词，而在实际生活中"丑"与"恶"也常常相连，但这依然是两个概念，它们可以相连，也可以不相连。但是，在历史和人生中，光明的一面终究是主要的，因而丑在人的审美活动中不应该占有过大的比重。李斯托威尔认为记住这点是很重要的，"如果我们记住了这一点，我们的舞台上就会减少一些冷酷的嘲讽，我们的音乐中就会减少一些不和音，我们的诗歌和小说就不会那么热衷于人生中肮脏的、残酷的、令人厌恶的东西。那么多的当代艺术，就是因为对丑的病态追求而被糟蹋了"。图3-44、图3-45所示的作品的表达通俗易懂，由于运用的是表象元素，其传达的寓意也有自身的典型性与特殊性，已构成为世界通用的视觉语言，通过视觉图形的表达与传递，形成了不可更改和不能替代的视觉影响力与作用力，以完成视觉意境的传递。

图3-44　大山的回忆/徐菱/　　　　　　　图3-45　意象审美创意/崔晓晨/
指导教师：伊延波　　　　　　　　　　　指导教师：伊延波

2．中国美学中的丑

在中国文化中，丑作为一种独立的审美形态，似乎比西方要早，丑所包含的文化内涵与西方也不一样。丑在西方主要是近代精神的产物，而在中国古典艺术中也有自己的位置，受到很多人的重视。

在中国，"丑"成为审美意象，纳入审美活动，主要包括4种情况：①"丑"由于显示宇宙的生命力而生成意象，从而具有一种"意义的丰满"。这起始于庄子。②"丑"由于显示内在精神的崇高和力量而生成意象，从而具有一种"意义的丰满"。这也是开始于庄子在人物美的领域中为"丑"争得了一个空间。③"丑"由于在审美活动中融进了艺术家对人世的悲愤体验而生成意象，从而具有一种"意义的丰满"。④"丑"由于发现和显现实际生活中某些人的丑恶的人性而生成意象，从而具有一种"意义的丰满"。我们应该对中国文化中的丑加以了解与分析，从思考层面上去区分丑与恶的差异。

3．荒诞的文化内涵

荒诞是西方近代以来文化环境的产物。它主要是西方现代文化的意蕴。尤奈斯库说："荒诞是指缺乏意义，……和宗教的、形而上学的，先验论的根源隔绝之后，人就不知所措，他的一切行为就变得没有意义，荒诞而无用。"相反荒诞不是无用，而是视觉表达的存在，是一种完美形象与心理缺失的视觉形态与图形的对比，更是心灵的化解与宣泄。所以，了解荒诞的内涵与外延，有利于意象思维的思考方向和创意表达。

4．荒诞的审美特点

"荒诞"在形态中的最显著标志是平面化、平板化以及价值削平。首先，西方现代派艺术不再在理性意义上把实体看做是可以个别地或整体地透彻了解的存在大系列。其次，由于时空深度的取消，秩序不复存在，造成了无高潮、无中心的表达体现。最后是价值削平，以上是从狭义上对"荒诞"的分析，还应注意到荒诞意识对其他形态艺术的渗透和影响，荒诞形态自身也是发展着的动态艺术。是意象思维与形式的结合，生成新的图形含义，运用文化与美学的理念，探索深层次的心理的意象图形表达，作者更深刻地体现了情感的象征性与意蕴(图3-46～图3-48)。

图3-46　印记/伊延波　　　　图3-47　出发/伊延波　　　　图3-48　锐思/伊延波

5．荒诞感

德国学者凯塞尔认为：荒诞是一个被疏离了的世界，荒诞感就是在这个世界中体验到的一种不安全感和不可信任感，从而产生一种生存的恐惧。这种荒诞感的实质就是人在面临虚无深渊时所产生的焦虑、恐惧和失望，探寻心灵的冲突与矛盾，发现不一样的视觉语言表达和情感的化解方式。

3.6.4　沉郁与飘逸

沉郁与飘逸也是人面临的一种心理情感。

1．沉郁

(1) 沉郁的文化内涵。"沉郁"的文化内涵，就是儒家的"仁"，也就是对人世沧桑的深刻体验和对人生疾苦的深厚同情。就是说，"沉郁"的内涵就是人类的同情心，人间的关爱之情用杜甫自己的话来说，就是"穷年忧黎元，叹息肠内热"。(2)沉郁的审美特征。沉郁的审美意象有两个特点：①带有哀怨郁愤的情感体验；②带有一种人生的悲凉感和历史的苍茫感。这是作者对人生有丰富的经历和深刻的体验，不仅对当下的遭遇有一种深刻的感受，而且由此对整个人世沧桑有一种哲理性的感受。

2．飘逸

(1) 飘逸的文化内涵。"飘逸"的文化内涵是道家的"游"。(2) 飘逸的审美特点。"飘逸"作为一种审美形态，它给人一种特殊的美感，就是庄子所说"天乐"美感：一是雄浑阔大、惊心动魄美感；二是意气风发美感；三是清新自然的美感。这是"飘逸"这种审美形态的重要特点。在唐代，"飘逸"作为一种审美形态，不仅存在于诗歌领域，而且存在于书法、绘画等领域。当然，在不同艺术领域，飘逸审美特点会有某些表达的差异，因此也是本节应重点掌握的内容。

3.6.5　空灵

空灵的文化内涵与前面所讲的沉郁与飘逸有相似的出发点，但也有自身的个性与差异。

(1) 空灵的文化内涵。

沉郁和蕴涵是儒家"仁"的文化内涵，蕴涵的是道家的"游"的文化内涵。现在说的空灵，蕴涵的是禅宗的"悟"的文化内涵，禅宗讲"悟"或"妙悟"。

(2) 空灵的静趣。

空灵作为审美的形态，它最大的特点是静。空灵是静之美，或者说，是一种"静趣"。前面引过宗白华的话，"禅是动中的极静，也是静中的极动"，"动静不二，直探生命的本源"。在这种动与静的融合中，本体是静。"空灵"的静，并不是没有生命活动，而是因为它摆脱了俗世的纷扰和喧嚣，所以"静"。"空灵"的"静"中有色彩，有生命，但这是一个无边的空寂世界中的色彩和生命，而且正是这种色彩和生命更显出世界的本体的静。它们摆脱了禁欲苦行的艰难与沉重，也摆脱了向外寻觅的焦灼与惶惑，在对生活世界的当下体验中，静观花开花落、人化流行，得到一种平静、恬淡的愉悦。

(3) 空灵的美感。

空灵的美感是一种形而上的愉悦"空灵"。这种幽静、空寂的意象世界，为什么能给人一种诗意的感受，为什么能给人一种审美的愉悦？这就是前面提到的，"空灵"体现了禅宗的一种人生智慧。人的生命是有限的，而宇宙是无限的。禅宗启示人们一种新的觉悟，就是超越有限和无限、瞬间和永恒的对比，把永恒引到当下、瞬间，要人们从当下瞬间去体验永恒。所以"空灵"的意象世界都有一个无限清幽空寂的空间氛围。"空灵"的美感就是使人们在"万古长空"的氛围中欣赏、体验眼前"一朝风月"之美。永恒就在当下，这时人们的心境不再是焦灼、忧伤的，而是平静的、恬淡的，有一种解脱感和自由感。"行到水穷处，坐看云起时"，了悟生命的意义，获得一种形而上的愉悦。了解空灵的美感有助于意象思维与审美意境的表达，又利于创意思维的多维度的变换，最终实现意象思维、审美意境、创意表达的实用价值。

单元训练和作业

1．作业欣赏

　　要求：①静态表达；②动态表达；③动静结合表达。

2．课题内容

　　(1) 观察一片叶子的脉向，用点、线表达创意的主题，要求画面具有动感的视觉效果。

　　(2) 任选一个概念，将其通过完整形态或图形化的方式表现出来，要求具有飘逸的优美动感。

　　(3) 运用飞舞的元素，通过大与小，曲与直，多与少，表现一种视觉的空灵美感。

3．课题时间：8学时

　　教学方式：运用A4纸进行创意设计，用黑白色表达对各种美的理解，完成后，师生共同点评、诠释对美的理解与表达，以及对抽象美、意象美、具象美的理解和表达。

　　要点提示：训练应从本章的审美理论与审美领域开始，运用审美观念进行审美形态与图形的表达的训练，创意表达的视觉语言要拥有审美意境的体现，能表达审美意识的作用和影响。

教学要求：启发和引导学生的审美思路和方向，让学生会运用抽象的理论去指导实践，让自己新的审美观念与意向思维相结合，顺利地表达审美创意主题，使传达更具影响力。

训练目的：主要是让学生的审美观念升华到具有审美意境的层面，通过审美观念的优化，创意出具有视觉冲击力和创意性的意象造型，使一般性的造型语言更具有视觉传达力，具有文化内涵、民族象征和新的形与意的超越，达到形态与图形的解读和传达，实现审美功能。

4．其他作业

任选主题，寻找一些小形状叶子或有规律的形态，分解与重构，层层分析，探索微观形态或图形的自然组织关系，将它们的主导元素和个性造型的变化用已学习过的视觉语言表达出来。

5．本章思考题

(1) 审美与美学的关系。

(2) 欣赏不同美的重要性。

(3) 认识审美意识与审美潜意识的差异。

(4) 审美心理结构培育的4个要素。

(5) 审美主体包括哪5个方面？

6．相关知识链接

(1) 腾守尧．审美心理描述[M]．北京：中国社会科学出版社，1985.

(2) [意]克罗齐．美学原理——美学纲要[M]．朱光潜，译．北京：外国文学出版社，1983.

(3) 王旭晓．美学原理[M]．上海：东方出版中心，2012.

(4) 叶朗．美学原理[M]．北京：北京大学出版社，2009.

(5) 邱紫华，王文革．东方美学范畴论[M]．北京：中国社会出版社，2010.

(6) 孟唐琳，窦俊霞．美学基础[M]．北京：化学工业出版社，2010.

(7) [美]彼得·基维．美学指南[M]．彭锋，译．南京：南京大学出版社，2008.

(8) [英]威廉·荷加斯．美的分析[M]．杨成寅，译．桂林：广西师范大学出版社，2005.

第 4 章　形态与图形

课前训练

训练内容：同学们收集不同的图像、图形、图案、形态、形状，区别它们之间的差异，将以上五要素的差别用文字分类进行论述，分析出各自的特点，运用点、线、面表达一个形态或一个图形，使它更具有视觉传达创意的含义与象征意蕴。

训练注意事项：引导学生的思维从具象审美表达向抽象审美表达的意识转化，学会将图像和客观的素材，进行主观能动的审美造型的加工。在教学的环节中，指导学生对于客观形态的归纳、概括与艺术的表达，将主观的意象思维融入审美造型中，使创意表达具有视觉语境的影响力和互动作用，体现形态与图形的视觉冲击力。

训练要求和目标

训练要求：要明确客观表达与创意的审美主题；在分析与归纳中领悟出形态和图形的关系；掌握它们之间的差别，寻找出适合自己应用的元素和表达的视觉语言，创意出独特的视觉意境；能够自如地传达自己的审美观念，对文化意蕴的外化，对图形象征的掌握，实现自身在社会中的作用与价值。

训练目标：对形态与图形的训练目标，是让学生学会主动思考，并且要有审美意识地去创意表达形态与图形，培养学生归纳、概括、整合客观形态的能力，通过主观审美观念的重组、重构形态与图形，使学生的意象思维得以拓展，创意表达的视觉语言得以发挥，能够自由地创意优美的视觉意境和审美形态及图形。

本章要点

自然形态与人工形态。
形态结构与表象。
8种形态的构成。
图形传达的象征性。
图形创意的基本原则。

本章引言

本章阐述了形态、形态的分类、图形、图形传达的基本理论。详细地介绍了形态的构成、结构与表象、结构与形态、自然形态与人工形态、技术形态与艺术形态、功能形态与几何造型、空间形态与抽象形态。讲解并分析了意象形态的含义与传达意象思维途径。从图形的概念开始，对图形的传达、认知、存在、特征的阐述，形态与图形创意表达正在日益扩大，已形成视觉信息传达的主要媒介，在视觉传达设计领域中正兴起和扩大应用的范围。

4.1 形态

本节引言

形态是视觉传达设计中不可或缺的元素，创意表达必须运用形态与图形。本节重点讲述形态概念、构成、结构与表象、结构与形态的基本内容；详细讲解了基本形态的结构、技能与形态、材料与形态，从形态的内涵和外在表象进行研究和学习，使形态设计发挥更大的视觉传达作用，更好地为设计艺术活动服务，实现形态与图形自身的应用价值和视觉效应。

4.1.1 改造过的自然形态

在生活的世界中，万物纷呈，形态各异。它们由于类型的不同而各具特色，那么什么是创意设计的类型特征呢？艺术设计如何在创意设计中发挥着自身的作用呢？这就需要从形态与图形的概念切入，来认识什么是自然形态，什么是人工形态？分辨人工形态中纯技术制品与艺术设计作品的区别。从形态学的角度研究，出现在生物学领域，形态学的概念是将生物体外部的形状与内部结构联系在一起进行考察的。生物形态学是研究机体结构与外观形态的科学，是通过对动物、植物的机体结构以及外部形状的关系，来了解它们的不同类型与特征的。与此同时，在设计艺术学的研究中也出现了类似的观点。

图4-1、图4-2所示的作品中，作者将奇思妙想的创意大胆地表现在意象形态与图形中，将自然风景、人体与面孔都融入其中，构成形态与意象思维的巧妙融合，表达出充满奇趣与生动的形象，具有强烈的视觉冲击效果。

图4-1 意象审美创意/孙珊珊/
指导教师：伊延波

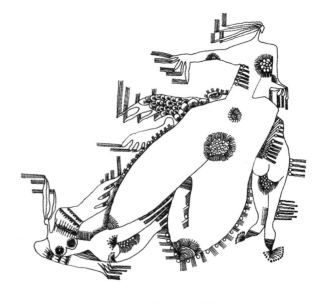

图4-2 思维意境/伊延波

从心理学和发生学的角度提出对艺术形态的划分，关键不是在空间结构和时间结构的差异上，而是在人们的感知方式上。对造型艺术作品的感知具有同时性和整体性，特殊精神的力量，它把艺术划分为视觉的、听觉的和触觉的，并且激发非视觉艺术。赫尔德将艺术看做是人的知识和技能的统一体，认为人按其本性是艺术家，人类所创造的东西即是自由的、高尚的人类艺术。第一种自由艺术便是建筑艺术，依次划分；第二种自由艺术就是园艺艺术，它包括人所培植的一切自然物；第三种自由艺术则是服装艺术，属于这一类的还有持家艺术，妇女是从事这种艺术的代表；第四种自由艺术是男人从事的各种活计；第五种自由艺术则是语言，诗是最初的语言艺术，之后产生了雄辩术、造型与音乐等。从艺术媒体的物质结构层面来区分艺术类型的方法，以及从时间构成和空间构成的角度进行区分的方法，将结构分析和历史分析融合为一个整体。形态学作为一种拓展思维的方法，而广泛地应用在设计的各个领域。

人们的活动，常常以自然界为对象，在许多自然物上留下了人类改造的痕迹。这类被改造过的自然物从总体上还保留着自然的属性，仍然属于自然界的范围。但是它们的审美价值除了外在的自然形式，还有着在感性形式中显示出来的人本质的力量。在此改造过的自然界是指一些已被人类控制和约束的自然现象或自然物，特别是具有强大的力量而对人会构成伤害的自然现象与自然物。人文景观也是融入了人类的历史与文化内容的自然景色，它是人类活动在自然中留下的印记。人对自身形体容貌的改造，也体现了人对理想形体容貌的追求。人对生活环境的改造是人对生存空间的完善，生活环境的营造，它包围着人，并给人以影响的外部物质世界。

设计艺术作品是物态化的审美客体的典型形态，意象造型创意是为了人们的审美需要而进行的物质与精神的生产，因此所创意的设计艺术必然是最重要的、最纯粹的审美客体，是物态化审美客体的典型形态。作品是艺术家创造性劳动的产物，是一种特殊的精神产品。任何设计艺术都是完整内容与形式的统一体。主题是通过意象造型形式表现和揭示出重要的思想情感内涵，它是创意表达内容最重要的元素。其结构是指意象造型作品的内在组织与构造，设计艺术作品的内容与形式是不可分割的整体，它们在存在的过程中构成了辩证统一的相互依存关系。内容和主题具有主导性的作用与影响，它决定着和制约着意象造型的表达形式。在意向造型活动中，表达形式的选择与运用，都是以能否恰当地表达内容和主题为主要原则的。表达形式又具有相对的独立性，它不但直接影响到意象造型创意内容的表达。而且，创意表达形式本身也具有自身独立存在的意义。与此同时，意象造型创意的审美价值还与意象造型创意的外在表达形式有关。意象造型创意必然是审美客体的表达，这是因为学生和设计师是在表达自己思维的同时，也是体现自己审美意识与审美潜意识的创意表达过程。但是，他们都要采用美的形式与审美的思考，各类设计艺术的视觉语言都具有自身独特的艺术魅力。意向造型创意的审美价值与内在的形式也具有相当的联系，由于审美价值与创意表达形式的重要作用，使各个门类的设计师都十分注意创意思维、设计创意、创意表达、审美价值与表达元素的融合、结构和形式的探索与创意。

图4-3、图4-4所示的作品中，作者将自然形态与人文形态有机地重构，使设计创意的造型，即思考意象造型的布局与构成，有动态与平衡的视觉感，这是意象思维表达的视觉重心。

图4-4　意象审美创意／姜雪／
指导教师：伊延波

图4-3　意象审美创意／李欣／
指导教师：伊延波

4.1.2　形态概念

关于一般美学含义里的"形式"，如同在造型艺术中的光和色彩那样，作为可以同样考虑为纯视觉要素的空间规定性"形态"而言，从量的观点来分析，它只是大小唯一的尺度，但是，从质的观点来分析，却有着极其复杂的状态。一般地说，形态作为其构成要素，具有点、线、面、立体。对于一定的物象，表示为轮廓、内部形态、结构形态三种形态，而按照感性方向则具有视觉形态、触觉形态、运动形态三种现象形态。另外，关于形态在造型艺术里的表现方式，还可以区分为清晰的全规律的形态和不清晰的力动形态。

4.1.3　形态构成

自然孕育了人类，也给予了人类无限的启迪。在意象造型创意活动中，人类总是不自觉地受到自然的影响。可以认为：自文明诞生之日起，自然界中的形形色色就在激发着人的创造力。如果说，早期人类的某些本能活动也算是设计或艺术创作行为的话，那么这种行为便是源自于对自然现象的认知和理解。这种认知和理解越深，受之于自然力的影响就越大。当人们逐渐认识到所尊崇的自然中的各种形态规律，实际上是自然力作用下的杰作时，探索的热情便"延续不断，代代相传"，以致于在今天，即便是人类在某些领域已经发展到拥有可以超自然的能力。但是，在意象造型创作活动中，自然情结还是挥之不去。植物形态与设计不难想象，人类对植物的认知，可能要早于对自然中的其他事物的认知。当人们还处在对自然中大部分事物认知的早期阶段，就已经能够很好地利用植物赖以生存了。由于自然中的人类对植物有着更直接的依赖。因此，也就更早地了解植物的特性，并不断地从自然所赋予的秩序中发现规律、体验美感、接受启迪。

如果对有史以来直至当代的艺术和设计成果作一个整体回顾的话，就不难发现，自然事物以另一形态出现在人类的生活中，其中植物形态作为重要的文化元素。各种丰富多彩的形式呈现着迷人语汇，形态构成中可包含两种：第一种为植物与纹样构成，从古埃及木乃伊身上的花纹到现代纺织品和墙纸设计，文化都离不开装饰纹样。从植物学对植物生命肌理的解释中，可以知道植物形态形成的根源：由于土壤、水分和阳光是植物生存的基本要素，所以植物的根系不仅要扎根土壤以稳固而立。同时，还要吸收水分和养分。茎枝是植物的基本骨架，其支撑整体结构，这就是自然界的趋同演化的概念。植物形态差异越大说明其所处环境、生存需求或生长肌理越不同。第二种为壳类形态与设计，例如：动物的壳、植物的壳；特别是说到壳，人们往往会想到海洋沙滩上的美丽的贝壳，许多生物也是以坚硬外壳保护着柔软的身体，如蟹类、龟类、昆虫以及蛋类等。

图4-5所示的作品，其设计创意主体十分突出，个性鲜明，由于线的造型感与形态不同，形成了异样的视觉形态对比，产生不同的审美观念。

图4-5 意象造型/孙红旭/指导教师：伊延波

4.1.4 结构与表象

生物家这样描述生命：所有的生命体都具有相同的特征，会消耗能量、摄取食物和排出废物，以及对外界刺激产生反映；能够繁衍，生命整体能随着时间缓慢地改变，产生变化现象。自然界中的生物，正是为了这样一个生命过程而不停地奋斗，并且彼此之间已演化出复杂的平衡,一直很少有绝对的赢家或输家,逐步的相互竞争的生命体也演化出共生关系。第一种是来自于内骨骼和外骨骼的启示,为了适应物竞天择的严酷自然,地球生命都分别演化出了特定的身体形态,在很多方面启发着人类的设计创造。在满足功能要求的基础上再去追求象征性,使设计更能强化受众的感知、认同和联想。第二种是神奇的皮肤,如果进一步研究生物形态形成的过程,会有更多惊奇的发现,不仅是骨骼,连皮肤也与人造事物有着诸多的相似性。巢穴形态与设计,人类需要居住和居住的一门艺术,它都是出自建筑师的话语。旋转形态与设计,旋转的现象以及形态在大自然中无处不在。中国古代创造的太极图,以旋转的阴阳旋涡形表达深刻的哲学内涵,指出物之源乃一元之气,是永恒生命的象征。

图4-6所示的作品中,由于曲线、直线、折线的不同造型,使观者产生的视觉感知、认识、联想也不同。形象之间的造型表达、形态特征、黑白灰关系等都体现了设计者匠心之处。

图4-6 意象造型/余卉/指导教师:伊延波

4.1.5 结构与形态

结构与形态是一个事物的两个方面。形态必然要以某种结构形式存在,而结构则必须以一定的形式表达。无论是自然形态还是人工态,结构都是基本的因素。人类向自然学会生存的同时,也培养了直觉能力。长期以来,结构与形态代表着技术与艺术,并且两者是一个统一体。但后来两者逐步地分化,结构归属了工程师,而形态则成为艺术家的装饰工作。事实证明,两者是密不可分的,互为依存的关系。当然,任何形态与结构都是基于功能的需求。结构与形态实质上是"手段与目的完整的协调",在视觉传达中结构与形态是重要元素之一。

1. 基本形态的结构

任何形态都是以一定的结构形式存在着,而任何结构的层叠是复杂的存在。所以,即使是简单的形态,在微观状态下其结构也是复杂的。而假如将复杂多变的形态结构分解为基本的抽象元素分析,则可能会变得简单。因此,可以借用点、线、面研究形态与结构的关系。

(1) 点元素与结构。在本书中曾经描述过点的概念,从抽象形态来看,"点"是相对大小的概念。

(2) 线元素与结构。线元素也是相对程度的概念，无论是现实形态还是概念形态，凡相对细长形态都可以理解为线的元素。与线元素相关的结构在生活周围比比皆是，概括起来，最典型的形式主要有以下几类：编织、盘绕、构筑、悬拉。

(3) 面元素与结构。在多数情况下，人们对"面"的概念描述会有意无意地忽略厚度的存在。

(4) 折弯结构。在自然界中有少数植物生长着肋状的主脉或扇形叶片，具有与折弯相似的结构，为了便于分析与理解，折弯结构的作用可以分为三部分：横向上的加强作用；纵向上的加强作用；横向加强面的作用。

(5) 壳体结构。壳体的概念已在"自然与形态"中有过陈述。"壳体"一词使人联想起自然界的形状。大自然以柔软材料做成千千万万的形状，但不能制成壳体。自然界的和人造的壳体形式都是以"曲面的"和"刚性的"材料为两个基本特性。壳体可以分为5类：圆柱形壳体、旋转壳体、劈锥壳体、双曲抛物面壳体、自由式造型的壳体。什么是骨架结构？如果用人或动物的身体来作类比的话，就比较好理解。人或动物的骨骼一方面支撑着软组织，同时构成了保护脏器的空间结构；另一方面，骨架决定着身体形态特征，同时还规定着身体机能的特性。

人体的骨架是根据完美的机械原理发展起来的：①内骨结构。就像自然划分了骨骼和软组织一样，许多设计和建筑类型中也都存在结构和表面之分。②外在骨结构。所谓外骨结构，即是设计与建筑等的结构以外露为基本特征的造型形式。③空间结构。既是结构天然的三维性构成关系。大自然喜好的"三维"造型，比人类设计的"平面"结构更富有表现力，它们是理想物质的更高级的创造与追求。

图4-7、图4-8中，将生活中最具有神韵的形象进行提炼与概括，运用形态之间的联系与变化进行重复的表达，使设计创意显现出一种既相似又具有区别的个性造型与柔美造型，重复是意境美的重要表达手段。

图4-7　拓展思维/伊延波

图4-8　/意象审美创意/吴琼/
指导教师：伊延波

2．机能与形态

在中国汉语里，"机能"一词多用于医学、生物学，意指生命机体的能动反应能力。而在设计领域里，这一词汇的含义却与"功能"相通。随着设计创意要表达的对象越来越丰富和微妙，就有必要回归"机能"一词原有的含义。功能是指事物所具有的效用和被接受的能力。机能同样是指事物所具有的效用，但是却是生命力的体现。

(1) 生物界的机能与形态。它包括生物的运动机能，动物最明显的机能特征就是运动能力。它也包含肌肉的机能。活的肌肉是最优美、最有效的机械化学系统，是生物学家和设计师不断感到惊奇、频发想象的一个灵感源泉。它更包括流体中的生物机能。鱼在水中不费力气地游泳，想必对潜艇的设计有过帮助。再次是生物的飞行机能。人最初对于飞行的想法是模仿鸟类，仿生等于自然。

(2) 人为的机能形态。所谓机能，即是生命机体所具有的天然能力，包括能动地反应和作用能力。机能形态即是形态基于生命肌理所具有的效用和接受能力。例如：①有机形态。机能形态往往属于有机形态的特征，但人为创造的有机形态未必都是机能性。②无机形态。与有机形态相对应，无机形态通常以几何形态为基本特性，无生命感，缺乏自由，强调数理关系，严谨理性而冷漠。③肌理与机理。肌理的一般概念就是对物质表面构造的感觉，肌理传统释义为表面的纹理。作为一个重要的形态表现形式，较之材质感强调的自然性以及视觉、触觉为基础的直接感觉，肌理强调的是人类行为的操作特性和心理感觉。这种感觉又可以分为触觉肌理和视觉肌理。所谓触觉肌理就是身体接触时产生的心理感受，在现代设计中已经在很大程度上扩大了肌理概念的内容。

(3) 机能形态的表达。设计是机能的载体，设计形态则是机能最直接的表达形式(包括器属的形态和棒属的形态)。因此，应理解与掌握生物界的机能与形态、人为的机能形态、机能形态的表达方法，为未来的设计创意工作奠定良好的创意思维能力与表达方法。

3．材料与形态

设计是一种人的造物活动，是人们有意识地运用工具和手段，将材料加工塑造成可视、可触及的，以一定形态或状态存在的并使之成为有使用价值和商品性的物质。从某种意义上讲，设计史与现代材料发明史是同步的。设计风格的演变与不同特性的材料更新换代息息相关。例如：①竹木、原木、人造板材(胶合板、刨花板、纤维板合成木材)曲木成型、模压成型；②塑料；③金属；④陶瓷；⑤玻璃，都是启迪意象思维和创意表达的视觉元素。

4.2 形态的分类

本节引言

伴随着各行各业的发展，设计创意的需求也是有增无减。尤其是在设计艺术领域视觉形态的表现，也是千姿百态。本节重点阐述形态的分类，自然形态与人工形态、技术形态与艺术形态、功能形态与几何造型、空间形态与抽象形态、意象形态、传达意象、文化形态的理论与观念；从理论上分辨出形态的类别，为意象思维的拓展与表达，选择准确方向和找对表达的方法。

4.2.1 自然形态与人工形态

形态的分类主要包括自然形态与人工形态(也称人为形态)两类,而人为形态是本节重点讲述的教学内容。通过对技术形态与艺术形态、功能形态与几何造型、空间形态与抽象形态、意象形态、传达意象、文化形态的认识与理解,提高对人为形态的理解与正确运用范围。

1. 自然形态

人是从自然界进化而来的。首先,自然界是一个组成部分。同时,人又要依靠自然界而生存,因为人与自然之间物质交换是人生存的前提。各种自然物的存在运动都具有一定结构、形式和秩序,其中蕴涵并体现出一定的自然规律。传播方式是人类对大自然充满热爱的情感,因为它不仅是人类生存的依托,也是构成人们生活的天地。和谐与秩序被人格化了,赋予了人的意义。山峰和溪水不仅具有生命和灵性,而且与人具有情感的交流或契合。自然界中的岩石是形成土壤的来源,经水溶和风化造成不同的外观。与无机界相比,有机界是一个更加色彩纷呈和生意盎然的世界。生物的演化并非出于自身对于目的的意识和选择,而是由于生理变异和遗传繁衍在自然的选择作用中实现的,人们用"物竞天择,适者生存"这句话对达尔文的"进化论"作了高度概括表述。在生物的每一个体之间,存在不同的偶然性的变异。适应是自然界中生命体普遍存在的现象,它是生物对环境和生活条件的趋附作用。对于自然形态的功能机制,人们经历了一个历史的认识过程。随着科技的发展,人类创造的技术装备日益复杂和繁多,然而它们所发挥的功能、可靠性和效率却远远不能满足物质生产和社会生活的需要。仿生学作为一门独立的学科是1960年出现的,它将研究生物系统的结构特性、能量转换和信息过程获得的知识,用来改善和创新人工制品的技术功能和结构原理。例如:鱼类或海洋动物是游泳能手,它的流线形体适合在水中快速游动。从自然形态的趋附作用与能量转换过程中,可以启示意象思维。

图4-9所示的作品应用拆分与组合的构图形式,将静物的形态进行归纳总结与表达,很有设计感。图4-10所示的作品将传统纹样进行有序的排列组合,形成生动、优美、典型的视觉美感。

图4-9 关系元素联想/孟祥玲/
指导教师:伊延波

图4-10 意象审美创意/孙珊珊/
指导教师:伊延波

2．人为形态

人为形态的物质是人们有目的劳动的成果，直接应用于满足人的某种需要，因此它的存在具有符合人类的某种需求的目的性特点。人为形态与自然形态的区别表现在以下三个方面：第一是材料，制作任何产品都需要利用一定的材料，做木器家具离不开木材，盖房子离不开砖瓦或钢筋水泥等。材料是结构的基础，新材料的出现为产品结构的变革提供了物质前提。设计在材料的运用中，一般存在三种不同的趋向：其一，是返璞归真。其二，是唯肖自然。第二是结构。设计中各种材料的相互联结和作用方式称为结构，设计总是由材料按照一定的结构方式组合起来的，从而发挥出一定的功能效用。设计结构一般具有层次性、有序性和稳定性的特点。结构的有序性是指设计结构要使各种材料之间建立合理的联系，即按照一定的目的性和规律性组成。结构的稳定性是指设计作为一个有序的整体，无论处于静态或动态，其各种材料之间的相互作用都能保持一种平衡状态。第三是设计形式是材料和结构的外在表现，即是各种物质要素的外观，例如：形体、色彩、质地等，它们能直接为人所感知。设计只有通过形式才能成为人的知觉对象，使人对设计产生认知的感觉，产生行为的和情感的反应，从而发挥设计的物质功能和精神功能。设计形式的选择受材料特性和结构形状的影响，在设计的材料、结构类型和实用功能已经确定时，形式在技术条件的制约下所允许的变化范围，称为形式的自由度。功能设计的功能是通过与环境的相互作用而对人发挥的效用。在设计之前，首先要对其功能做出明确的定义与功能的意义。图4-11、图4-12中运用夸张与对比的造型手法，进行有秩序的重构点、线、面的形态元素表达，赋予意象思维与创意表达的象征性和生动性，重塑了审美意境。

图4-11　意象审美创意/崔晓晨/
指导教师：伊延波

图4-12　意象审美创意/吴琼/
指导教师：伊延波

4.2.2　技术形态与艺术形态

首先，技术的产生和历史的发展，是设计活动中人为形态制品的创意和构思，往往是技术与艺术相结合的产物。其次，艺术的形成过程，将艺术的源头可以追溯到史前期。总之，艺术是人对世界进行精神把握的一种方式，艺术是通过人的感受反映和表现社会生活的信息传达，社会中的人及其内心世界成为艺术反映的中心。再次，技术与艺术的差异，技术和艺术都是社会实践的活动。所谓实践活动就是主观见之于客观，把主观观念的东西转换为客观物质的对象化过程。它们首要区别在于：技术属于物质生产领域，它的主要目的是通过对自然物的改造和利用，发挥其物质效用；而艺术属于精神生产领域，它的主要目的是通过物质媒介发挥对人的精神效用。由此可见，技术和艺术的区别在于满足人的不同需要。

4.2.3 功能形态与几何造型

功能形态主要是指技术规定性与形式自由度，设计是供人直接使用的物品，因此它既具有物质功能，也具有精神功能。功能形态与几何造型，是设计功能效用的发挥，也是设计的核心和终端诉求。图4-13、图4-14所示的作品运用曲线的形态与表现手法，赋予平面造型以视觉动态的美感，造型特征富有优美感与律动感，使设计创意超脱现实形态进入自由的表达，体现了作者对不同形态的理解和运用。

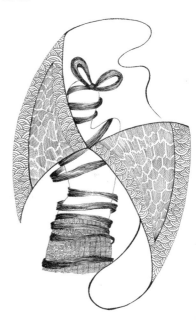

图4-13　意象审美创意/曲美亭/
指导教师：伊延波

图4-14　飞的概念联想/徐菱/
指导教师：伊延波

4.2.4 空间形态与抽象形态

空间是指造型艺术的空间，是根据构成空间意识的感觉而分类的：第一是运动空间或行空间；第二是触觉空间；第三是视觉空间。视觉空间可以包括三种：一是有动静、伸缩、快慢、远近等知觉的一度方向的空间，与时间性密切相关。二是有滑涩、锐钝、软硬、轻重等知觉的二度面的空间，经常作为团块被感知。三是包括色彩、光、形态等复杂知觉内容，而且通过再生感觉可以综合把握，是空间艺术的一般造型，尤其是对视觉设计与绘画来讲，是基本的空间，在一只眼睛和两只眼睛不产生差异的远景里，一般是在二度延长线上被感知。

在以上3种空间中，视觉空间对一切造型艺术具有基本的意义。但是相对而言，视觉空间、触觉空间和运动空间分别与绘画、雕塑和建筑有着密切的关系。在抽象艺术品中作为审美对象的本质方面必须是具体的，而建筑、工艺、音乐等在某种意义上被称为抽象艺术。造型艺术的种类可分为：建筑、视觉传达设计、绘画、书法、雕塑、服装与装饰、产品设计、摄影艺术等。依据造型艺术的时代风格又可分为：原始美术、古典艺术、罗马艺术、拜占庭艺术、哥特式艺术、文艺复兴、巴洛克艺术、洛可可艺术、古典主义、浪漫主义、现实主义、印象主义、表现主义、野兽派、未来派、达达主义、立体派、抽象美术、超现实主义等。从中可以分析与总结出，空间形态的运动感、触觉感、视觉感的特征。每一次人类的创造与超越，都是以运动、触觉、视觉的探索与实践为出发点，满足人的物质需求与精神需求为宗旨。

4.2.5 意象形态

根据阿恩海姆的观点，形态可分为具象、意象、抽象三种。而意象形态是介于具象和抽象之间的一种形态。意象形态是捷克作家米兰·昆德拉在长篇小说《不朽》中的首次提出，他认为："我们有理由认为，一种普通的，全球性的从意识形态的转变已经出现。"在视觉设计中，意象形态是设计师主观意念及情感的具体化，是"意"与"象"融为一体的图形。它既不是主观抽象，也不是客观的具象，而是由主观世界、精神状态所熔铸了的客观物象。从意象的外部形状分析，它是设计师一种创造性想象，但又不完全与具体的真实对象相同的状态，因此意象形态的造型原理是设计师从真实的自然形象中受到启发，而激发起设计师主观意念中的一些记忆与经验，这些经验与记忆是经过大脑的重新组合产生的，具有新的含义与象征的视觉形式与心理的认知。

图4-15所示作品中的意象形态表达，是作者主观意念与情感的一体化再现，也是意与象的有机融合，设计创意的重点是意的思考与表达。

图4-15 热的思考/伊延波

4.2.6 传达意象

意象的传达可从以下三个方面进行释义。

(1) 形象的创意形态。例如：以塑造品牌的形象为例，强化品牌的魅力、个性特征、符号象征，具有鲜明的感性特征，需要时间的意象传达。有些企业或品牌在打造形象的时候，缺乏坚持的恒心，常常今年是亲和力的企业或品牌形象，明年又是科技感的企业或品牌形象，后年可能是众志成城的企业或品牌形象，难以构成一个固有的、有个性的企业或品牌形象，因此意象传达的终极目标不够持久，导致产品与形象的意象传达不足。

（2）意境的创意形态。一种意念或境界的传播，是给受众一种意会与心理的认知感，而感觉、意念、意境营造的氛围有一种禅的意味，类似于意识流的形式，增强了感染力、表达力及应用性。

（3）意识形态的形态。例如：一个故事将商品或品牌融入诉求，商品功能特性的相区别，意识的形态没有商品或品牌的物理功能表达，没有完整性的故事情节。脱离商品本身的价值，强调商品本身的功能，广告要销售给消费者的将是一种象征性领域的价值、审美价值、一种文化标记，这种视觉感觉是引起观众话题和关注的意象传达。

图4-16中所示的作品应用高度概括的造型方法，构成意象思维与造型的和谐表达，以此表达出个性美与共性美的影响力和传达力。

图4-16　意象联想/余卉/指导教师：伊延波

4.2.7　文化形态

文化内涵与设计创意紧密相连。它不仅影响设计作品的优劣，还引导着人们的生活方式改变与追求，因此意象造型创意表达与文化内涵是互为依存的关系。文化形态包括文化形态构成、文化内涵和整合、艺术设计的审美创意，这些内容都是意象思维与创意表达的灵感源泉。

（1）文化的形态构成。英国人类学家马林诺夫斯基，依据文化的功能将文化现象分为以下4个方面：一是物资设备(物质文化)。它们决定文化的水准和工作的效率。二是精神文化。人与物质运动和占有以及对一切价值的欣赏，都要依靠人的精神能力。三是语言。它是精神文化的一部分。四是社会组织。文化形态分为器物文化、行为文化、观念文化。器物文化是指物质层面的文化；行为文化是指制度层面的文化；观念文化是指精神层面文化，在器物文化与行为文化的两种文化基础上形成意识形态(观念文化)。它以价值观或文化价值为核心，包含理论观念、文化理想、文学艺术、宗教、道德等。

（2）文化内涵和整合原理。一是设计的文化内涵，物质虽然属于器物文化领域，但是它的设计过程却涉及各种形态的文化内容。二是设计的文化整合作用。在商品生产中，产品的设计是以市场定向的，就是社会需求决定了要设计和生产什么。麦克诺在《设计方法》一书中指出：设计意象的形成，要从社会需要和技术可能性的综合中生成。对技术水准的把握，要考虑到科技发展现状和现实技术的接受程序；对于需求的把握，除了市场调查之外，还要顾及社会、经济和政治等方面的影响。具体的设计过程是一个不断研究和修改的过程。从设计目标的提出到整体方案的实施，也始终存在着不同的分析和综合过程。文化的整合作用是一个多种元素相互综合的过程，它是通过设计师的主体创造性的实现，也是生态文明观。人与生存环境的关系，构成人的生态系统。

生态学的概念是1866年德国动物学家海克尔首先提出的，"我们把生态学理解为关于有机体与周围环境的关系全部科学，进一步可以把全部生存条件考虑在内"。艺术创作中的意象生成、设计与建筑设计具有相同的实质，它们都是技术与艺术的结合。审美特性构成了艺术的本质，任何艺术都是通过审美感受来从事形式的创造，从而获得意义的表现和情感的蕴涵。艺术创作的核心是意象的生成，而艺术意象是指与一定审美概念相连接的心理表象。德国美学家康德指出："审美意象是一种想象力所形成的形象显现。它从属于某一个概念，但由于想象力的自由运用，它又丰富多样，很难找出它所表现的是某一确定的概念。这样在思想上就增加了许多不可名言的神秘，感情在使认识能力生动活泼起来，语言也就不仅是一种文字，而是与精神紧密地联系在一起了。"设计意象生成则是指设计师对商品形式的构思过程，它是一种融合理智和审美情感的创造性想象活动。设计师的创造活动，不仅表现在有明晰意象和目标意识层次上，而且还隐含在他深层的心理即是潜意识之中。

图4-17、图4-18所示的作品是自然美的元素构成，把不同层面的意象文化、行为元素、观念思考等都融入其中，使观者被设计创意的含义与意趣所感染。

图4-17　意象审美创意/吴琼/
指导教师：伊延波

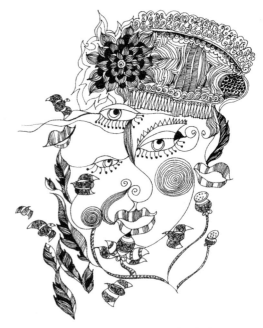
图4-18　意象审美创意/李欣/
指导教师：伊延波

对意象创意特定的一个概念，如果只是一味地追求夸张与变形，或者随意减弱改变形态与结构，那样将忽略意象造型的本质。因此，意象造型表达时，一定要思考、把握意象审美的表象与本质，使设计创意主题体现形态的意义与情感的审美内涵(图4-19、图4-20)。

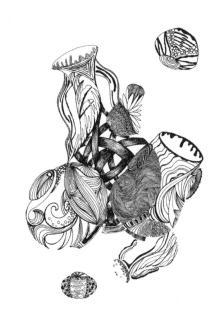

图4-19　意象审美创意/张丹/
指导教师：伊延波

图4-20　镂空造型/冯馨瑶/
指导教师：伊延波

精神分析学创始人弗洛伊德把人的精神活动分为意识、前意识和潜意识三个层面。意识是呈现于表层的部分，是人的心理状态的最高形式，支配着整个精神活动。弗洛伊德学说存在泛性论的倾向，他把性本能看作人的一起本能中最基本的、核心的内容。精神分析学对心理学动机理论的研究，产生了深远的影响。精神分析学在心理学研究中开拓了深层心理学的方向。美国心理学家西尔瓦诺·阿瑞提在《创造的秘密》一书中，探究了创造的深层心理，特别是创造的原发过程。这种内觉体验作为一种心理能量，构成一种创造激情。艺术设计的创造原理，技术与艺术的有机结合，要在符合科学技术规律的基础上，发挥设计产品的物质功能和形式的审美表现力。设计一个意象造型，就要实现各种相关属性的综合，审美感受是从事艺术设计的审美创造的前提；审美感受性也是审美创造的基础。人需要的是不断发展与变化的，造型形态的发展也是没有止境的探寻过程，因此审美的创造是没有极致和终点的探索历程。

4.3　图形

本节引言

图形设计与开发及创意，也是近十几年的事情，在之前设计师应用图案和图像极为广泛，而它们拥有着直观的视觉特效，但随着人们的文化水平的提升，图案与图像远远不能满足人们的视觉愉悦需求，因此形态和图形的出现更新了人们的审美需求，形态和图形的象征性与概括性的造型，已成为当今设计艺术领域的时尚的视觉语言。本节重点从图形的概念、传达、认知、存在、图像转换图形、特征、构成进行讲解与阐述。

4.3.1 图形的概念

图形一词是从英文转意而来，它源于拉丁文、希腊文，图形的词意：一般释义为"适合于绘写"的由绘、写、刻、印等手段形成的图像记号；是说明性的图形象，有别于词语、语言、文字的视觉形象；是可以通过各种手段进行大量复制传播信息的视觉形式。

"造型"与"形态"这两个词语的使用往往模糊不清，在很多情况下被赋予了相通的含义。但在某些时候有必要对其加以深究，区别两者概念上的不同。"造型"与"形态"两个词语真正内涵上的差异在于"型"与"形"和"造"与"态"。"型"，解释为模型、类型；"形"则为形状和形式。前者体现了造型活动的过程；而后者则体现了"形"的状态。显而易见，"造型"一词作为约定俗成的固定用语，无论作为动词还是名词，都意指有物质外表的状态。"形态"一词则不仅涵盖着事物的外表状态，而且还具有事物存在的状态、构成形式等丰富内涵。在设计学以外的领域，也往往将两者区别使用，证明了两者代表着不同意义。以某种形式、形态和状态存在于大千世界，大都可以用形态来表现。无论是感官感觉到的，还是通过思维构想的抽象物质、事物等，都可以用形态加以表达。设计形态既是视觉化物质的形态，也是抽象事物的状态。基于以上定义：无论是天然生成或智慧创造，还是文化所形成的事物，都会产生"形"的印象，世上的万物都有形的存在，这是一个形的世界。

图与形的关系。在人的知觉系统中最基本的一种知觉能力，是在图形与背景之间做出的区分，视觉思维与形式的生成。阿恩海姆认为："艺术作品的视觉价值及意义是建立在知觉基础之上的"，他又指出："知觉是一种抽象过程"，在这一过程中，知觉通过一般范畴的外形再现了个别的事实，这样，抽象就在一种最基本的认识水平上开始，即以感性材料的获得开始。视知觉的形式语言意义，或许由于分析思维理论对人类行为的控制时间过于长久，以至人们很难想象还有其他完全不同的思维方式，能够对人的感觉方式及表达方式产生的作用。

图4-21 意象审美创意/史耀军/指导教师：伊延波

图4-22 意象审美创意/张丹/指导教师：伊延波

图4-21、图4-22所示的作品是由形态和图形展开的意象造型创意，体现了意象思维与造型的透叠，在形态与图形意念之间，架起了联想与想象的桥梁，传递着意象思维与创意表达的信息。

1．形的意义

通过"形"来感受事物，运用"形"来表达思想，还应用"形"来表达情感。

水是什么形状？风是什么形状？火呢？自古以来，人们都毫无困难地对此进行了种种精彩的描述与表达。又是如何知道古代人类辉煌的历史与文明，甚至史前自然的变迁？都是由于某种可见"形"的存在，告知了人们许多许多。不仅如此，过去先人们的所思、所想和情感状态，也都以各种视觉化的"形"的方式传承至今。"龙"以及"鬼神"等都是曾经存在先民的想象当中存在想象，并通过各种视觉化的语言将其再现于世间的形，这不仅表达了当时人们的思想情感、人生态度，同时也形成了形的文化，影响着后人的思想与情感及对愿望的追求。从结绳记事到象形符号，都表明了早期人类已经在尝试赋予"形"的意义。通过"形"传达思想和情感，而文字是形的最高境界，是人类语言的构成，是人类进步和赖以生存的重要形式，视觉语言和视觉形态的造型更是人类传播思想和情感的符号。

人类在冒险历程的最初时期，是怎样认识自己与其他生物的不同呢？他们又是如何看待那个世界的呢？对原始人类心理状况和人类本能等问题做出有力推测，并结合现代文明社会中，丰富多彩的民俗和那些荒诞却又深入人心的鬼神等这些人类精神化石以及众多的艺术遗存、历史符号中，可以理解和再现人类在没有文字记载，甚至没有语言媒介的情况下是如何思考以及思考什么。原始人的思维和儿童的思维极为相似，都是一连串的形象画面。他们创造出许多幻象，或者是许多幻象在他们心中的呈现，这些幻象支配着他们的情感和行为。在与大自然的生存搏斗中，早期的人类不断积累着经验，又无意中将经验转化为初级的表达方法，从此改变了"自在存在"的生存状态，逐步可以"自在自为"地生存了。

新旧时期的石器遗存就反映了当时人类以某种自为的方式在与大自然抗争，也反映了那时人类由基于图画幻想感知世界，逐步转向对"形"的意义认知过程。可以投掷攻击，石斧可以砍断或切割……，特定的形状具有特定的功用；石头的坚硬、土地的松软；木头可以漂浮，火焰可以照亮；等等。"旧石器时代的那些形状古怪的岩石、奇形怪状的树木以及其他类似的一切，对那个时期的人类是何等的重要、何等有意义、何等神奇、何等友好，以及他们何等地相信从这些事物中，所产生的一切故事传说。"这一切都是早期人们自存在过程中的直接感受、认知和经验，也是人们逐步走向自为生存的基础。可以认为：各种形式的"形"存在较多地支配着早期人类的原始思维。随着经验的不断积累，人类又逐步从混沌、迷茫的认知中走向对世界客观事物理性的分析和探索，从被动的经验感知、想象的冲动转向对思维的理解和控制，直至后来辩证分析和系统思维的产生。

图4-23所示的作品，其整体的构图形式都是具有向上的视觉感，都是创意人的思维、

图4-23　意象造型／孙红旭／指导教师：伊延波

创意、表达的升华过程，只有更好地融入主题创意人的思想及情感，进行图形的设计与表达，才会将独具特色的意象思维展示给观者，产生积极的视觉传达效应。

2．形与美的发现

人类最初就感觉到形与美的关系，外部世界与人类所创造的事物之间总是存在着一种超自然的关系。那是一个漫长、混沌、迷茫的认知过程。是古希腊人打开了一扇窗口，从此人类越来越以理性的思辨去探索世界。直至今日，全世界的哲人们共同对构筑现代文明做出了伟大贡献。在此列举了不同时代的大家们对后世具有影响力的发现和美学观点，他们对于形与美的理解和认识，可以启示人们的思维与对"形"的含义与象征的更深层思考。

毕达哥拉斯发现的和谐与比例。古希腊哲学家、数学家毕达哥拉斯认为：数或数量关系是万物的基本属性，事物之所以千差万别，就在于它们各有不同的数量关系。他从宇宙论的角度考察事物，认为和谐是宇宙的一种属性。宇宙是以和谐的方式构成的，因此称宇宙为和谐与秩序。他引导的毕达哥拉斯学派相信，任何有规律的运动都会产生和谐的声音，整个宇宙都在发出音响，这是"天籁"交响乐，因为这音乐是连续不断地演奏着，所以人们才充耳不闻。他们推测宇宙的形状应是合乎规律而且和谐地存在的，所以宇宙是球形的。由此，他们提出：在一切立体图形中最美的是球形，在一切平面图形中最美的是圆形。他们用"同声相应"原理来解释审美主体与所欣赏对象之间产生的共鸣或情感契合，认为人体也像天体一样，是由数与和谐的原则统辖着，人具有内在的和谐，遇到外在和谐，就会同声相应地契合。

苏格拉底对美与适用性的发现。在古希腊哲学史上颇具盛名的苏格拉底，以逻辑学和伦理学研究见长，在美学史上也占有重要地位。智者派的普罗塔哥拉曾经提出："人是万物的尺度"，作为苏格拉底，在美学研究的方向上却是一致的。苏格拉底指出："美的东西千差万别，互不相像。美的盾牌不同于美的矛，只有能很好地防护人体才是美的，而便于迅速有力地投掷才能算美。"

图4-24、图4-25所示的作品整体感，简洁、空旷，主题突出，从设计构成形式来分

图4-24 意象审美创意/曲美亭/
指导教师：伊延波

图4-25 看见/伊延波

析，主体形象采用了对比、夸张的手法，使创意表达体现了简洁优美与苍劲的视觉感。

柏拉图对美的定义。希腊古典时期雅典最著名的哲学家之一的柏拉图，在他的著作中第一次把美和艺术的概念纳入了严谨的哲学体系。他以哲学对话的形式，在不同观点的对立和争辩中进行探索。这种对话不仅富于哲理性，而且富有戏剧性。它的语言和表现力本身就具有审美的性质，柏拉图关于美的观念首先来源于毕达哥拉斯影响，柏拉图指出："尺度与比例便是美与善。美的本质，也像善的本质一样，寓于尺度和比例之中。美感与秩序、尺度、比例感没有分别，它是人的特征，是人与神同源的见证。"他提出了两个正方形的比例，即一个正方形的一条边等于另一个正方形对角线的一半。几百年后，建筑师都把这种正方形关系作为宏伟建筑的比例依据。他认为只有5种规则的三维图形是完美的形体，断言世界由这5种图形构成，并赋予它们以宇宙论的意义。他的另一种美的观念，源于他唯灵论的唯心主义观点。他指出："艺术所使用的只是形象，而不是可以在日常生活中，起作用的实在事物。"这些构成美的艺术外形，是在虚有其表地模仿与感官知觉相关联的普通事物，而且是以感官的完备性即想象力来判断，这一思想对后世产生了深远的影响。

亚里士多德看到了人的模仿本能与和谐感。古希腊艺术鼎盛时期的出现以及理论思维的开拓，为古希腊哲学家亚里士多德的研究提供了机遇。在哲学观上亚里士多德与他的老师柏拉图相反，他承认客观事物是不依赖于人的观念或理式而独立存在的。他认为：物质是万物的基础，物质在与形式相结合的过程中，取得了实际的存在。他对美作了如下的概括：美是自身就有价值的，并且是令人愉快的事与物。这一界定实际上包含了两种特性：一方面说明美的事物自身就具有价值，而不是由于它给人带来益处或效用才为人所珍视；另一方面美的事物能给人以快感，从而为人所赞赏。这就是说，凡是美的都是善的，并非凡是善的就是美的。美与有益的东西不同，美的价值在于自身，而有益的价值表现在效用之中。此外，美都能给人以快感，但并非一切具有快感的东西都是美的。他还提出，美在于大小和秩序，认为比例归根结底就是秩序，并把它与大小均衡起来。过小的东西无法感知而模糊不清，过大的东西缺乏整体性，而只有具有一定大小的事物才能招人喜爱。因为，它们可以被感官和心灵所感知。他把美的量定义、质的原则与人的感受性相一致的原理结合了起来。具有一定大小和秩序的事物，只有与人的视听觉相吻合，与人的感受发生关系时才是美的。亚里士多德的美学观点，是以他那一时代本国的诗和艺术创作为基础的。他把艺术运用物质媒介的方式归纳为5种：形状的变化、添加、删减、组合和性质的变化。他从艺术与自然的关系出发，将绘画、雕刻、诗歌等归为模仿性艺术，而将建筑等排除在模仿性艺术之外。

图4-26、图4-27所示的作品运用图形的透与叠的构成关系进行创意表达，是作者精心设计的结果，具有较好的秩序感与节奏感。

古罗马哲学家普罗提诺崇尚抽象和超验，把完美的、超感性的精神世界与人们所生活的不完美的、有形的感性世界对立起来，认为美虽然表现在感性世界，却源于超感性世界，即来自"太一"、"理式"和"灵魂"。这一思想成为中世纪美学的先声。对美在于比例和对称观点，普罗提诺提出了质疑。他认为美不可能是一种关系，而应当是一种品质，由此打破了纯形式论的美学原则。如果说美是均衡，它就只存在于复杂的事物中，而不存在于单一的事物中。然而，太阳、光线、黄金和闪电等并无多样性，却都是

图4-27　意象审美创意/任新光/
指导教师：伊延波

图4-26　意象审美创意/崔晓晨/
指导教师：伊延波

美的。其次，同是一张面孔，由于表情的变化，就会显得美或不那么美。表情并不会改变面孔的比例，所以美并不在比例。此外，无论美或丑的事物，都可能是恰当的，同时恰当或均衡的概念容易用于物质性事物，而难适用于精神性事物。普罗提诺并不否认，比例、均衡对于美具有很大意义，但他认为这些属性只是美的外在表现，而不是它的本质。美的本质和根源并不是均衡的，而是表现在均衡之中的东西。美的决定性因素是统一，而统一在形态中并不存在。因此，美的根源只能是灵魂，形体因为有了灵魂才显得美。普罗提诺的美学是唯灵论的，不是以人为中心的。他不只把灵魂看作人的灵魂，还认为自然包含更多的精神性力量和创造力。外在形式的美，源于内在形式的美，它以"参与"内在的、精神的、理性的、理想的形式程度为转移。万物生于太一，太一流溢的结果产生出存在的各种形式，先是理式世界，其次是灵魂世界，最后是物质世界。物质世界中的美便是太一、理式和灵魂的印象。只有变为美的灵魂，才能看到美、发现美。他认为，艺术是使人回归到太一的途径。艺术家的劳动是富有个性特征的，他们以独特的方式感知事物，因此创造出的也是独特的对象。在他看来，艺术家并不是单纯的模仿者。形式不是模仿自然的结果，而是来自艺术家的理式。理式不是永恒不变的，而是一种活生生的超验范本的反映。由此，他打破了传统的艺术模仿说。他说，画家的作品以它的均衡、比例和布局而引人注目，成为人们思考的对象。艺术是形象和直接知识的领地，是通过美的形象表现出来的。因此，艺术是对灵魂的认识，美是艺术的首要任务、价值和尺度，是他第一次把艺术与美直接联系在一起。

图4-28　意象审美创意/史耀军/
指导教师：伊延波

图4-28、图4-29所示的作品保留了基本形的单纯结

构特征，同时也表现出新复合形的新意象造型，将同一元素重叠组合，不仅改变了设计的形体大小，而且还构成了非常有趣的抽象造型与意象。

图4-29　意象审美创意/孙珊珊/
指导教师：伊延波

4.3.2　空间美的释义

维特鲁威对建筑美的定义。建筑是功利与美的结合，罗马建筑学家维特鲁威评价建筑的三条基本标准：效用、坚固、美观。他把实用的功利标准与审美标准结合起来，由此要求建筑师除了通晓建筑工程之外，还应该掌握几何学，研究历史，熟悉哲学和抒情诗，了解天文学、力学、气象学、土壤学和医学。他提出了建筑学的范畴体系，包括结构、布局、和谐、装饰、计算和对称。其中对称、和谐与装饰则属于建筑美学的范畴。维特鲁威把对称作为建筑美学的主要概念，它包含各部分之间布局的和谐与数的比例关系。他说：对称是建筑物本身各个构成要素之间在结构上的和谐，是作为出发点的某一规定部分的整体与各部分之间的相互适应。像在人体中，由于胳膊和手脚以及人体其他各部分之间的对称，使人体获得和谐。比例这一概念在维特鲁威的美学中，占有重要地位。他认为，建筑物达到对称效果是以人体比例为基础的。任何一座神庙如果缺乏对称和比例，都不可能具有准确的构成。古希腊的一种观念认为，端正匀称的人体可以借助简单的几何图形(即圆形和方形)来表现。维特鲁威说，如果人把手脚张开，作仰卧姿势，把圆规尖端放在他的肚脐上作圆时，两边的手指、脚趾就会和圆相接。同样，也可以把人画在一个正方形之中，这便产生了方形人的观念。在艺术解剖学中，这一观念一直沿用至今。古希腊的艺术家们相信，对称与均衡并不是人为的比例，而是自然界固有的。因此，他们在自己的作品中应用和显示了这种统摄自然的法则，也就体现了事物的永恒结构和客观的美。他们把审美的追求与科学的追求结合在了一起。如图4-30、图4-31所示，错觉空间的出现，为人们的意象创造提供了多种的可能性，拓展了意象思维。

图4-30　音乐概念联想/王慧/
指导教师：伊延波

图4-31　意象审美创意/曲美亭/
指导教师：伊延波

莱布尼茨和鲍姆嘉登关于美是感性认识的完善。17世纪的德国产生了一种新的哲学美学，其代表是莱布尼茨。他提出了著名的"先定和谐"学说，认为世界是由无数具有知觉的单子组成，灵魂和形体的一致是由于单子之间的协调，它们是建立在上帝制定的"先定和谐"之上的。无数性质不同的单子组成一个宇宙，才使宇宙呈现出不同的景观。莱布尼茨理性主义哲学的追随者鲍姆嘉登认为：认识论应由两部分组成，一部分是与理性认识有关的逻辑学，另一部分则是以感性认识为研究对象的美学。感性认识是"理性的类似物"，也有巨大的认识价值，美学应该把感性认识的逻辑作为自己研究的对象。鲍姆嘉登依据沃尔夫"美在完善"的观点提出，美学的目的就是达到感性认识的完善。完善的概念包含思想的和谐、秩序和符号或含意这三个元素。当这三者处于统一与协调之中时，就达到了完善的目的。协调体现了美的多样元素的统一和寓意的和谐。知觉的明晰性、可靠性和生动性在整体知觉中的协调一致，能赋予任何认识以完善，给感觉现象以普遍美的能力。

感觉是美的唯一源泉。关于美的观念，他认为美就是物体中能引起爱或类似情感的一种品质。这种爱与欲望无关，欲望促使人们去占有对象。康德是德国古典美学的奠基人，他认为人的心灵有知、情、意3种功能。席勒说："美是自由的体现"；黑格尔说："美是理念的感性显现"；里普斯说："审美活动中的移情作用"。随着艺术与工业技术的分化，艺术只限于有关审美目的和价值的技艺，因此无论是形的意义，还是美的发现，都是设计功能具有多层次性的意象思维与创意的表达。在今天的设计领域，形与美都赋予了新的时代含义。

4.4　图形的传达

本节引言

本章主要从图形的认知、图形的存在、图像分析转换为图形与创意表达、图形特征表达、图形的构成5个方面，层层递进地介绍并讲解图形的构成方法与传达方式。

4.4.1 图形的认知

从图形的本质层面来分析，图形是传达视觉信息的符号，是视觉传达设计的创意核心。图形的认知应该从传达视觉信息入手，从功能需要出发，明确图形创意设计要表达的含义，即传达给受众者的是什么样的视觉信息与视觉意境，而不是把表达形式作为创意设计的唯一出发点。

图4-32所示的作品蕴涵着静态结构的本质，意象造型给人以安稳、沉静、静谧的视觉感，在图形保持着趣味感的同时，增强了图形与图形之间的秩序感和节奏感的变化与统一。

图4-32　意象造型/孙红旭/指导教师：伊延波

4.4.2 图形的存在

图形的存在是由图形的概念、图形的特征、图形的联想思维、图形的构成与表现而构成的视觉语言形式或形象。

1．图形的特征

图形设计的特点，可以说是由"意义"，即主题、内容、含义、象征、隐喻等通过复杂的心理活动、联想机制；由"形象"，即题材、资源、信息、原型等进行不同质的解构与重构，形式法则进行了拼贴、编织及视觉化细节的处理，创造出具有视觉本体语言特征的图形，而受众则通过图形的结构与组织、视觉感应引发联想，产生视觉与心理的效应，解读"意义"的内涵，从而达到意象图形创意的新意境与视觉语言的新象征信息的传播与影响。

2．图形的联想思维与构成表达

图形创意联想思维的表达方式可以分为"形"与"意"两种。"形"的联想是对图形的形态进行联想，使两者之间在"形"上发生相像的关联。"形"的联系主要体现在相似联想上，它通过图形的外部形态、肌理结构、色彩等视觉特征进行相似性的联想。例如：由圆形的特征，可以联想到苹果、月饼、车轮、太阳、水井、灯泡、地球、瓶盖等形态，但这种想法的产生，实际上是相似性联想在发生作用。相似性联想则是图形创意过程中比较重要的一种联想方法，它可以帮助设计师找到最生动、最有趣的图形语言的表达方式。

图形的构成表达是在图形创意设计中，虽然可以直接引用绘画、摄影、符号、图案作为图形,但在绝大多数情况下为了传达特定的信息,达到适度新奇与具有愉悦感的视觉效果,图形由某种设计手法构成。所谓含义同构图形是利用所包含意义的相似性,以一种事物的属性把所要传达信息的属性及意义表达出来的图形。例如:人们通常以鸽子代表和平,以花卉象征美丽,以书籍说明知识与智慧等。所谓形式同构的图形则是两种或两种以上物象之间属性及意义的相异,但在结构上没有可联结关系,而构成的图形则在人的心理和经验上形成一个完整的概念。这种构成方式是将不合理现象合乎逻辑地联结于一体,以矛盾而和谐、荒诞而富于哲理的方式,产生出乎人意料的视觉张力与影响。

3. 图形创意的原则

图形创意的原则,概括如下几个方面:

(1) 图形创意的独特性。图形的形式法则和独特性就是要具备各自独特的个性,不允许丝毫的雷同,这使得创意设计必须做到独特别致、简明突出,追求创造与众不同的视觉感受,给人留下深刻的视觉印象。

(2) 图形创意的注目性。注目性是图形创意所应达到的视觉效果,优秀的图形应该吸引人,给人以一种较强烈的视觉冲击力。

(3) 图形创意的文化性。文化性是图形创意本身的固有属性,图形中的文化性是通过图形显现的民族传统、时代特色、社会风尚的精神信息传达。

(4) 图形创意的艺术性。艺术性是图形创意设计的核心,给人视觉美的意境与享受的关键。

(5) 图形创意的信息性。图形的信息传递有着多种内容和形式的表达,其内容信息有精神的、有物质的、有实的、有虚的、有企业的、有产品的、有原料的、有工艺的等诸多信息。

(6) 图形创意的时代性。时代性是图形在设计创意与表达的过程中是重要元素之一。

(7) 图形创意的通俗性。通俗性是使图形易于识别、记忆和传播的重要因素,通俗性不是简单化的传播,以少胜多、立意深刻、形象明显、雅俗共赏的图形创意原则才是意象思维与图形创意表达的真正含义。

4. 图形创意在设计中应注意的事项

在设计中,图形创意应具有以下几点:①结合创意设计的内容和特性;②体现一定的思想内容和时代精神;③图形创意设计应富有人情味和生活气息,给人一种亲切感和轻松感的视觉印象;④图形创意应注意通用性,它运用在标志中具有较为广泛的适应性与传达作用,标志对通用性的要求非常高,这是由标志本身的功能性和引导性决定的;图形在不同的载体和环境中的展示、宣传中,具有自身的特点与效果。因此,意象思维的创意图形表达,要依据设计主题与设计内容而思考,离开思想与情感、主题与内容的图形都是没有意义的。

图4-33、图4-34所示的作品体现了图形创意与设计的原则,达到了创意的形象独特性、注目性、文化性、艺术性、信息性、时代性的融合与统一,图形中线的造型与表达特征的鲜明性。

图4-33　透叠联想/王娜/指导教师：伊延波　　　图4-34　意象审美创意/邓亚娟/
指导教师：伊延波

4.4.3　图形分析转换为图形创意表达

图形分析与转换，图形和创意表达的方法如下：

(1) 把想象的形象图形化。把想法表达出来，可以用文字描述和图表列出。例如：小说、绘画、电影就是典型的媒介，设计图形创意的最终表现形式也是物质形象的创意过程。所以，从创意之初，就要把想象的内容用图形化的方式表达出来，并通过直观的形象进一步思考和探讨来完善图形本身。如何用图形化的方式表达想象的内容，这完全依据想象的内涵确定表达的方式。人们的思考结晶一般都是以整体与具体为特征的，所以在创意表达时要将内容特征淋漓尽致地用图形化的思想与情感、主题与内容转换为图形，变成可视的整体性表达的创意，应注重表现整体的个性特征，用简洁、直接、明快的笔触表现出整体的形象，重点刻画整体的外观个性，并可稍作修饰地夸大思考点的表现，使表达出的形象生动、传神、感人。表达具体性的思考，也称表现想象中的细节，应尽全力地把具体思考表达得清晰。

(2) 用图形是比较创新的思路。在设计中，思考的过程一闪而过是常有的现象，同时把几种不同的想法在脑海中进行比较只适合大的概念，相比之下，及时地把思路进程用图形一步一步地表达出来，并将它们并行排比，是进一步展开思考和提升创意的唯一有效途径。表达最初的创意一般是以草图的形式表现，所以表达出来的内容往往是思路的图形记录，是原创意，但并不是每个图形都能形成最终创意设计方案。为了从更多的原创点上寻找最有潜力和成熟的想法，把它们集中起来统一排比分析，能从直观的图形上再思考出新的整合式的内容，会形成多个原创点的综合表达。这种过程在思考和表达上几经反复，真实地体现着创意与表达并行的发展的进程状态。在边思考与边表达中，提升创意的主题内涵，是创意表达一体化的根本目的。图形表达创意不是永远停留在一个概念上，随着对原创点的深入思考，要以图形解读设计思考中的一个个问题。

(3) 想到哪，画到哪，做到笔与思考的一致性。创意人在思考中有成熟与不成熟的思维差异，以图形的形式表达的目的不仅是为了传达思考；另一个重要的方面是以图形启发和引申设计的创意。凭空想象一个东西或者文字概念启发思考一件事物，都不如可以传神达意的图形那么直接，由此图形的直感形式启发能更好地刺激脑细胞的运动，举一反三是基于图形思考的最大特征，图形表达得越丰富、越有个性，创意思路就越多(图4-35、图4-36)。视觉空间内的一切形态、意象图形都是在运动的构成，运动的图形自身的属性与形态的意象表达，是最能引起视觉注意力的一种视觉表达形式，以此来相互传达与诠释设计创意的主题，体现形与意的关系及含义。

图4-35　意象审美创意/任新光/指导教师：伊延波　　图4-36　意象审美创意/张丹/指导教师：伊延波

4.4.4　图形特征表达

比喻是把本质不同但形式或意义上相似的两个事物联系在一起，使其中一件事物得到映照和揭示。在文学修辞中，比喻是应用最广泛的修辞方式。把这种方法应用到图形创意设计中，将两个不同的事物出人意料地联系起来，无疑将增强图形的说服力和感染力，使信息的表达更加形象、贴切和生动。然而，夸张是在客观现实的基础上，对事物的形象、特征、作用、程度等，进行扩大、缩小或超前的形象表达，从而使形象鲜明而突出地揭示出事物的特点和本质，增强设计创意的效果，加强图形的说服力。大胆的幻想和奇特的夸张往往带给人们超乎寻常的视觉和心理感受，给人留下深刻的印象。

对比又是对多个相互联系事物的比较，通过图形展示视觉效果的差异性，从而更深刻地揭示创意主题元素的相互关系。人们总是不自觉地从一组相似的对比图形中寻找彼此的差异与相似，利用这种视觉对比能使观者主动思索并理解作者的意图。

拟人是一种把非人类物象当成具有人类思想感情、语言能力、行为特征的生命体的表达，仿照人的特征和习性而进行比喻，幽默诙谐背后隐藏着深刻的内涵，使图形更具有人性化的特点，更易于被观者认知与理解，图形本身也更富有亲和力和感染力。

4.4.5 图形的构成

图形的语法是图形语汇的组织规律和方法。在符号、图案、摄影、绘画这几种视觉元素中，依据一定的规律与法则使图形之间取得特定的联系，从而组合成为最终所能看到的图形，这种组合的方法和规律系统化，都有助于在图形的创意过程中的快速形成。突破个人的思维狭隘与设计路线的偏好，突破思维的心理定势，尝试不同的思维与创意表达方法，从而找到最适合表达主题的意象造型与审美形式。

（1）分解重组。分解与重构是将一个相对完整的图形进行分割、打散、重组或与其他图形组合，形成嫁接式的视觉效果，以传达某种特定意义的视觉信息。对熟知形象进行有意识的解析与分离，形式超乎寻常的视觉效果，突破原有图形秩序，显现出强劲的视觉张力，进而获得意义的延伸和拓展。

（2）矛盾空间。矛盾同体通过对物象的状态有意做一些处理而使之悖逆它应用的空间性质，使原本的平面形态有立体的转化趋势，或者制造出二维空间和三维空间矛盾化图形与图形的递进和转接，创意出离奇的非现实状态的空间结构和秩序形态。

（3）置换局部元素或替换。充分利用物象局部的相似性，将一个部分替换，但又不破坏视觉的整体性而得到的视觉效果。置换往往是在局部中进行，有时甚至是图形中的极小部分替换，往往是最突出和最引人注目的视觉中心。

（4）同构与异形同构。则是利用图形结构或含义上的相似性，将两个或两个以上形式有机地结合在一起，而形成一个完整的综合体，以此来表达创意图形的双关性与延伸的含义。这种双关性可以是视觉形式上，也可以是心理感觉上，同构与异形同构和人们的经验相似，是极有意蕴的创意。

单元训练和作业

1. 作业欣赏

    要求：运用意象思维进行图形创意分析，①同构与异形同构；②置换局部元素。

2. 课题内容

    从自然形态到人为图形的转变，实现形态与图形造型的思维转换和突破，运用点、线、面的构成，重构意象思维与创意表达的新形象，实现形态到图形的进升，创意出全新的意象造型图式，掌握分解与重构、矛盾同体、置换局部元素或替换、同构与异形同构的表达方法。

3. 课题时间：8学时

    教学方式：在A4纸上创意设计与表达，完成图形作业后，师生共同讨论并点评图形设计的优点与不足。探讨意象思维与创意表达的发展方向及差距，不断研究与修改图形的主题及含义，并完善形态与图形的造型，使创意表达更符合主观审美和客观审美的需求。

    要点提示：改造过的自然形态、基本形态的结构、机能与形态、材料与形态、自然形态、人工形态、形与图的发现特征、原则，它们都是认识形态和解读的方法与途径，更是表达意象思维的视觉语言。因此，了解和掌握并运用好形态与图形的关系，是创意人和学生必备的意象思维能力和造型能力，努力掌握运用自然形态的启发向图形个性化的传达。

教学要求：掌握形态和图形的造型方法及表达技巧，并且掌握和运用图形的构成方法与表达方法及思维方法。

训练目的：主要使学生从理论的角度认识并理解形态与图形的含义与区别，更好地为创意表达提供准确的视觉形态与图形信息，提升学生与设计师的意象造型能力与表达能力。使意象思维的创意成果，在满足视觉与精神愉悦的同时，发挥图形在各设计领域中的实用作用和应用价值。

4．其他作业

要求：收集各种视觉素材，分类、归纳，用文字描写出观察到的信息特点。诠释形态与图形的含义及象征意义，为今后的意象思维与创意表达储备创意的种子与思维的素材。

5．本章思考题

(1) 自然形态与人为形态的区别。

(2) 图形构成与组织规律和方法。

(3) 形与美的意义。

6．相关知识链接

(1) 吴翔．设计形态学[M]．重庆：重庆大学出版社，2008．

(2) 柯汉琳．美的形态学[M]．广州：中山大学出版社，2008．

(3) 毛德宝．图形创意设计[M]．南京：东南大学出版社，2008．

(4) 何靖．图形创意[M]．合肥：合肥工业大学出版社，2006．

(5) 吴国欣．标志设计[M]．上海：上海人民美术出版社，2008．

(6) [美]蒂莫西．设计元素[M]．齐际，何清新，译．南宁：广西美术出版社，2008．

(7) [英]大卫·科罗．视觉[M]．李琪，杨思梁，程晓婷，译．沈阳：辽宁科学技术出版社，2010．

(8) [英]E．H．贡布里希．秩序感[M]．范景中，杨思梁，徐一维，译．长沙：湖南科学技术出版社，2006．

第 5 章　创意解析

课前训练

　　训练内容：收集各种资料文献，在学习专业课之前，养成收集的习惯。积累是创意的源泉，图片和文字类均可以。在感性到理性的升华过程中，通过感性的资料，进行理性的分析与思考。经过长期的积累和思考，得到意象思维的提升，使创意表达的造型直觉得以完善，完成具象思维向抽象思维、意象思维的转换与创意。

　　训练注意事项：启发和引导学生对意象思维的创意内涵，具有一定的了解与把握，鼓励学生大胆地实践，同时重视学生的综合素质的培养与提高，培养学生学会自我调节和心理暗示的方法。使学生理解创意是设计行业中不可缺少的重要表达能力，并理解创意与创意经济有着千丝万缕的联系，最后注意成长的途径。

训练要求和目标

　　训练要求：重要的是明确创意与创意思维、创意心理分析与创意经济、创意人才成长途径的基本内容。使学生学会自我调节，加强自我教育，形成自觉地、有意识地去掌握创意方法。运用创意理论指导实践和探索创意图形表达，深知以什么样的精神和态度去学习，去寻找出适合自己创意表达的视觉语言与创意途径。

　　训练目标：通过对创意理论的阐述，使学生理解创意是有价值的思维活动。它与人们生活中的诸元素息息相关，创意能实现经济价值，也能完成对社会文化的传播与素质教育，同时也能使学生清楚地认识成为创意人才的方向和途径，形成自觉意识以及勤奋坚强的心理品质，实践创意改变生活、引领生活的有益推动力。

本章要点

　　创意特征要素。
　　创意思维的类型与方法。
　　创意人应有的心理素质。
　　创意经济与相关文化产业的联系。
　　创意人才成长的主观条件与客观环境。

本章引言

　　本章阐述了创意、创意思维、创意的心理分析、创意与经济、创意人才的成长途径的基本理论。主要介绍了创意源起、与创意相关的概念和活动、创意特征与要素、创意的分类与原则、创意的方法、什么是创意思维、创意思维的类型与方法、创意思维的培养、创意人应有的心理素质、审美意识的培养、审美潜意的养成、审美潜意识的影响与作用、持续一生的审美潜意识功能；创意经济、创意经济与相关文化产业、创意引领人们全方位的改变、创意带来观念的改变、创意将智慧转化为创意产业、价值观取代产业链、创意产业引导生活方式、创意产业提升生活品质；创意人才的5项心理品质，勤奋与执着造就创意人才，营造创意的气氛的基本理论。创意正在各行各业中成长扩大，而创意经济价值也在不断攀升，因此社会发展急需创意人才，市场与社会的诉求，都是设计艺术教育的首要任务。

5.1 创意

本节引言

创意是一项思维中不可缺少的动态元素。因此，在表达意象思维时，创意的参与是必备的要素。本节重点讲述创意源起、与创意相关的概念和活动、创意的特征与要素、创意分类与原则、创意的方法、创意生成的5个阶段的基本理论。详细阐释这5个阶段的学习内容和研究的重点。使学生在学习的过程中，理解创意源于生活，又与诸多的文化产生有着密切的关系。创意有价，能带动经济的快速发展。

5.1.1 创意源起

对于产生创意的艺术来讲，要了解的最有价值的东西，并不是在哪儿可以找到一个具体的创意，而是如何用所有的创意产生的方法去训练思维，以及如何掌握作为创意之源的所有原理。在创意之前，"意"过程的展开有两个必要的前提。第一种可称为偶然性前提，这个范畴包括了外在于创意者的一切事物。一个人不能凭空创意出新的图式，他的创意须有一个环境，这个环境给他提供文化熏陶以及各种刺激。第二种前提更加具体。它是指个人的心理生活，即一切可包括在想象和无定形认识的范畴之内的心理活动。在生活中获取灵感的来源就是对生活的观察与记录，给形态与图形赋予超现实的想象力，运用意象思维与创意表达方法进行造型，得到视觉语意和发人深省的图式表达（图5-1、图5-2）。

图5-1 意象审美创意/李欣/
指导教师：伊延波

图5-2 温暖爱意/伊延波

创意是思维的创新性或创造性的思维，主要由好奇心、求知欲、怀疑感、思维独立性四大要素构成。创造性的思维就是创意。皮亚杰说："创意是由鲜活的结合和崭新的关系，创造是珠联璧合法，产生创意的思维路径，这是运用多个旧图式中的优质资源合成重构新图式的方法。"这种创意方式具有便捷、快速的优点,是创意思维中常用的典型方法。创意运用珠联璧合法和取长补短法,产生创意时一定要讲科学。当前创新一词的使用频率很高,在使用这个词语的时候要注意它的真正含义。

首先,应注意不要把想象与形象或意象相混。意象仅是想象的一种类型,它是产生和体验形象的过程。想象则是心灵的一种能力,更是心灵在有意识的清醒状态下,产生或再现出的多种符号的能力,但又不是有意组织的功能,属于弗洛伊德所说的原发过程,而有些是高级的象征符号,属于弗洛伊德所说的继发过程。本课主要讲授的是意象,它是功能当中最原始的形式。从生理和心理角度对意象进行分析,对于呈现在人们面前的知觉现象,海伯(1949年)深刻地指出:知觉的简单性与直接性,并不表明生理过程的简单;知觉包括了介于感性刺激和有意识注意之间的那些复杂过程,人们觉察到的只是这个过程的最后阶段,而对知觉的其他方面也必须予以考虑,因为它们对意象思维与创意表达主题的表达很重要。

1. 创意源于生活

社会是创意的基础,创意更加促进社会的发展。人类为了在社会中能生存、能立足,更多地运用自身的思维去获取想法、创造发明。思维是人类智慧的结晶,生存的创意是制造出了中国缝制工艺史上的第一枚骨针,骨针约同火柴棍般的粗细,长约82mm。它的创意是长江流域的浙江省余姚市河姆渡文化,7000年前那里的人们已经会用大型木构件建筑房屋。治国的创意是统一文字、统一货币、统一制度、统一军队、统一度量衡等治国政策。智慧的创意是三国时期诸葛亮,他是三国时期蜀国杰出的政治家、思想家、军事家。中国古代不叫"创意",叫"计谋"、"谋略"、"策略",尤其是以诸葛亮为代表的谋略影响了一代人。1990年美国成为最早对创意机构有所定义的国家,利用"版权产业"的概念来计算,这一特定产业对美国整体经济做出了贡献。1993年澳洲出台创意文化政策《创造性的国家》。1997年英国设立创意产业专责小组,将13个产业确认为创意产业:广告、建筑、艺术和文物交易、工艺品、工业设计、时装设计、电影互动休闲软件、音乐、表演艺术、出版、软件、电视、广播等。2005年中国政府强调"自主创新能力",把"提高自主创新能力、建设创新型国家"视为未来国家发展的第一要务。

创意时代来临了,这更多体现在影视、互联网、美女、图书、传媒、动漫、设计、工艺品、工业设计等的创意上。影视创意是屏幕上的中国影视走出单一的思维模式,与创意思维融合,而非形成产业,更没有模式。互联网创意是中国互联网走过了概念经济、门户经济、短信经济、游戏经济、搜索经济、博客经济、电子商务、虚拟金币……全球游戏产业每年的利润达到5000亿美元。美女创意就是通过女人漂亮脸蛋的开发创造了大量潜在的客户。传媒创意是江南春无意中创意出楼宇电视广告传媒,把人们等候的时间发挥到极限,深度挖掘等候时间,最后产生了分众传媒并在纳斯达克上市,江南春也就成为了亿万富豪。动漫的创意、设计创意、广告创意、工艺品创意……,创意从人类诞生开始就有了,只是现代的创意更加成熟,更加行业化、专业化。

2. 创意概念

创是创新、创作、创造的含义,是促进社会经济发展的元素。意则是意识、观念、智慧、思维……是人类最大的财富,思维是开启意识的金钥匙。创意起源于人类的创造力、技能和才华，创意来源于社会，又指导着社会向前发展。创意是一种突破，是对现有技术、产品、营销、管理、体制、机制等方面主张和理念的突破。创意是逻辑思维、形象思维、逆向思维、发散思维、系统思维、模糊思维和直觉、灵感等多种认知方式综合运用的结果。要重视直觉和灵感，许多创意都来源于直觉和灵感。语言的创意让人类变成了高级动物，直到人类发明、制造、运用了工具，并在这个开拓性技术过程中深化了思考，驾驭了语言，才与动物们有了本质的区别。工具的创意使工具成为人类进军自然界最重要的武器。为了生存而创意是为了更好地主宰生存，人类祖先尝试着驯化、饲养一部分野兽以使它们变成了家畜。

5.1.2 与创意相关的概念与活动

创意的若干概念、创意产业、创意经济、创意阶层，都是与创意相关的概念与活动。

(1) 创意的若干概念。创意本身是一个多变的思维，是没有具体的定义的，它源自于生活，却又高于生活。"创意"就是人们平常说的"点子"、"主意"或"想法"。好的点子就是"好的创意"。创意是人在某一时刻的"突发奇想"。创意就是创新、创造，是人类大脑创造性思维的产物，是人类运用智慧的结晶。创意是科学技术和艺术结合的创造，就是集逻辑思维、形象思维、逆向思维、发散思维、系统思维、模糊思维等多元思维为一体，以人的综合知识体系、经验、直觉和灵感为基础，通过多种认知方式综合运用现代技术手段。

(2) 创意产业源自个人创意、技巧及才华，是通过知识产权的开发和运用，具有创造财富和就业潜力的行业。

"创意产业"浪潮的兴起，在6个方面表现出十分明显的特征，它们可以概括为：①定义明确。以发挥创意性劳动的经济效能，发挥人力资源的潜能，发挥基础设施综合技能为主。②合纵连横。不是单一部门的财路，而是整合资源发挥作用的形式。③政府介入。将人力资源转化为市场效益资源，不是直接的资源买卖，有个转化的过程的，所以，前期必须有政府的引导、扶持与资金投入。④产业经验。成熟的市场经验，有完整的组织机构、市场机制、市场秩序、资源平台。⑤全球传播。先进经验被迅速复制，并且本土化。⑥急速成长。创意经济现在每天创造220亿美元产值，并且以平均5%速度递增。各个国家和地区，对创意产业有不同定义，"创意工业"创意产业是一个多样化的概念，确实能够用来形容正在增长的经济产业、产业合作动态。从图5-3、图5-4所示的作品可以清晰地看出意象思维的创意灵感的重要来源是艺术修养、丰富的文化知识与积极的思考；修养的来源是潜意识赋予设计意识的热情，潜意识为意象思维插上了想象与联想的翅膀。

针对设计与创意而言，图5-5、图5-6所示的作品是创意人思维的表达过程，是审美主体的内心体现。

(3) 创意经济。创意经济是一种在全球化的消费社会背景中发展起来的新型产业经济。现代化市场竞争非常激烈，任何一种成功的技术、工艺和商业模式的创新都可能在很短时间内被竞争对手知晓与模仿，要想始终领先于对手，唯一的方法就是不断创新，创新引导层次需求。

图5-3 意象审美创意／吴琼／
指导教师：伊延波

图5-4 意象审美创意／曲美亭／
指导教师：伊延波

图5-5 意象审美创意／石兴／
指导教师：伊延波

图5-6 意象审美创意／孙薇／
指导教师：伊延波

（4）创意阶层。乔治梅森大学公关政策学院教授理查德·弗罗里达，将创意阶层这样定义：广义包括科学家、工程师、艺术家、文化创意人员、经理人、专业人士和技师。狭义定义中不包括技师。把创意阶层定义为创意人的集合，创意人实际上就是富有创见性设想的人，更具体一点就是专门从事创意活动，以生产创意为职业的人，以智慧与审美生存的人。

对于创意流派的学习与研究,目前趋向理论型、实践型、应用型的三种差异中借鉴。

(1) 理论型。创意在现实中一直是存在的,目前之所以被独立认识和研究,被广泛地重视,主要是在理论上得到了突破与完善。

根据理论方向和理论层次的不同,大致可以分为宏观、微观和产业(中观)等不同的理论。①宏观理论型。代表人物是约瑟夫·熊彼特(1883—1950),奥地利人,曾任奥地利财政部部长,是美国哈佛大学教授,主张新产品、新方法、新市场的理论。②产业理论型。重要代表人物是约翰·霍金斯,是国际创意产业著名专家,也是版权研究领军人物,英国皇家学会《知识产权宪章》负责人。因为著有《创意经济》一书,被全世界公誉为"创意产业之父",霍金斯在书中把创意产业分为:广告、建筑、艺术、工艺、设计、时装、出版、研发、电影、交互式休闲软件、音乐、表演艺术、摄影、软件、视频游戏15种类别。③微观理论型。主要是"创意方法"自身进行理论探讨,是对"创意思维"本身深入的研究。其主要成果是用来教育培训人们创意思维,指导政府、企业等群体机构和个人进行创意性思维,找到最合理、最优化的方法、途径来解决问题,办好事情。

头脑风暴法又称智力激励法,是美国创造学家阿历斯·奥斯本于1939年首次提出,1953年正式发表的一种激发创造性思维的方法,智力激励法是一种通过会议形成,让所有参加者在自由愉快、畅所欲言的气氛中,自由交换想法或点子,并以此激发与会者创意及灵感,以产生更多创意的方法。

(2) 实践型。创意再好,只有落地转换成实体,才能创意出真正的效益。①产品发明型。代表人物是爱迪生,19世纪被誉为科学的世纪,也是以科学技术化和社会化为突出特征的世纪。②探索发现型。主要代表人物是牛顿,他是一位伟大的英国物理学家,1642年12月25日生于林肯郡伍尔索普村的一个农民家庭。还有一位代表人物是爱因斯坦,他是现代物理学的开创者和奠基人。他们探索和发现的主要内容是对世界本身已经存在的事物、真理的发现。

(3) 应用型。有些人之所以被称为政治家、军事家、文学家、管理专家、经济学家和外交家等,就是因为他们在社会上某一领域做出了创造性的贡献。而代表人物则是尤伯罗斯,他是一位奥运史上的传奇人物。他进行了完全市场化、商业化的运作,开创了奥运会历史上最具成功的商业运作。

5.1.3 创意特征与要素

学习和研究创意特征,就要从以下7个方面入手:①进取性与开拓性;②独立性与自主性;③超前性与前瞻性;④挑战性与风险性;⑤能量无限性;⑥留心观察与积极思考的过程;⑦一个快乐的体验过程。

创意能给设计创意人自身带来青春的豪放、奋进的激情、情感高峰的体验、难以言喻的心灵快感、人生最大刺激,并能强烈地感染他人的思维方式与行为趋向,创意是企业新的资产象征与新领域的拓展。而创意的要素具体如下:

(1) 每个人在主观上,首先必然要有一个动机,有意的去"吸引顾客",是有目的的勤奋者。

(2) 产生创意要有知识积累和材料积累的基础，运用脑素质是智力的开发、思想观念、用脑习惯、思维方式等，因此要注意知识的积累和养成多思考、多设问、敢于创新的思维习惯。

(3) 意识层次上的"方法"研究。

(4) 从思维角度上的积极态度与乐观心态，是创意灵感来源的重要要素。

图5-7、图5-8所示的作品把生活中日常饰物作为创意元素，融入美学理念的表达，产生创意的激情与强烈的视觉传达作用，会使创意人的思维异常活跃，这种兴奋的过程从原发点迅速而广泛地向四周扩散，生成具有视觉冲击力的意象图形。

图5-7　意象审美创意/宫婷/指导教师：伊延波

图5-8　意象审美创意/杨丹丹/指导教师：伊延波

5.1.4　创意的分类与原则

纵观创意的方法大致可分为两类：

(1) 日系创意方法。它包括提出问题、解决问题、想象联想、重组联合、类比法、程式化的方法。在意象思维的过程中不是一种方法的体现，而是综合思维方法的作用与表达。

(2) 中国式的创意方法。它包括发散思维、聚合思维、想象思维、联想系列方法、类比系列方法、组合系列方法等。它可以从创意的层面分类，也可从欧美的区域划分：文化经济理论家、经济学家、创意产业。还可以从新兴的创意划分：设计、工艺、建筑、软件、出版、影视、传播、演艺、音乐、奢侈品及古董、游戏、时装、广告13个行业在内的广泛领域。更可按创意的结构与形式划分，或者按事与物进行划分。

从社会宏观发展的层面去认识与理解创意的原则，表现在如下几个方面：一是冒险性；二是信息交合；三是专注性；四是独特性；五是批判性；六是比较有优势；七是系统辨证；八是实践性；九是非唯美原则；十是简单性。

实际上，在应用创意的原则时，没有绝对性的作用与影响，而是在理论层面的总结，只要是为了方便学生与设计师的学习与研究。在设计创意中思维与原则，往往是综合原则与自由构成的原则体现的，方便理解与学习。

5.1.5 创意的方法

创意的方法主要包括创意方法的分析、非系统法、创意生成的5个阶段,下面分别讲解。

1. 创意方法的分析

创意方法可从发展的层面分析:一是美国创意方法的发展;二是日本创意方法的发展;三是苏联创意方法的发展;四是中国创意方法的发展,通过综合与分析找出发展方向与进步的途径。还可从创意方法的类别分析:一是日系创意方法,它包括提出问题法、解决问题、想象与联想、重组与联合、类比等的创意方法,这些方法在设计创意的领域中实际应用性较强,而中国创意方法则是发散思维、聚合思维、想象思维、联想、类比等创意方法。在实际当中不管是美国方法、日本方法、苏联方法,还是中国方法,都是综合性地应用于创意过程的表达中,就是将创意思维提升到一个全球意识的高度来审视与学习应用,撇开偏见,以开放的心态去学习创意。从创意方法层面分析,超序联想相干法是天马行空的方法;超大系统法就是万花筒法,它包括控制论、信息方法、系统创意、万花筒创意加工厂的融入。可选用不同的元素、结构、层次进行创意思维表达;有序与无序的"变"亦又能有所质变,有时哪怕是一点点变化就能引起质变,这种办法在设计更新及实用商战创意中用得非常普遍。在图5-9所示的作品中,可以清晰地发现,作者运用观察的方法与对比的表达方式,对虎的形象进行归纳与概括的视觉图形调整,应用不同线的造型进行置换,传达出新的视觉语意与造型含义。

图5-9 意象造型/余卉/指导教师:伊延波

2. 非系统法

可从非系统法的应用方法层面分析,"反一反"就是从事物的正与反、上与下、左与右、前与后、横与竖、运动方向等相反的方向来分析问题,找出解决问题的方法。"改一改"就是对原有的事物进行修改,消除缺点,使它具有更方便、更合理、更新颖的功能与造型感。"缩一缩"就是从减小与缩短及缩小等角度考虑。例如:古代的时候只有挂钟、台钟,这些东西很笨,不能随身携带,瑞士人首先想到把挂钟缩小,制成怀表,后来进一步缩小成手表。"减一减"就是对原事物从删除、减少、减小、拆散、去掉等角度考虑,使之出现新事物。"代一代"就是用一事物代替另一事物。"加一加"就是从添加、增加、加长、加宽、附加、组合等角度考虑。"搬一搬"就是把一个事物搬到别的地方，将新事物移到别的领域，从而产生新创意的办法。"变一变"就是从改变形状、颜色、音响、包装、结构、层次、味道、顺序等角度考虑。"联一联"就是寻找某个事物与事情的结果跟它的起因的联系。"学一学"就是学一学别人的或动物、植物做法，模仿现有事物的形状、结构、原理等。意场感应法是上山下乡法：宇宙意子理论、意场感应法、意象感应。创意化学法是自身爆破法："创意化学"实战在先、创意化学之"基本元素"、创意化学反应式、创意反应堆；会议论坛、交易会、城市、大学、公司、科研院所、专业报纸杂志、图书馆、专利、商标等知识产权系统、互联网、手机移动网、电视、人脑。创意科学：创意哲学、创意学、创意理论、创意方法、创意技术学、创意技术、设备科学、创意实战，都是可以应用的非系统法。

3．创意生成的五个阶段

运用皮亚杰的"发生认识论"来考察创意的生成，可以将创意的生成过程分为五个阶段；即是提出问题阶段，创意酝酿阶段，创意孵化阶段，创意生成阶段，创意成熟完善阶段。提出问题是对旧图式的怀疑和扬弃否定，是创意生成的原点，学生和设计师可以在前人创意的图上得到启发与思考。而创意酝酿则是将旧的图式破坏，产生新的图式，这一阶段是相当艰难的过程，需要积聚大量材料和解决知识准备工作。这些知识既要满足当前的需要。又要为未来的创新奠定基础。然而；创意孵化是需要创意人集中精力、围绕问题进行综合思考，在否定旧图式的基础上建立新图式，并使新图式以"鲜活的结合和崭新的关系"的形式表达。这一过程中，需要创意人进行创造性思维，尤其不应忽视直觉的作用。进入到创意生成阶段，一般的创意人会出现突发异感的现象，表现为新图式的轮廓在意想不到的瞬间突然在脑海中闪现。依据很多人的经验，在创意人艰苦思索的过程中，当问题百思不得其解时，这时最好把苦苦思索的难题暂时放在一边，而去放松精神做一些可以激发想象力的其他事情，环境的转换，会对灵感和创意的生成往往产生奇特的效果。场景的转换可以直接带来思维的转换，从而促使灵感的产生的。最后是创意成熟完善阶段，旧图式被否定或彻底改变，新图式逐步完善并定型。也可以称为"平衡"阶段，因为创意生成后需要十分耐心地雕琢、补充和完善它，要使创意与实际相结合，较好的运用于实践中，如果没有对创意进行雕琢和完善，修改与纠正，创意的价值和功能不大。而如果将创意平衡的越成熟越完善，创意的价值和功能及水平就越大越高。

5.2 创意思维

本节引言

创意思维是一个观察、思考、积累的主动储备过程，必须从创意人的思维入手，进行启发、引导、教育。真正了解创意思维的目的是准确、快速的表达创意主题，从而在平凡的思维中产生具有活力与生命力的创意思维的元素。只有这样才能将创意灵感保留下来，使它成为对创意产业文化产生有价值的元素，并为创意有效的表达扩展思维能力。

5.2.1 创意思维的来源

创意思维是人类思维的高级形式，它既是高于其他思维之上的综合性思维，又是打破旧思维的革命性改革和创新的新型思维。它集合了超常规思维、创造性思维、形象思维、独立思维等多种思维方式；它起始于自觉的、有意识的思考，就是搜索、接受和重组必要的信息，提出各种可能的方案，随之有了一个孕育的阶段，在意识或潜意识中进一步思索和酝酿各种信息重新组合的可能性。最后，通常由于受到某种因素的启发，以灵感的方式突然发现。集中创意思维的通常方式是重组。创意产生的一个主要方法是把旧元素进行新的组合，从而产生新的概念。这些旧元素的重组与组合再创意，两个不相干的事物组合再创造，需要通过一个共通点进行有机结合，进而产生新的意义。例如：文字是意义、概念的载体，语言随着社会进步产生变化，往往产生新的概念，文字的这种变化中蕴藏着无数新的意念、新的创意，因此在图形创意上能产生很多新颖的点子。再如：文化是一个复杂的体系，有物质文化与精神文化之分，在现实的传达中，两种文化交织在一起，相互渗透；创意与文化之间有很强的相关性，有博大的文化作为创造的基础，才会找到更多的创意素材。又如：传统意指在中国的传统文化中，充满了寓意和象征，运用与借用是寻找创意灵感的最佳途径。

创意思维来源于分析，把一个整体事物的物象解剖成不同的成分或元素，在分解了的每个部分里找到一定的形式和意义，加以运用。一个常见的物象被分解，就打破了常有的看法。改变观察的角度，会发现换个角度看问题更有意义。再如：综合元素的整合，是把不同的形态元素、不同的概念元素，通过一定的形式重构在一个空间里，这样可以找到不同寻常的视觉效果，给人耳目一新的视觉感受，以上旧元素新组合、寻求文字的意义、物质与精神文化的重叠、古今中外传统的影响、分解与重构、综合与整合各元素的联系与非联系，都是创意思维的来源。

5.2.2 创意思维的类型与方法

创意思维的类型可分为几何空间划分和思考方向划分。几何空间划分类型包括线型思维(线型思维即是逻辑思维)、面型思维(面型思维即是形象思维，也称为艺术思维)、体型思维，这些创意思维是灵感，并不神秘，是人们进行创造性活动的产物。而思考方向划分类型包括：联想思维是联想又是对问题的深化，又是由此及彼、由表及里、由浅及深的思考；想象思维是一切创造性活动中都离不开的想象，没有一种心理机能比想象更能自我深化，更能深入对象，想象思维是大脑对记忆中符号进行系列加工而创造新事物的创意思维；辐射思维则是创意思维的重要标志和集中体现，它的思想是灵动的、跳跃的，具有灵活性、独创性、丰富性等特点。创意思维的方法既是集体思维也是脑力激荡的方法。脑地图、横向思维、综合思维、随机组合、六何法(何时、何事、何人、何地、为何、如何)、假设性问题、问题日记都是创意思维的方法，体现了一般思维与创意思维的共性与差异，学生在学习与运用时要细心加以区分，平时要养成内省、自悟的思考习惯。

图5-10、图5-11所示的作品分别体现了两种文化背景下成长的不同思维与心理差异；采用线的柔美感与顿挫感的区别，是作者性格的差异所至。因此，每个创意人的思维习惯千差万别，获取视觉信息的程度也有差别，分析与整合图形的能力也不尽相同，所以，意象思维与造型创意能力是可以通过培养和训练得到提高的，但是个性的差异性是

表达者的成长环境和背景文化决定的。

图5-10 历史的回忆/伊延波

图5-11 发辫的联想/董禹辰/指导教师：伊延波

5.2.3 创意思维的培养

本章选择了一些具体生动的典型案例，挖掘出它们内涵的创意营养，探讨了创意思维培养中的一些规律与方法。通过分析关于达尔文思维成功的故事，说明了创意思维的一些重要原理；进一步阐明了书中一些较难理解的概念及理论难点。通过分析阿基米德思维成功的故事，总结了灵感的主要特征，探讨了获得灵感的成功方法、必要的准备和捕捉训练的方法以及有效的途径。通过分析牛顿科学发现的案例，强调了想象力的重要性，总结了想象力的主要特征，指出了培养想象力的途径和方法。最后，通过分析"判断容器重量变化"的案例，说明了水平思考与逻辑思维之间的区别与联系。创造思维或创意思维是可以通过科学的方法进行培养的。在全书中选择了部分在长期教学中积累的典型案例，希望借助这些具体生动的案例分析，阐明本书中一些较难理解的概念及理论。使学生更容易学习和掌握意象思维与创意表达的生成、思维机理和开发创意的方法，发掘意象思维的内涵。探究意象发挥创意，在中国传统美学的大背景下加以创新与完善，主要是想证明意象思维与创意性思维的培养是有效的教学方法，激发学生学习的浓厚兴趣与差异性、审美独立性的思考，并启发和开拓思维空间。

1. 创意思维与训练

人的知觉客体不是孤立存在的，而是存在于一定的环境和背景之中。因而人的知觉具有这样一种特性，即优先地知觉事物，形成清晰的印象，而对其周围环境的事物，只是某一事物当做暗衬和背景，形成模糊的感觉。这种把知觉的对象优先地从背景中区别出来的特性叫知觉的选择性。选择这个案例的目的主要是测试思维的转化能力，每个人在生活中都积累了大量的图式，培养思维转化能力有很重要的现实意义，现实生活中存在着大量的双关现象。思维的转化是创造性思维的一个重要规律，它贯穿在创意生成的摄取、排除、运用的全过程中。

培养自己的创意思维能力，就必须花较大精力进行思维转化能力的培养和训练。影响解决问题的因素很多，即是客观因素和主观因素两大类，现在人类社会已经进入了信息社会，大量新知识、新信息正在冲击着传统经验。实际上就是剔出糟粕选出精华的能力思维定势是心理活动的一种准备状态，这种准备状态容易影响人对刺激情境以某种习惯的方式进行反应。思维定势对解决问题有积极作用，也有消极影响。心理学的定势实验证明，当一个人习惯用一种方法解决若干问题后，往往会使他陷入用同一种方法解决以后问题的倾向，尽管这种方法已经失效，但他也不再改变方法。用皮亚杰的"发生认识论"来理解思维定势，将会更便捷、更深刻。图5-12、图5-13所示的作品中形态元素基本相似，运用形状、大小、方向、肌理等意象表达的手法，体现了意象思维与创意思维的主题。

图5-12　意象审美创意/吴琼/
指导教师：伊延波

图5-13　意象审美创意/高中鹏/
指导教师：伊延波

加强创意思维培养和训练，要遵循以下原则：

（1）加强概念的掌握与理解，不仅要把握新知识、新概念同化到已有的概念和知识系统中去，而且能够利用新知识、新概念去改造旧知识、旧概念。

（2）在解决问题时，不死套公式和经验，而是融会贯通、多渠道、多维度地思索问题。

（3）在创造活动中，不因循守旧、不墨守成规、不安于现状，要有创新意识、有丰富的想象力。

（4）要善于用简捷的方法来解决问题。创意思维生成主要用的是逻辑方法。任何事物的转化都是有条件的。分析是把事物或对象分解成各个部分或属性，综合是把事物或对象的个别部分与属性联合成为一个整体。分析与综合构成了矛盾的两个方面，它贯穿于人的整个认识活动过程中，感性认识只有初级水平分析和综合；理性认识才有高级水平的分析和综合，但这并不是说感性认识的创造性思维就低一个层次，也不是说感性认识就不重要。感性认识作为认识的第一步和基础合成材料,占据着认识的重要位置。

2. 灵感生成的一刹那

心理学认为,灵感是指创作、科研等创造性活动中突然出现的一种短暂的高度紧张的精神力量和心理状态,是突然产生的一种智慧的最高创造力。第一,灵感的出现是量变的积累到质变的"飞跃"。表现在一刹那间,具有突发性、不可预期性和飞跃性等特征。第二,灵感突然而至,飘然而逝,具有稍纵即逝的特征。第三,案例说明。在阿基米德实际上已经积累了解决问题的足够知识,并具有解决这个问题的能力,他实际上已经走到创造发明的前沿,但阿基米德自己却感觉不到,还认为一无所获。第四,灵感的获得并不是一个轻松的过程。它需要创造者全身心的投入。第五,灵感的出现,往往伴随着个体巨大的喜悦和情绪异常亢奋。创造者往往会出现一些异于平常的举动,甚至于如痴如醉,进入完全忘我的精神境界。

图5-14、图5-15所示的作品中作者运用刹那间的突发性灵感,进行不可预期性和飞跃性的意象表达,展现出设计中诸要素的创意性思维。通过意象元素的重构,运用统一与变化的和谐造型,优美造型跃然纸上,使设计创意的表达生动活泼,更具有生命力。

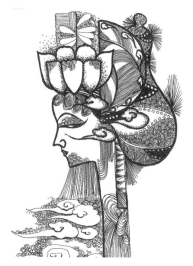

图5-14 意象审美创意/孟祥玲/
指导教师:伊延波

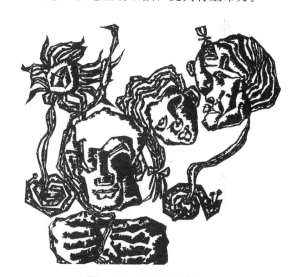

图5-15 矛盾/伊延波

灵感对于创意思维有着极其重要的意义,为了获得灵感,应该怎样准备和训练呢?可以从以下5个方面着手。

(1) 根据"灵感是量变到质变的飞跃,是旧图式被破坏,新图式产生"的根本特征。

(2) 灵感出现需要个体全身心投入,甚至达到痴迷地步,这是众多成功者的经验和实践证明的真理。

(3) 不要轻言"场境转换",即不要提前进入创意生成的某个阶段现实中,一些人在知道创意生成有场景转换的问题后,往往准备阶段并未结束就想轻松一下,等待灵感的到来。

(4) 要有意识地摆脱习惯性思维的束缚,要主动培养一些有利于发挥创造力的非智力因素。创造力是人类大脑智慧的结晶,但创造力的出现是十分复杂的过程,尽管创造力是人类智力的组成部分,但仅仅满足了智力的要求条件,并不能让人类大脑所拥有的创造力潜能得到充分发挥。

(5) 必须要有以苦为乐的精神,这其实是自我意识在发挥统帅的作用,如果没有正确自我意识与自悟性,是很难承受挫折并跨越困境的。

3. 想象力比知识更重要

在人类的创造活动过程中,直觉、想象、灵感这三个因素发挥着极其重要的作用。想象是大脑的一项重要而又特殊的功能,它是大脑对原有属于表象的旧图式进行加工改造后,构造出以前未曾感知过的,甚至在现实生活中不存在的新图式。对于人类的创造性活动而言,大脑的想象力是一笔不可多得的财富。想象力在人类认识问题、解决问题、创造性活动中起着积极促进与改善的作用。想象力还是学习知识、阅读理解、欣赏艺术、交流思想等必需的一种能力,它已构成了一个人素质的重要部分。

想象力的几个重要特征:①想象力并非是臆想、幻想。它是建立在现实事物之上的;②想象以夸张的方式强调或改变事物的常规性特点,从而构造出崭新的图式,夸张的想象力通常是与拟人化手法相融合的,这启示人们应主动运用拟人化的方法进行思维;③从具体化和拟人化的特征来看,想象类似于形象思维,但它不同于形象思维;④想象力主要在提出问题阶段和酝酿创意阶段的前期发挥作用。新图式产生以后主要是逻辑思维在发挥作用,想象力对人类来说是一种极其重要的能力,它不仅可以补充人们的知识,而且在创造活动中使人们的认识处于超前状态。

图5-16、图5-17中采用直觉、想象、灵感这三个因素,发挥其重要的作

图5-16 意象审美创意/张子涵/
　　　　指导教师:伊延波

图5-17 曲折 /伊延波

用,控制组成要素之间按一定的规律穿插构成、交替而产生一种视觉错觉与韵律的传达效果,表达似与非似、象与非象、意与非意的意象审美意境。

在培养想象力过程中应该注意哪些问题呢?首先,要使自己的想象力具有现实性,也就是要注意想象与事物之间的关系程度。人们的想象并不是凭空产生的,它是大脑利用已有的旧图式,对其加工改造后创造出新图式的过程。其次,要培养想象力的主动性,也即遇事要主动运用和发挥想象力。再次,训练想象的丰富性,就是要不断地充实想象的内容,还有训练想象的独创性,就是说要让想象具有新颖,真正有成就的学者、文学家、艺术家都是善于独立思考的人。培养独创性是提高想象力的核心,主要方法是培养独立思考的能力,因为想象的独创性直接受思维独立性的制约。想象的启示是伟大的创新,总是和刻苦学习与继承前人的成果有着血肉不可分割的联系,正确理解想象力的价值,理解创意生成的5个阶段的意义,都有很好的作用。更应在学习和继承上多下工夫,需要强调的是尽管直觉、灵感、想象对于大脑发挥创造力起着至关重要的作用,但不能仅有这方面就可以提高人的创造力,还要使创造力达到一个很高的水平,需要个体心理品质的保证,促使反复强调的成才心理品质和人格智能的养成。如果一个人要想具有较高的创造力与创意思维来源,就必须要培养成才的心理品质和人格智能,才能在未来的工作中展现更多的意象思维与创意表达能力。

5.3 创意的心理分析

本节引言

创意心理分析,是让学生更明确创意思维的构成与心理素质有着密切的联系,理解创意的存在与视觉、直觉、心理有着不可分割的内在联系,更与文学、美学等学科有关。本节将阐述创意人应有的心理素质,审美意识的培养,审美潜意识的养成、影响与作用以及持续一生的审美潜意识功能的基本理论。重要内容是使学生掌握创意人的心理,将自己的创意思维延伸持续,形成自觉、有意义的创意才能,运用暗示向内心寻找创意灵感,并发现与开掘自身的宝藏,讲述了暗示成功的三个步骤,使每一位热爱创意产业的设计师应用和操作更直接,更好地适应市场需求。

5.3.1 创意人应有的心理素质

创意产生于扬弃旧图式、建立新图式的过程中,但旧图式的破坏往往是非常艰难的过程。一个人如果没有超人的胆识和坚强的意志,就很难否定旧图式;如果没有创新精神,就很难创立新图式;如果不能够创立新图式,也就不可能成为巅峰型创意人才。"破旧立新"是创意人才稀缺的心理学基础。教师在教学的过程中,他调动旧图式的同类学生越多,他就越信任这个图式,这一过程长期积累后,教师的教学思维对这一类型的学生行为就会形成习惯,以后再遇到相同的学生案例,他会习惯性地选择该图式来进行意象思维的引导。如果要让教师否定破坏这个图式,是相当困难的事情,对这位教师来讲也是很痛苦的事情,其痛苦程度与这个图式固化的程度相关。在创意的初级形式里，这种痛苦要小得多，而且仅仅局限于创意者本人范围内。在创意的高级形式里，这种痛苦可以大到不可思议，而范围也将扩大到社会的若干群体中。特别是在创意的高级阶段，当有成千上万的事实案例证明旧图式成功时，如果这时否定破坏这个旧图式，那么这一过程就会超越思想与学术的范畴，往往会变成改变传统的一场尖锐的斗争。建筑创意、视觉创意、服装与服饰创意、产品创意等都是如此。图5-18、图5-19所示的作品意象造型更显视觉空间的张力，使意象审美元素的组合与局部构成耐人寻味。

图5-18 意象审美创意/耿立明/
指导教师：伊延波

图5-19 锦上添花/伊延波

5.3.2 审美意识的培养

审美意识的培养是在学习期间形成的一种明确的意识，而意识和潜意识的形成，则是长时间视觉形象影响与作用的结果。如果把心灵比作是一个花园的话，那么自己就是这个花园的园丁。如果一个人习惯了这种惯性思考，他的每一个念头都会成为"因"，而他周遭的一切都是以前原因的"果"，这就解释了为什么掌握自己的思想是如此重要的原因。唯有如此，才能得到想要的生存环境。从现在开始，在心灵的花园里播种下和平、幸福、善良、理智、行事、财务、自由等意愿的种子。让思想与情绪平静下来，让自己确信这些愿景，毫无保留地把它们同自己的理智融合在一起。如果持续不断地把这些种子种在自己心灵花园里，那么，将等到一个辉煌收获的季节。如果心灵能够正确地思考，并不断地把和谐而富有建设性的想法注入潜意识，那么潜意识力量就会在一片平和中发生作用，带来和谐且令人满意的生存环境。只要开始控制思维流程，就能够有意识地运用潜意识无限潜能，解决遇到的任何麻烦。只要懂得意识和潜意识交互作用的原理，就可以重塑人生。如果要改变决定这些物质条件的根本原因，仅仅改变外在环境，想以此来达到自己的目的，最后才发现是行不通的，无谓地浪费时间和精力，问题在于没有看到隐藏在表象背后的因果链条。如果想让诸如不和谐、迷惑、贫乏和限制等负面因素从生活中消失，首先就要消灭这些烦恼的根源，而根源就是思维方式和灌注到潜意识中的思想，这其实是众所周知的道理，"种瓜得瓜、种豆得豆"。潜意识对于意识的改变是非常敏感的过程，意识为潜意识划好沟渠，而无尽的智慧和能量都在这些沟渠中流动；意识和潜意识代表内心的想象和愿望、观念和愿望、想法和情感等各自独立又相互联系的部分，所以审美意识的养成越早越好。

5.3.3 审美潜意识的养成

审美潜意识的养成是在家庭背景和社会环境中形成的。因为渐渐形成的审美态度与审美观念，非一日之功，所以依据潜意识力量的基本原理分析审美潜意识的形成也是在视觉传达设计领域里进行有意义的探索和解决意象造型的学习过程，掌握这个视觉领域的基本原理是学习与进步的开始。只有懂得了审美潜意识力量的基本原理，才能熟练地运用审美潜意识的思维。而学会和运用审美潜意识的思维之后，就能在设计创意中进行实践与探索，达成各种各样梦寐以求的创意表达目标。无论是物理学原理、化学原理还是数学原理，都与潜意识的原理具有同样的性质。审美潜意识也是一种原理，因为所有的经历、经验、物质条件和个人能力都是在家庭环境和社会环境中逐步形成的潜意识，所以会形成今天这种思维或那种思维，全都与审美潜意识有关。根据人的思想促成的审美潜意识，是根据人的思想发生的改变而形成的，而信仰就是心中所思所想，思想就像一幅蓝图，思想改变了，审美潜意识同样也会起变化。潜意识和意识的区别：潜意识和意识是一个球的两面，而不是各自独立的实体。意识做出是理性选择。例如：选择读什么书，住什么地方，还有和什么样的人共度一生等；潜意识则在意识毫不知情的情况下，自发的呼吸系统和生命循环系统，像土地接受农民撒下种子一样，潜意识总是无条件地接受着一切加诸的意识层面观念。审美潜意识是学生和设计师长期培养的思维，也是人们长谈的广泛兴趣。

5.3.4 审美潜意识的影响与作用

人人都只有一个心灵，但是这一心灵却由功能和性质作用，又是完全不同的两个部分组合而成。在不同的人群中，它们有不同的名字，比如"意识"和"潜意识"、"醒意识"和"睡意识"、"主观意识"与"客观意识"、"浅我"和"深我"、"自主意识"和"非自主意识"、"雄性意识"和"雌性意识"等，都表明了人们对心灵的认识。而在本节中，将使用"审美意识"和"审美潜意识"两个复合词语来表示心灵的二元性质。了解心灵二元性的重要性，明确审美潜意识不能进行意识层面的推理，也从不对事情的进行分辨，就能拥有全新的、健康的行为习惯，认识到审美潜意识的力量。那么，怎样才能达到目标？如果思想是明智的，决定肯定会是明智的。如图5-20、图5-21所示，在特定元素的变化中，使审美潜意识在意象思维的领域中进行探索与认知。这一设计的基本原理，是在设计活动中的再现审美潜意识。进行理性与感性的双向创意表达，在审美潜意识与审美意识中，找寻创意的灵感与审美意境的表达。

了解审美潜意识的工作机制，将会引导意象思维与创意表达走向开放、自由的思维领域。如果思维是积极健康又极富创造性的，就可以克服困难，去体验梦寐以求的设计创意成功的体验，审美潜意识为达成目标会全力以赴，坚定不移地将心中的所思所想传达给审美潜意识，好的创意结果就会在前方等创意人。审美潜意识的运用与此相似，必须清楚该干什么，必须要有一个明确的决定。不用焦急，不要去关心那些琐碎的细节，只要知道结果就行了。发挥想象力和审美潜意识的作用，要想象着事情的结果，感受那种自由自在的状态，会发现智慧总是把方法强加给审美潜意识，要保持一种单纯的、孩子式的、异想天开的想象模式。记住所有的一切,越简单越好。有一种让审美潜意识产生回应的巧妙方法,就是进行反复的观想。观想是想象的一种,不过这种想象不同于其他想象,要具有明确清晰的细节,要让人觉得仿佛就像真的一样。要让想象细节清晰到这样的程度,必须通过反复的练习才能达到,而一旦能够真切地想象和感受目标,便可以放心相信审美潜意识了,它会引领创意人实现心中的创意目标。

图5-20　意象审美创意/徐文廷/
指导教师:伊延波

图5-21　意象审美创意/吴乃群/
指导教师:伊延波

5.3.5 持续一生的审美潜意识功能

持续一生的潜意识功能,进而引发对审美的更深层次的思考。审美潜意识也是伴随人一生的潜意识功能,它是一种存在于人心理的暗示力量。审美潜意识与生命是共同体,审美潜意识中有什么样的意象造型与审美观念,就会创意出什么样的审美图式来。审美潜意识也是一种心理暗示,更是一种非常强大的内心力量。如果视觉传达的创意人了解审美潜意识的功能与持续性,就会掌握好意象思维与创意表达、意象思维与造型、造型与审美表达的创意能力。

1. 暗示的力量

了解与认识暗示的力量,可以从学习与讨论中发现意识就像是一个守门人,它能够防止审美潜意识被错误的观念污染,这一点是非常重要的。因为审美潜意识对于暗示非常敏感,审美潜意识从来不做任何推理或比较这类理性的认知活动,而是把这些理智的活动交给了审美意识。一旦审美意识认同了某种观念,审美潜意识就会毫不犹豫地接受并执行。

2. 潜意识与生命相随

心里想什么,就会在外界环境中经历到什么。在生活中有两个方面,它是客观的,又是主观的；既是可视的，又是隐形的；既是思想的集合，又是思想在外界环境中的体现，所以不论在潜意识中刻入了什么样的想法，都会在客观的环境、状态或者事件中，体会到潜意识的存在。潜意识就是与生命相随的思想。在大脑中那个有意识又能推理的器官，就在大脑皮层当中，思想是被当成一种信息接收的装置。想法一旦被大脑完全接受，它就会被传送到潜意识中去，在那里它会变成身体的一部分，然后被付诸实践。就像前面讲到的那样，潜意识不会争吵，它只会遵照思想行动，只会接受意识所给出的定论，生命与相随的思想是靠自己书写的，因为思想会转变人生的经历，审美潜意识同样会改变设计师的意象思维能力和创意表达能力。可以构想，审美意识是设计艺术教育的结果，那么审美潜意识就是家庭教育和社会环境长期影响与作用的结果。如今，将审美潜意识开发出来，进行有意义的梳理，使它形成完善的理论体系和具有实践指导意义的理论依据，目的是为开发更多的创意思维方法，促进设计艺术教育与教学的进步。设计是表达创意人思维中已有的素材，按照意象思维的需求进行分析、加工与再创造的过程，积累的越深厚，思维迸发的就越强烈、越震撼，从而就能使创意达到影响视觉的感染力与传播度，审美形象的传达力和记忆力也就越深刻(图5-22～图5-24)。

图5-22　意象审美创意/董禹辰/　　图5-23　意象审美创意/关爽/　　图5-24　摆脱不了/伊延波
　　　　指导教师：伊延波　　　　　　　　　指导教师：伊延波

3. 潜意识中有什么，世界就会有什么

美国的心理学之父威廉·詹姆斯曾经说："改造世界的力量就在人的潜意识中。"潜意识充满了无穷的智慧。无论向潜意识中传达什么思想，它都会尽力实现，所以必须输入积极正确的想法。世界上之所以充满那么多的混乱和悲剧，是因为很多人并不明确自己大脑中意识和潜意识的相互作用。当这两个动因和谐一致，能够顺利运转时，就会远离疾病和悲剧，得到健康、幸福、平静和欢乐。在古代赫尔墨斯·特利斯墨吉斯忒斯被认为是世界上最伟大的占卜师。他死后，过了很多世纪，仍有很多人孜孜不倦地探询他强大占卜力的原因，人们怀着极大的期待和好奇心打开了他的坟墓。据说那个时代最大的秘密的答案，就在这个坟墓里。答案刻在墓碑上：上行，下效。存乎中，形于外。就是说不管内在的潜意识是什么，它都会在外在空间变成现实。持续一生的潜意识功

能，超过90%的心理活动属于潜意识思维，那么应用好审美潜意识思维，使它发挥更大的视觉作用与影响力。潜意识的活动会持续一生，并随时贡献出自己的力量。要做的就是形成良好的使用意识，用完全正确的事实去填充潜意识，因为潜意识总是根据思维习惯去生成各种各样的想法，反复观想所带来的奇迹。

4. 潜意识成功的3个步骤

　　潜意识成功的三个步骤：一是坦然面对现实问题；二是将问题交给潜意识，潜意识会高效地寻找到解决问题的方法；三是带着问题已经解决的坚定信念进入梦乡。怀疑和犹豫都会削弱暗示效力，和谐和健康的生活都由自己的内心掌握着。当内心变成了治愈力发挥作用的载体时，暗示就会有效。怀着坚定的信心向潜意识传递健康的想法，然后放松调整身心，把身体交给治愈的暗示力量。通过调整和自我说服，有益的创意就会渗入到潜意识之中，潜意识的治愈力量将接管身心与身体的暗示。设计是通过对生活充满热情的体验，更是充满意趣的人才会在日常生活中有所发现和创新，展现出独有的意象造型的表达魅力，使设计创意的传播更有理论意义和社会推广价值(图5-25)。

图5-25　意象造型/孙红旭/指导教师：伊延波

5. 灵魂深处的宝藏

　　潜意识是无穷的力量之源，潜意识是成功的必备武器，怎样培育潜意识的力量？积极正面的态度是最有效的催化剂，潜意识怎样发挥作用是思想习惯的关键，如渴望已久的荣耀、快乐和富足感，神奇的奥秘等。在世界上有两种人：一种人是充满磁性。他们对人生满怀信仰，坚信自己生来就是要赢得胜利和辉煌的人。而另外一种人则是毫无磁性，这样的人太多了。因此，想成为一个富有磁性的人吗？只要能够领悟它，就会获得难以胜数的成就。怎样释放它的无穷能量呢？答案非常简单；奥秘其实就在潜意识里，那是一种很容易被人们忽略的强大力量，不可思议的力量。只要学会了与潜意识建立联系，并发挥出它的力量，那么创意、地位、财富、健康、欢乐与幸福，将会出现在每个人的生命里，使每个人的人生更为绚丽多彩。如果一个人心态开放，善于接受新鲜事物，那么不论何时何地，潜意识中的无穷智慧都会提供给他所需的一切知识，不断激发他的思想和创意，引领他走向一个妙不可言的真理世界。同时也将为创意人打开心灵的枷锁，让他们突破物质和肉体的局限，重获创意灵感的快乐！不要犹豫，从现在起就下定决心，去创造崭新的人生。潜意识将会像大海一样辽阔，像天空一样宽广，像金矿一样富有，像帝王一样尊贵。每个人都有权去发现这份内心世界的宝藏。人们的思想、感受、力量、光明、情爱和美好，都深埋在这片未知的世界里。潜意识虽然是无形的存在，却有着实实在在的强大力量。发掘并善于运用潜意识的力量，可以让同学与设计师洞察先机，未雨绸缪，到时所有难题都会迎刃而解。只要发挥出这种力量，就会发现自己身处于智慧构筑的成功之中，富有、宁静、祥和而又安定的意境中。不过，必须通过学习才会懂得运用它。而一旦掌握了运用的窍门，它将会在人生的各个方面发挥出令人难以置信的巨大作用。人应怀着诚挚的希望去拼搏，把心底那些原本遥远的梦想变成最为真切的现实。

5.4 创意与经济

本节引言

创意经济的兴起和快速发展，不仅在中国的土地上兴起，还在世界范围内掀起了产业革命的浪潮。在机械革命与电子革命更替转换中，诞生了创意的生活需求，一时间，创意与经济撞击，形成了新的生活需求观念。因此，创意经济时代的到来，洗刷了人们旧有的生活观念和生活方式，衍生出新的智慧型产业与新型价值链，使生在地球上的人们彻底改变了生存的状态和交流方式。以创意经济为主题的产业快速产生与发展，产业的模式从有形产业向无形的产业发展，因此设计艺术教育也从艺术型教育模式向既有创意开发，又向经济价值的方向转变和发展，形成了新的设计艺术教育模式，达到适应新时期与社会的需求的目的。

5.4.1 创意经济

创意经济具有内涵、外延、学科性质的特征。首先，创意经济的内涵是在文化产业的生产经营过程中，始终贯穿着各种创意，包括产品创意、视觉创意、经营创意、推广创意、销售创意等。创意经济研究的对象是以创意为主的文化产业，也是研究创意的生成机理并揭示它的发展规律；研究创意在创意经济型产业中，是具体运用规律的应用科学。概括地讲，创意经济是研究创意在创意经济型产业中的生成和运用的科学。

创意经济侧重研究4个方面的问题：

(1) 创意经济型产业的企业结构和微观运行特点。经济创意的生成机理，创意在不同经济型产业中的生成和具体的应用及创意经济型人才的培养。

(2) 创意经济的外延是由于"创意"特征的规定，创意经济研究文化产业中以创意为主的产业，这就决定了它的外延比"文化产业"更小，内涵比"文化产业"更深。创意经济属于文化产业和文化经济的范畴，但它与认知科学和心理学紧密相关。尽管文化产业、文化经济和创意经济都研究文化产业，但是三门学科的研究角度和侧重点不同，创意经济突出研究文化产业的创意部分，或者以创意这条主线去审视文化产业，它的具体研究对象是创意经济型产业和创意经济型企业。创意经济将产业经济和文化产业对产业组织、产业结构、产业布局、产业发展、产业政策的研究成果，作为自己研究产业内外环境的基础。但它不研究文化产业的产业组织、结构、布局、发展、政策等。创意经济重点研究经济创意在创意经济型产业不同部门的生成和运用。

(3) 创意经济的学科性质是以文化产业为研究对象的,这就决定了它是一门应用科学。文化产业的经济属性,决定了它属于经济范畴。创意经济是从创意在不同类型的产业中生成和运用的独特角度研究经济创意的生成机理和规律,因此创意经济又属于边缘学科。创意经济与经济、心理与美学、认知科学、哲学的联系是密不可分的。值得强调的是如果没有心理学与美学,就没有创意经济学的今天。图5-26、图5-27所示的作品黑白灰层次分明,点、线、面巧妙的结合,使诸多元素之间的关系处理得协调有序,达到造型风格的统一表达,视觉传达和谐自然,意象创意的图形与意境具有一定的节奏感和韵律感。

图5-26　意象审美创意/任新光/
　　　　　指导教师:伊延波

图5-27　意象审美创意/曲美亭/
　　　　　指导教师:伊延波

5.4.2　创意经济与相关文化产业

我国目前对文化产业的分类,仍是按照传统的计划经济的事业规划分法统计的。在研究文化产业的同时,尤其是研究创意经济,应该突破这个框架,按照产业属性进行分类。依照目前的事业制划分,结合创意经济所研究的产业,有必要对这些分类的区别加以说明,从中可以领悟出文化事业与文化产业的差异。

(1) 出版业。目前将出版业划归为新闻出版事业,新闻主要是在报纸的特定版面及广播电台、电视台的特定频道和栏目上发布,其他报道新闻的媒体还有杂志和网站,网站的影响越来越大。

(2) 报业。中国报业改革创建了一批报业集团,目的是走出国门与世界接轨。

(3) 音响业。它包括录音制品、录像制品、电子出版物三大行业。

(4) 广播业。在国外,传媒业,广播与电视往往都是共同经营。

(5) 电视业。在我国,传媒业最有影响力、市场规模最大的媒介是电视媒体。

(6) 电影业是人类文化生产的一个转折,是文化产业以"复制"手段进行产业化的标志。

(7) 文艺演出业。在我国文艺院团是个"大家族",不仅数量多,而且拥有庞大的分支,交响乐团、歌舞团、京剧团、滑稽剧团、马戏团、民族乐团等都属于文艺院团"家族"的成员。

(8) 计算机制造业。在西方发达国家，计算机制造业发展较早，当文化产业形成时，计算机制造业已具相当规模。

(9) 软件业。我国软件产业是改革开放后出现的新兴产业，规模不断扩大与不断增长。

(10) 广告业。广告的外延十分宽阔，文化产业的广告业主要指电视、广播、报纸、杂志、户外和网络等的广告。

(11) 旅游业。随着国民经济的快速发展、人均收入的进一步提高，旅游业的规模不断扩大，入境、国内、出境三大市场呈现了繁荣的景象。

(12) 互联网。互联网业是一个典型的新兴产业，我国互联网正处于一个新的高速增长时期。

(13) 公共文化服务业。现已初步形成了比较完善的公共文化服务体系，主要包括文化艺术经纪代理、音像制品批发零售、录像放映、音像制品出租、画店画廊、艺术品公司、艺术品拍卖公司、图书批发等丰富人们生活的机构。

(14) 文物博物业。

(15) 体育娱乐业。

(16) 动漫产业。无论是现在还是未来，动漫产业都是最具魅力和发展前景的文化产业。动漫产业虽然起步较晚，但发展很快，目前正在向市场化运作阶段发展。从美、日、韩等动漫产业发达国家情况分析，动漫产业外延较宽，它与影视、音像、出版、玩具、服饰、文化用品制造等多种行业的发展紧密相关。

因此，介绍以上16种行业，目的是让学生与设计师了解与知晓自己未来的工作发展方向与创意思维的提升空间及人生的努力奋斗目标，创意有价的同时更有形。学习意象思维的方法，将意象造型和独特的审美观演绎出来，使意象思维转化成可视的有形的信息传播，更要将意象造型的图式应用在创意的各种文化领域中发挥的经济效益。

5.4.3 创意引领人们全方位的改变

在全球化趋势不断加强，国际间竞争日趋激烈的今天，创意产业已经不仅仅是一个发展的理念，而是有着巨大经济效益和社会效益的直接现实。创意经济引发的热浪正以前所未有的传播速度影响着中国各地的经济发展方式，改变着传统的经营模式，也更新着人们的观念和思维模式。创意产业脱胎于文化产业，又超越文化产业，是经济发展模式的一种创新，它强调用全新思维逻辑方式融入现有的产业，实现价值的创新，从而促进对经济运行系统的创新、对产业结构优化和对区域综合竞争力的提升，实现经济发展方式的转变。创意产业正日益成为驱动社会经济全面发展的新引擎，这对正处于面临国际、国内双重挑战的中国经济来讲，具有重要的战略意义。

创意改变中国表现为创意产业的发展，促进了以下6个方面全方位的转变：一是树立一种新产业发展观，是思想观念的根本转变；二是创意产业发展了每个人的创造力和潜能，培育创意阶层；三是创意提高了产品的附加值，为创意企业找到了基于产业价值链的赢利模式；四是从产业角度分析，创意产业通过4种模式促进经济发展方式的转变；五是改变城市面貌，提升城市品牌形象，促进产业升级；六是创造就业机会，培育创意社团，促进社会和谐，实现经济与社会的全面发展。

图5-28、图5-29所示的作品中表达的人物、动物、环境形态的线造型，都具有特别的象征意义；同时，一些相关联的形象与形态之间的线条，构成了重复的节奏与变化，借助动势的变化重复是强调形象与韵律的重要手段，使创意散发出飘动的审美感，在形态与图形的意象表达中，体现了作者对人生的感悟与思考。

图5-28　失去青春的对话/伊延波

图5-29　意象审美创意/孙珊珊/
指导教师：伊延波

5.4.4　创意带来观念的改变

创意带来观念的改变。而创意改变中国表现在创意产业是对传统产业发展逻辑性的颠覆，它树立了一种新的产业发展观，是思想观念的根本转变。

(1) 创意是"无边界产业"，是一种新概念的诞生及创意产业的根本观念，是通过"越界"促成不同行业、不同领域的重组与合作，是一个全新的产业发展概念。在产业价值链体系中，创意产业是处于上游的高端产业，可以与第一产业、第二产业和第三产业相互融合。这一新概念的诞生，其意义不在于对所涉及的产业内容进行重新分类与整合，而在于强调在新的全球经济、技术与文化背景下，创意产业作为独立的产业概念及其对整体经济增长和产业结构演变的影响；在于强调在新的发展格局下，对经济增长新核心要素的把握，以及对新的产业结构通道的建构；更在于强调在创意经济时代对思维方式的转换，对经济发展模式的创新。

(2) 创新和创意是推动经济发展的引擎。创意分为两种：文化创意和科技创意(通常称为科技创新)。在经济社会已进入到知识经济发展阶段的今天，知识产业成为了经济的主产业，知识创新力成为经济发展的主动力，而文化创意和科技创新作为知识经济的核心，是提升产业附加值和竞争力的两大引擎，是经济增长的"车之双轮，鸟之双翼"。科技创新在于改变产品与服务的功能结构，为消费者提供新的、更高的使用价值，改变生产工艺以降低消耗和提高效率；而文化创意为产品和服务注入新的文化要素，例如：观念、感情和品味等因素，为消费者提供与众不同的新体验，从而提高产品与服务的观念价值。从以人为本的角度分析,科技创新是通过效率的提高,使人拥有更多的自我时间;而文化创意则是通过内容的创造,使人在有限的自我时间中,拥有更精彩的体验。

(3) 创意是开启蓝海战略的钥匙。长期以来,竞争和竞争优势一直是企业战略管理所关注的核心问题,如何向消费者提供新的价值元素?当前蓬勃兴起的创意产业,成为开启蓝海战略的一把钥匙。创意产业为消费者创造出了不同于以往"使用价值"的新概念与"观念价值"的改变;同时它还具有很强的渗透力和广泛的融合性,它既能与各行各业相互融合、渗透,又能与技术、文化、制造和服务融为一体;既有利于产业延伸,又大大地拓展了城市产业的发展空间。

图5-30、图5-31所示的作品中连贯的线条对比,构成了视觉感知的意象美感。在创意设计中更是真正的气韵与韵律的体现,使观者驻足流连的一股神奇的魔力。使观者从中感受到细弱的线造型,体现到柔弱的审美与空间意境,主次与层次明确的表达。

图5-30 细弱/伊延波

图5-31 意象审美创意/杨丽萍/指导教师:伊延波

5.4.5 创意将智慧转化为创意产业

创意将智慧转化为创意产业,它改变着每个人。有专家认为,创意产业创造了多少财富,增加了多少就业机会,是必要的基础和前提,但这不是全部的内容和最根本的目标,对整个社会的改造和更新才是创意产业的最高境界。创意产业是在发展经济的同时发展社会,发展每一个人的创造力和潜能。创意产业的本质是以智力资源为依托的知识经济,是文化在精神产品与物质产品领域的创造力,它使人的积极性、主动性、创造性得到充分发挥,实现人的全面发展。当今世界,真正的财富是思想、知识、技能、管理才能和创造力,它来自人们的头脑。也就是说,创意时代最大的特色是创意,创意离不开高水平的创意人才,创意人才是创意时代的智力源泉和发展动力。创意经济在全球的蓬勃发展,为转型中的中国创造了历史性的机遇,那就是每个人都有机会通过发展个人的创造力、智慧和潜能,来创造新时代的财富神话。命运,因创意而改变,创意思维因知识经济时代的到来而得以发展和具有经济价值!

5.4.6 价值链取代产业链

价值链取代产业链,改写了创意企业赢利模式的密码。创意改变中国,还表现在基于创意产业价值链系统的价值逻辑,可以帮助创意企业找到适合自己的赢利模式,实现创意价值的最大化。创意产业的发展模式突破了基于传统产业链的模式,着重于构建产业价值链系统。通过创意产业的价值创造、价值捕捉、价值挖掘到价值实现,实现创意产业的价值最大化发展。创意企业通过价值链分配来组织生产流程,在创意、技术、产品、市场有机结合的基础上,构建起完善的产业系统,形成为所有产业提供创意服务的产业群,包括核心产业、支持产业、配套产业、衍生产业为一体的产业系统,从而带动一批产业的兴起,构筑创意产业实现的价值体系。其中观念价值的"一意多用"是创意产业价值倍增、财富迅速积累的主要方式,是企业在创意经济时代获得成功的密码之一。创意产业又是促进中国经济发展方式转变的重要因素,在产业层面上表现为创意产业能有效地促进经济发展方式的转变。创意产业具有高渗透性、高增值性及高融合性的特征。通过资源转化模式、价值提升模式、结构优化模式和市场扩张模式,可以促进中国经济发展方式的转变,提升创意价值。

5.4.7 创意产业引导生活方式

创意产业引导生活方式的改变,体现在促进中国经济发展方式转变的精神动力,这是创意改变中国的不争事实,在产业层面上表现为创意产业能有效地促进经济发展方式的转变。创意产业引领生活方式,又是创意产业的一大亮点。引导消费时尚和潮流趋势,引领新的生活方式,提升人们对生活品质的追求,从而推动社会的进步和发展。创意产业引领生活方式是指人们为生存、发展和享受所进行的一切活动,包括工作、学习、营养、运动、休息和生活环境等。它既包括人们的衣、食、住、行、劳动工作、休息娱乐、社会交往、待人接物等物质生活,又包括精神生活层面的价值观、道德观、审美观的提升,创意的表达图式应用在衣、食、住、行的生活领域中,需求与创意是引导生活的最佳互动元素。

在当代社会发展中,大众流行文化遵循时尚化、浪潮化的运行方式,使得文化产品的新颖性、短时性和强烈性的视听特征空前地显现出来。例如:广告、建筑、文物、设计创意、服装与装饰、电影、互动休闲软件、音乐、表演艺术、出版、软件、电视广播、游戏与网络游戏、动漫、短信、手机增值业务、网络视频等,无不强烈地依托于新的创意、新的设计。创意产业创造出丰富多彩和愉悦精神的体验产品,融娱乐文化、休闲文化、时尚文化为一体,通过互动体验和快乐消费,为消费者倡导一种"生活艺术化、艺术生活化"的时尚潮流,引领人们向新的生活方式转变。伦敦大学传媒专家认为,创意产业可以界定人们在生活方式的选择,它可以给人们展示出自己形象的机会,也可以启迪人们的表达意象思维的灵感,同时也能使人们表达出自己的身份和特色。创意产业集群是创意产业的物理载体,其独特的产业集聚形态和空间结构布局滋生了新的生活方式,形成新意象思维的视觉语言表达方式,创造出新的视觉信息的互动关系,从而产生新型的心理与心灵的沟通与传达图式。

图5-32、图5-33所示的作品中,作者运用了高度概括与归纳的造型手法以及丰富的意象思维元素,将人与物、元素与环境、想象与传统元素的特征融合并凸显在设计创意的

表达中，应用中心式的构图方式，展示出自然元素与人为重构的视觉美感，以及细节之处的趣味感与和谐感，形成一种意度空间的无限遐想。

图5-32 意象审美创意/孙珊珊/
指导教师：伊延波

图5-33 意象审美创意/徐文廷/
指导教师：伊延波

5.4.8 创意产业提升生活品质

创意产业是提升人民生活品质的重要依托。按照罗斯托的经济发展阶段理论，区域经济发展的最高阶段就是以追求生活质量为最终目的。创意产业不仅可以增加财富、创造就业，而且是一种生活与创业高度融合的产业，是一种生活与创业完美结合的创业模式。创意产业可以从经济、文化、环境和社会等几个方面提高人们的生活品质：

(1) 创意产业中的某些门类，特别是工业设计业，能极大地提升制造业的层次和水平，这些对于提高人民群众经济生活品质具有重要的现实意义。

(2) 创意产业创造生产的产品，绝大多数是文化产品，有利于满足人民群众多样化、高层次的精神文化需求，有利于提高人民群众的文化生活品质。

(3) 创意产业几乎不消耗任何不可再生的物质资源，而且其中的某些门类，特别是建筑设计业、园林设计业等，和提高城市形象与文化层次息息相关，更有利于提高人民群众生存环境的品质完善。

(4) 文化创意产业中的休闲旅游、视觉文化、创意经济与文化会展等行业，都是提高人民群众社会生活品质的密切相关因素。

由此可见，创意产业既提升了居民的生活品质，又重构了新的生活态度与审美愿望的实现，是一种"以人为本"的社会经济发展模式。创意产业与发展理念已经发生了新的转变，强调幸福和快乐已成为经济发展追求的新目标。

5.5 创意人才的成长路径

本节引言

创意人才的成长路径是本节重点讲述的教学内容。在掌握了意象思维、创意表达、审美能力的体现，具有了创造新形态与图形的能力之后，自觉意识的增强是必不可少的又一成长要素。从创意人的心理品质到创意生成的5个阶段，勤奋与执着是创意人成长的关键。因此，内在的自觉动力与外界环境因素的融合，都是创意人才成长过程中的诸多要素和外力。本节旨在使学生掌握自觉调节内心力量的方法与善于借助客观条件去发展自己的思维结构和知识体系，构建社会需求的创意思维，将多种无形的思维转变为有形的、可视的、有价值的创意表达。

5.5.1 创意人才的五项心理品质

诸多案例表明，"智力与成才具有重要的相关性"，而"性格品质与成才也具有密切的关联性"，这让我们领悟出，决定一个人成才与否的内在因素，就是个人的个性结构与心理健康程度。特尔曼所说"性格品质"，事实上包含了一个人的个性倾向性与个人气质。这样的个性倾向性与性格、气质、能力三方面构成了人的个性心理结构。特尔曼的贡献在于，证明了性格品质是决定成才的关键因素，而能力是重要因素之一。人们常常把能力以外的个性倾向性、性格与气质称为人格。当一个人有了正确的自我意识，解决了成才价值意义的认识，明确了成才活动的方向，确立了成才的目标，在这个基础上，再加上"责任感、恒心毅力、追求高目标和自控力"这4项心理品质，就可以逐步表现出创意人才的行为、勤奋、执着的个性心理特征的外在表象。因此，在中等智力的基础上，对于成才活动具有决定性作用的5项人格因素，是促进创意人才成长的心理素质：一是自我意识；二是追求高目标；三是责任感；四是恒心和毅力；五是自控力。这五项成才要素，构成了学生成才的监控系统。

五项成才心理品质之间的关系，既是独立因素，又是互相促进的动态因素，在作用与创意人才思维过程中，促进与转换是成才心理品质提升的途径。其中，正确的自我意识是核心内容，高目标是思维的导向，而责任感则是行为的动力，恒心与毅力及自控力就是达成创意人才目标的保证，它们共同构成了学生的成才监控系统。包括大学生、高中生、管理干部、企业经理在内3000余人进行了测试、追踪和对比研究后获得数据，再对研究结果进行检验，并将检验情况及时反馈到教学实践和心理咨询中，经受进一步的验证表明，上述的研究结论是正确的。

5.5.2 勤奋与执着造就创意人才

一个人为实现自己的成才目标所进行的一系列行为，称为成才行为。由前面的分析可知，勤奋与执着是最典型的成才行为。勤奋即是不懈地努力，超凡勤奋的人都有两个最显著的行为特征：一是长期坚持干某件事，自觉地干而不需他人督促。二是执着即专注于某一事物，凡执着者必有较高的目标追求，并能为实现目标而排除各种干扰、困难，包括排除来自内心的一些阻碍，例如：懒惰、松懈、分心等。但是，与勤奋、执着相反的行为是懒惰和动摇。懒惰和动摇是典型的阻碍成才的行为。图5-34所示的作品中，作者自如地运用设计元素与造型格调，在体现节奏与层次感的同时，追求优美意境是作者的表达主题，保证了创意中的黑、白、灰的层次关系，使设计创意清晰明朗，给人以视觉的认知感与心理愉悦感，也体现了作者的勤奋态度。

图5-34　意象审美创意/杨丽萍/指导教师：伊延波

懒惰的人一般都不自觉、不能坚持、不能吃苦。懒惰者表现为不爱学习和不爱劳动，缺乏恒心与毅力，总想少付出、多收获，甚至不劳而获，遇到困难则找种种借口逃之夭夭。动摇的人，首先是没有远大而稳定的追求目标或目标太多，以至于朝秦暮楚，行动没有一致性；其次是不能把自己的力量长期集中在一个目标上，不能排除来自外部或内心的种种诱惑和干扰，经常改变努力的方向。懒惰行为的根源在于缺乏责任感，恒心毅力极差，既缺乏行为的动力，又缺乏行为的持续性。动摇行为的根源在于自控力太弱，经常半途而废。

勤奋与执着是个人的行为过程，它有两个明显的特征：一是需要动力推动，二是需要长时间保持。勤奋与执着的行为不能自然产生，只能由一个人的自我意识来支配和监控，只有正确的自我意识才能为成才行为提供心理动力。

1. 自我意识是创意人才的内在动力

自我意识对人的成才活动具有重大的意义。从心理学、教育学与认知科学的角度分析，自我意识对促进人的个性发展、思想品德认知、智力与能力发挥等具有重要作用，对人的成才活动具有重大意义。自我意识的内涵包括对自我意识的理解。国内外学者的观点不尽相同，倾向性的见解是"自我意识指一个人对自己的意识"，它是一种多维度、多层次的心理系统。从结构形式分析，自我意识表现为具有认知、情绪和意志的形式，自我意识的上述三种表现形式，相互联系起来就形成了人的个性的中心内容。例如：自我。从内容层面分析，自我意识又可分为生理自我、社会自我和心理自我。从自我观念层次分析，自我意识又可分为现实自我、投射自我、理想自我。个人的自我意识是非常复杂的结构系统，可以从各个不同维度或层面，对自我进行分析与探讨。自我意识这个心理活动系统，表现为一个人对自己的思想认识、情感行为、个性特征及人际关系等各方面的认知、感受、评价和调控，是个体以观念的形式反映现实及自我本体的意识形态。自我意识可以简称为自我，在个性心理学中占据重要的地位。自我是个体对自己与周围世界关系的认识，是人的意识发展的高级阶段。自我不是个别的心理机能，而是完整的多维度和多层次的心理体系。

图5-35、图5-36所示的作品都很好地运用了点、线、面三要素之间的对比关系，体现出三要素各自不同的视觉特点，使观者在视觉上产生截然不同的审美意境的效果，感受到动态与韵律的差异表达，完整的意象造型表达，是自我意识的约束与完善，形成理性与传达的和谐统一。

图5-35　意象审美创意/孙珊珊/
指导教师：伊延波

图5-36　意象审美创意/王倩倩/
指导教师：伊延波

一个人根据自我意识来控制、调节自己的行为。使自己与周围环境保持动态平衡的能力，就是自我意识的能力，它主要由自我认识、自我体验和自我调节三个方面组成。自我认识是自我意识的认知部分，包括自我感觉、自我观察、自我分析、自我评价。自我认识中自我评价处于核心地位。自我评价是在自我感觉、自我观察和自我分析的基础上，按一定的标准对行为、身体、心理活动、个性品质以及自身与周围世界关系等方面进行的评估。自我评价集中代表了自我意识的发展水平，是自我体验和自我调节的前提，也是自我意识的核心。自我体验是自我意识的情感部分，是在自我评价的基础上产生的，它包括自尊心、自信心、自豪感、自爱、自怜、自卑感、自惭、责任感、义务感、优越感等的自我评价。

　　自我体验以体验形式表现出人对自己的态度，并在与他人的比较中评价自己。一个人最主要的体验是自尊心，它是在自我价值评价的基础上产生的。自我价值评价越积极，对自我意识肯定也就越明显，自尊心也就越强烈；反之，则自尊心不足，其极端情形就是自卑，表现为对自我价值的轻视或否定。个体的另一个重要体验是责任感，它是在行为目标追求中产生的。以上是应用心理学和认知科学的知识，对"自我意识"进行了简要的分析，通过分析观察到一个人的自我意识在个性结构系统中占据着非常重要的地位，因此在成才监控系统中自我意识是主控与核心因素，它对创意人的成才活动具有重要的意义。如图5-37所示，作者对点、线、面造型的基本元素进行了巧妙的运用与合理编排，并按照形式美的法则将设计语言把握的整体与和谐，达到意象思维的传递与创意主题的表达，实现审美的价值，同时也是自我认识、自我体验和自我调节的良好体现，是自约束与分析的意象造型表达。而自我调节则是自我意识的意志部分，是个体在自我体验形响下，对自己的行为、心理活动、个性品质及与他人关系的调节，自我调节集中体现了自我意识在改造主观世界方面的能动作用，它的主要形式是自我控制和自我教育。自我控制是最基本的自我调节形式，它着眼"克制"，约束自我，以符合自己的某种目标和要求，其中意志力量主要体现于自制力。自我教育是最高级的自我调节形式，它着眼于"发展"，完善自我，以实现自我对社会的最大价值，其意志力量主要体现于自励作用。自我控制是创意人才的内在动力。

图5-37　意象造型/余卉/指导教师：伊延波

2．与创意心理关键词链接的信息

　　创意心理关键词链接与信息的关系具体如下：

　　(1) 概念的接近。创造性天赋的下一个组成部分，就是联想的灵活性和联想概念的远距性，以及它们之间"意义上的差距"。

　　(2) 思维的灵活性。迅速并灵巧地从一类现象转换到另一类内容相距甚远的跳跃思维现象，这种跳跃的思维能力称为思维的灵活性。

　　(3) 联结和反联结的能力。把知觉的刺激物结合起来以及把新知识和旧知识迅速联结起来的能力,这是人们所固有的思维能力。没有这点,所接受的信息就不会转化为新的知识,也不能变成智力的一部分。古代认识和描述星云时,明显地表现出了联结的趋向,不同的人在不同程度上具有以下的能力:用过去积累的知识对抗知觉"染色"的能力;从"初步知识"的束缚之下摆脱出来的能力;把被观察到的东西从理解与混杂中区别出来的能力。

(4) 产生思想的敏捷性。创造性天赋还有一个组成部分是产生思想的敏捷性,人的想法不一定每个都是正确的。但是一个人提出的想法越多,产生好的想法的几率就越大,而且好的想法并不是一下子就在头脑里形成。

(5) 思维,或者称为思想,这不是两个或几个概念简单地联想组合。概念的组合应该在内容上是正确的,应该反映出概念所代表的现象之间的客观联系。这种一致性,也就是评价思想的主要标准之一。另一个标准是思想的广度,大量不同类型的事实说明了最富有成果的是思想,还包括新的、还没有被发现的现象。思想被证明是有重大价值的部分,也就是成为理论。为了产生思想,在大脑里至少必须储存有两种模型的兴奋,它们的比较也是思想的实际内容。思维或思想不是神经元的模型,而是运动,是一连串活化作用及模型的比较。神经元模型是物质的存在,而思维也与运动一样不能称为物质。大脑使任何思维具有某种具体的符号外壳,而且不同于前人的是都具有运用空间的视觉符号、文字、声音图像、字母和数字表示的种种不同能力,要想使视觉符号的意象思维与创意表达能力提升,就要在提高途径与思维持续开发上进行长期的学习与研究,在理论与实践层面上不断地探索。

5.5.3 营造创意的气氛

环境影响在人生初期的思维方式,主要是成长环境与家庭教育影响人的思维能力与行为能力的发展。社会的教育体系,其中综合性的理解与学习能力起着关键性的分解与重构作用。古希腊哲学家德谟克里特说:"需要努力追求的不是完备的知识,而是充分的理解力。"德国物理学家麦克斯·冯·劳厄则更加断然地表示:"所获得的知识,不如思维能力的发展那样重要。"社会中创造性气氛的造成,不仅要借助于求知欲的培养,更需要别出心裁地解决问题的兴趣与新奇的思考能力。

在讲到创造能力时,需要回忆瑞士教育家裴斯泰洛齐的《格尔塔罗达怎样教育自己的孩子》。在书中他提出了教育的基本原则,特别是裴斯泰洛齐从中得出结论说:思维的发展同"视觉的阐明"相联系,因此语言应当与视觉映像相联系。他同时认为,教育的主要目的不仅是知识的积累,而是要尽量发展孩子的智力和心理能力。写作摘记或论文也有助于解决问题,推动思维的重要因素是习惯的工作环境和有效验的用具:提出问题,推迟解决,记录下来。这些方式中的许多东西并不是新的,重要的是要强调每个人都可以弄清楚哪些方式对自己来说更为合适。但毫无疑问,创造性活动并不排除劳动组织的高度文化程度和内部纪律,而是把它们作为先决条件的营造,因此意象思维与创意思维的开发也要依据环境生成。

1. 阻碍创意的元素

阻碍创意的元素,一是要刺激创造性活动的情感;二是阻碍创造力的情感。创造的最危险的一个敌人就是畏惧,害怕失败束缚着想象力和主动精神。创造性思维的第二个敌人是懒惰。需要有迫使你着手工作的最初的推动力，这种推动力可以来自规定的作息时间表、制定的程序、法律的责任，甚至来自直接命令的形式之中。只有想创造性地思想的人，才能创造性地思想。但这不意味着，只有愿望才有价值，只要一想就能立刻想出创造性思想来。创造需要的不是一时的愿望，而是经常性的专注于劳动以及不断探索的远大的志向和爱好。

首先，这个人应当是和谐的元素，具有开阔的情感，有着一种在视觉艺术上所表现出来的特殊审美能力，并能支配着自己的时间；平时就在设计艺术学授课。此时，感受到如此强烈愉快，相信在自己的艺术感觉里，既没有装模作样，也没有直接模仿，因为，对视觉艺术的喜爱以及美学的爱好与思考，随着年龄的增长而有增无减，并一直为极其高尚的审美爱好积极地努力着。例如：在科学工作的达尔文一生中，主要的快乐是"我确实是无意识地渐渐发现，思维活动所给予的欢乐，比任何一种技术本领和体育运动带来的欢乐要高尚得多"。图5-38、图5-39所示的作品中体现了形象的透叠构成，即使创意中的形象数量较少，也能为创意思维的独特性构成新颖的视觉意境，将视觉效果塑造得更加丰富多彩和耐人寻味。让观者理解设计创意是为深刻而理性、为生动而感性、为整体而和谐、为审美意境的传达而形象表达，寻求共鸣的视觉形象的认同。

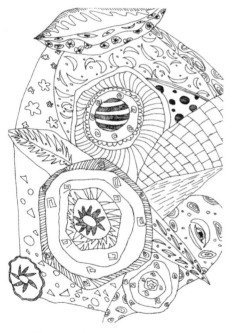

图5-38　意象审美创意/曲美亭/
指导教师：伊延波

图5-39　意象审美创意/孙薇/
指导教师：伊延波

2. 创意人才最佳的20种选择

创意人才在选择职业设计师时，应注意以下20条的提示：①必须拥有一个概念；②需要沟通，不需要装饰；③用一种视觉语言来表达意象思维；④最大限度地运用两种或3种以上的字体；⑤分清主次与先后，再出击；⑥按需选择色彩；⑦如果能够做到"少即是多"，就去做；⑧负空间具有神奇的力量；⑨把字体当做图像进行设计与创意表达；⑩让字体效果更具有亲和力；⑪视觉传达设计让人人都能看明白；⑫动静有致；形成密度节奏与开放空间；⑬安排明暗关系；⑭要果断；⑮用眼睛测量；⑯制作自己所需的物件，不要选用现成的物件；⑰对流行置之不理，严肃对待创意设计；⑱行动起来；⑲回顾历史，不要重蹈覆辙；⑳对称是最大的视觉误导，它制造了死静感。

5.5.4　培养非逻辑思维和创意能力

对创造过程的研究，揭示出非逻辑形式的思维、直觉、灵感、想象等，在创造的关键性阶段起着主要的作用。于是，人们越来越重视对这些感性思维的研究。当代西方享有盛名的科学哲学家鲍波尔指出："人怎么产生一个新思想。无论是一个音乐题材、一个戏剧冲突，还是一个科学理论。这些问题，都可能对经验心理学具有重大的意义。但是它同科学知识的逻辑分析毫不相干。"鲍波尔的观点被认为是对以爱因斯坦为代表的现代科学方法论思想的哲学总结。爱因斯坦根据自己亲身科学创造实践，得出结论："我相信直觉和灵感。"他一再强调，在科学创造的过程中，从经验材料到提出新思想之间，没有"逻辑的桥梁"，必须诉诸灵感和直觉。

人类对逻辑思维的研究，已经有很长的历史。但是，最近几十年来，随着对创造这个神秘领域的探索日益深入，人们对各种非逻辑思维的认识也日益增进了。这种探索主要是通过对科学家和艺术家创造实践的研究，去总结这些思维的形式和规律。当然，这种研究还处在草创阶段，离建立形式逻辑那样的严谨理论体系，还很遥远。

图5-40、图5-41表达应用若干个小元素重构，形成非常连贯的纹饰动态，融入直觉、灵感和想象等元素，为创意表达增加了动与静的视觉气氛，有种一气呵成的连续感，既突出了主题，又彰显了意象造型的个性。

图5-40　意象审美创意/张丹/
　　　　指导教师：伊延波

图5-41　意象审美创意/伊延波

1. 直觉和创造

爱因斯坦关于科学创造原理的思想，可以概括地表述成这样一个模式：经验→直觉→概念或假设→逻辑推理→理论。从创造层面来解读，关键是直觉，就是科学家在科学观察和实验所取得的经验材料基础上，通过直觉来提出代表创造成果的概念和假设，经过实践检验确立以后，就成为建立科学理论的出发点，这几乎是说，创造行动就是直觉。在科学创造活动中有这么重大作用的直觉，并不是神秘莫测的东西。高度的直觉能力来源于个人的学识和经验，归根结底，也就是以实践为基础。例如：爱因斯坦在进大学前和进大学后，对物理学的兴趣一直比数学大，学到的物理知识大大超过了数学知识。因此，当他需要在数学中"把真正带有根本性的、最重要的东西，同其余那些多少是可有可无的广博知识可靠地区分开来"，直觉这么重要，那么它究竟是什么呢？根据创造心理研究现有的水平，今天还没法给它下一个明确的定义。然而，德国数学家施特克洛夫的一番话，有助于理解直觉的意义：创造"过程是无意识地进行的，形式逻辑在这里一点也不参与，真理不是通过有目的的推理，而是凭着直觉的感觉得到的直觉，用现成的判断，不带任何论证的形式进入意识"。这就是说，直觉是一种无意识的思维，不能像逻辑思维那样有意识地按照推理规则进行思考。因此，直觉是思维的感觉，人们通过感官的感觉，只能认识事物的现象，可是用直觉就能够认识事物的本质和规律性，所以直觉也可以说是思维的洞察力。

2. 灵感和创造

灵感是科学家和艺术家在创造过程达到高潮阶段出现的一种最富有创造性的心理状态。在这种状态中，科学家会突然作发现，文学家会突然构思出绝妙的情节、动人的诗句等。灵感是长期辛勤劳动的结晶。苏联艺术大师列宾说：灵感是对艰苦劳动的奖赏。作曲家柴可夫斯基更是形象地说："灵感是这样一位客人，他不爱拜访懒惰者。"灵感之所以叫人感到好像玄妙得很，一个重要原因就是与有意识的逻辑思维不同，它是不知不觉地钻进头脑里来的思绪，真可以说是"润物细无声"。然而，这并不意味着创造者不知道自己在做什么，不知道他的目标。问题是灵感产生的过程，自己没有意识到，因为注意力完全集中在所思考的问题上，灵感是创造者长期辛勤劳动的成果。那么，在日积月累长年辛劳的基础上，到达灵感产生阶段，可以找出规律性与探索途径，或许能给提供方法与思考启示。灵感的最大特征在于：它是创造者调动自己全部智力，使精神处在极度紧张状态，甚至如醉如痴的疯狂状态的产物。产生灵感往往需要一定的客观条件，这一般表现为文艺家和科学家长期形成的习惯，因人而异。

3. 想象和创造

法国思想家狄德罗说："精神的浩瀚、想象的活跃、心灵的勤奋，就是天才。"其实，一切创造性活动都离不开想象，正像法国大作家雨果所说："莎士比亚的剧作首先是一种想象，然而那正是我们已经指出的并且为思想家所共知的一种真实，想象就是深度。没有一种心理机能比想象更能自我深化，更能深入对象，它是伟大的潜水者。科学到了最后阶段，就遇上了想象。在画锥曲线中、在对数中、在概率计算中、在微积分计算中、在声波的计算中、在运用于几何学的代数中，想象都是计算的系数。于是，数学也成了诗。对于思想呆板的科学家，我是不大相信的。"想象是对记忆中的表象元素进行加工改造以后得到的一种形象思维，因此正像前面说的那样，它可以说是一种创造性的形象思维。想象可以分为再造性想象和创造性想象两种，这种区分最早是16世纪英国哲学家培根提出的，再造性想象的形象，是曾经存在过的或者现在还存在着的形象因素，但是想象则是在实践中没有遇到过的形象因素。培根尤其强调"历史就是这样"。在学习历史的时候，不运用想象就不能深化和充实关于历史的知识，阅读文学作品如此，学习地理和数学也是如此。而创造性想象的形象，却是当时还不存在的形象。它是从事创造性活动的一个重要的思维工具，创造性想象的特点则是一种创造性的综合，是把经过改造的各个成分纳入新的联系，而建立起新的完整形象。英国诗人雪莱说："想象是创造力，也就是一种综合的原理，它的对象是宇宙万物和存在本身所共有的形象。"文学作品中人物形象都是这样塑造出来的，因此在设计艺术教育与教学的过程中，培养创意思维与想象能力就显得尤为重要，这是新时期的审美需求与社会责任。创意性想象是培养创意人才的重要教学内容。

单元训练和作业

1. 作业欣赏

    案例：①重构与表达；②分解与重组创意表达。

2. 课题内容

    自选民族素材，运用提取、归纳、概括的方法，对形态与图形进行主动性的艺术表达，运用艺术中的对比、单体造型视觉化、整组造型和谐统一。要求：造型观念有所突破，运用分解与重构的方法，表达新的创意主题和审美的意境。

3. 课题时间：8学时

    教学方式：在A4纸上进行创意设计。作业完成后，师生共同讨论、点评作业的意象思维方向、视觉语言的运用、审美观念的融合，强调创意表达的新颖性和传达性。使学生掌握形态或图形的个性表达。要求：学生运用语言来描述和陈述理论和应用的想法。在讨论和点评中使学生学会自觉地梳理创意思绪，从而达到视觉、触觉、思维三位一体的协调表达与整体思考。

    要点提示：创意源于生活、创意流派、创意的方法分析、非系统法、创意思维与训练、灵感生成的一刹那、想象力比知识更重要、暗示的力量、意识成功的3个步骤，它们都是创意思维形成的理论基础。运用理论指导创意思维的构建与发展，使创意思维更好地与意象思维融合，创造出新的形态和图形的表征，实现视觉传达的应用价值和意义。

    教学要求：掌握创意思维的方法和原理，掌握创意人的思维与心理，了解创意经济带来诸多的改变。勤奋努力地学习，在改变自己的同时，还让自己适应新的社会变化要求。学生要主动学会调节自身的知识结构和知识体系，做到自觉调整自己的心理与素质。这是社会发展的要求，更是学生在未来社会生存技能的自身需求。

    训练目的：主要使学生在理论层面明确自身生存的方向，看清社会发展需求，也明确自己未来的努力目标，节省时间，直接把握创意经济的主题，领悟创意改变他人更是改变自己的命题，促进学生更快地适应社会并能进入良性的生活、学习、工作的状态中。

4．其他作业

要求：阅读一本与创意相关的书，写出自己的理解和认识，限2000~3000字。结合自身的专业特点，写出自己的优势和不足，还应完善和补充哪些相关的专业知识。

5．本章思考题

(1) 创意思维的培养。

(2) 持续一生的审美潜意识的功能。

(2) 想象能力的重要性。

6．相关知识链接

(1) 陈放，武力．创意学[M]．北京：金城出版社，2007.

(2) 郭辉勤．创意经济学[M]．重庆：重庆出版社，2007.

(3) 厉无畏．创意改变中国[M]．北京：新华出版社，2009.

(4) 灵感．每天学点创意学[M]．北京：新世界出版社，2011.

(5) 周昌忠．创造心理学[M]．北京：中国青年出版社，1983.

(6) [美]詹姆斯·韦伯·扬．创意——并非广告人独享的文字饕餮[M]．李旭大，译．北京：中国海关出版社，2006.

(7) [苏]A.H.鲁克．创造心理学概述[M]．周义澄，毛疆，金瑜，译．哈尔滨：黑龙江人民出版社，1985.

第6章 意象造型表达

课前训练

训练内容：收集资料，运用已掌握的理论，分析并理解3组不同的主题：第一组是形态与图形的意象表现；第二组是属美学范畴的审美意象表述；第三组是文学范畴的意象意境的表述。通过收集与分析，提高学生的意象思维能力，运用跨越学科的界限，统筹意象思维的特征，集美学、文学、科学、设计学为一体，在提升意象思维能力的同时，进一步完善创意思维的造型能力和表达能力，形成主动的表达意象造型的互动性，产生积极的社会效应，是本章的教学目的。

训练注意事项：运用形态与图形的范例，启发和引导学生的意象造型能力向着具有内在含义和外在象征意义的方向拓展。从中国民俗的纹样中寻找创意的灵感，汲取传统文化和民俗文化中更多的象征和语义，是学生们学习和研究的重点。尽可能地阅读56个民族的纹样含义与象征，探索和实践自己欲表达的意象造型，使自己的意象造型与创意表达更具有发至内心的表述，让心灵的符号和世界对话与交流。

训练要求和目标

训练要求：掌握和自由地运用造型艺术的要素，在拓展和转换思维的同时，不忽略实践是提升造型能力的唯一途径，思考和实践是进步的阶梯，勤写、勤画、勤思是灵感光临的重要前提。勤写使思维更加具有条理性；勤画使造型更具有流畅性与准确性；勤思使意象造型更具有传达的含义和象征性。

训练目标：通过意象造型理论的阐述，使学生明确和理解创意表达的第一步就是"勤"字当头。古今中外的艺术家、文学家、科学家均是以"勤"为前进和发展自己、开创思维才能的开始，实现自己对学科的理解与表达，意象思维与创意表达也是如此，在超越前辈的同时建立起一个既有传承又有突破的意象造型理念，以此满足创意市场与创意经济的要求，使学生作品更有价值。

本章要点

意象造型的基本元素。
造型艺术的要素。
如何使想象与表达一体化。
发挥意象造型的信息互动。
意象创意表达的形式构成。

本章引言

本章主要从5个不同的角度或层面，分别阐述意象造型、意象造型的基本元素、意象表达的思考方法、造型艺术的心理功能、意象造型的表现。使学生对意象造型有了一个总体轮廓的了解。详细地从中外意象造型的起源与发展、造型艺术的本质、表达意象、造型与信息的互动与延伸的理论中提升学生的知识内涵，在细节表达中深化创意理论层面的阐述。本章的宗旨是使学生掌握纵横对比的方法，认识到提升思维能力和造型能力及表达能力的重要性，让意象思维在创意表达的过程中，发挥更大的传达作用和社会传播影响力。

6.1 意象造型

本节引言

意象造型是意象思维和创意表达的造型元素,意象造型的优劣直接影响创意表达传播的效果,也影响着创意经济的价值及存在的意义。本节重点讲述意象造型的起源于发展、西方具象与抽象造型源流、东西方造型的趋同于融合的基本理论。主要了解意象造型的观念在于中国古典美学、国画、文学、民族和民俗文化中。运用中西对比的方法,了解和理解西方的具象与抽象造型,启发和影响意象思维的生成,从中思考出造型的共性与个性、特殊与一般的造型观念,探索出融于古今中外的意象思维与创意表达方法的途径。

6.1.1 中国意象造型的起源与发展

意象造型的教育理念,是在对中国古典美学与西方古典美学的发展历史进行系统的学习、分析、比较后,在中国古典美学背景下生成的意象造型审美观。意象造型的体系是在总结1987年以来的意象思维与创意表达的探索后,特别是在2007年以来的意象造型课开设与教学的探索中,逐步形成的体系、教学理念与教学方法,构成了新的教学方向与思考。透过具象造型与抽象造型审美观,探索出意象造型思维的起源与发展、意象造型与创意表达的规律及方法。其中进行意象造型的探索与创意方法的更新、意象造型审美理念的传达与意象思维的开发与培养,目的在于启发创意思维的思考,开发意象思维与意象造型潜在的作用与无限的创意资源。意义是继承与发扬中国古典美学的理念,同时,构成和建立意象造型的审美观,达到创意思维的多变性与多维性,增加视觉语言的表达力与视觉魅力。基本内容是中国意象造型的起源与发展、西方具象造型与抽象造型的源流、东西方造型的趋同与融合。

构成意象造型的基本元素、意象表达的思考方法、造型艺术的心理功能、意象造型的表现的教学实践环节,使意象造型的理论与实践,得到更大的创意思维发展的空间与体系的壮大。图6-1、图6-2所示的作品是按照意象思维的主从顺序构成,使放大的主体形象形成视觉表达中心,使意象思维所追求的优美形式与内容细节的表达,通过新颖的意象造型来表达创意的主题。

图6-1 瓶的联想重构/王慧/指导教师:伊延波

图6-2 放慢/伊延波

在传统文化的初始时期，先辈在自己生存的经验中，积累了对世界尚不成熟的认识。加上奇异的想象与适时的夸张，在内心构建出世界存在的理论模式。始祖在孕育发生与发展时期，天人之间的交流构成宇宙潜在神秘力最大的吸引。种种奇异的创造性想象的聚合，不仅形成了传统文化发展的永恒主题，也为传统艺术品的意象审美与意念的趋势奠定了基础，在天人合一的意识体系影响下，构想奇特的天与地、人与神的意象思维的现实模式。

意象造型又不同于具象造型与抽象造型，它是运用联想、重构、运用表象元素与独特的审美观念重新构建意象思维的形态与图形的表达。在意象造型的图式中展示出中国古典美学的审美观，是新时期的新意蕴与新象征的解读与表达。意象造型趋向主观审美意识的表达，运用感觉、联想、自由、想象、意象的思维，进行意象造型的创意与表达活动。而意象思维的形成是由自然美、社会美、科技美、技术美的心理积淀而生发出来的思维。因此，国画、书法、诗歌文中都留有意象思维的印迹，意象思维推动了创意造型表达的发展空间，意象思维使创造意识不断地攀升，由初级向高级迈进，再向深度和广度的空间拓展，所以构成了具有中国古典美学理念的特点，又具有独特的现代艺术的视觉语言表达。

意象美学观念，逐渐发展成为整体中华民族的美学意识，它渗透到所有的艺术领域里。例如：书法、国画、绘画、雕塑、文学、音乐、舞蹈等艺术中都留有意象思维的痕迹与成果。如今形成了庞大而贯通的意象艺术体系，在中国设计艺术的创意领域中也广泛地运用与传播，意象美学的观念与意识正在传承和发展。这体现了中华民族丰富的想象力与跨越性的动态思维及创造能力。也体现了物象与情意的融合、物与我的同一、情与景融合的审美思想，在意象造型的理论上与中国古典美学中意象审美观具有共同的渊源。意象思维与造型，更与传统美学思想有着千丝万缕的联系。意象审美观念主张以立"意"为"象"、随"象"写"意"、以"象"尽"意"，在审美取向的层面上则认为：中国绘画以形似追求似与不似之间的意象造型观念；特别强调思想与情感的自由表达，在把握客观形象的同时，体悟意象审美意境的基础上，表达主观对客观物象的认识与感悟，意象思维与造型传达着艺术家的情感与理念，以及以形写神、神形兼备的完整意象构想。意象造型是传达视觉信息的桥梁，它追求视觉美感的延伸，体现抽象与具象的深度分析，形成视觉信息的含义与传达，作品是作者思维与情感的再现(图6-3、图6-4)。

图6-3　畅想/伊延波

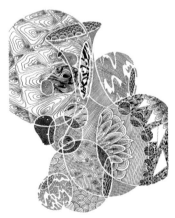
图6-4　静物的构想/宫婷/指导教师：伊延波

例如：人鱼图形，在大约距今7000年的半坡彩陶中，鱼的纹样之多，是难以计数的。但基本上可以归纳为三种类型：一是相似鱼表象特征的造型，可以称为原始的意象造型；二是从鱼的表象变化而来，但已看不出鱼表象特征的造型，这显然是抽象造型的结果。从这两种鱼纹中，可以分析与思考出祖先已经探索与领悟了从具象到抽象的全部认识过程；三是鱼纹它非具象又非抽象的图式，体现了生活在半坡地域祖先的意象思维印迹，对鱼的审美意识与意象、联想、想象能力的再现，这是迄今为止最早的意象造型图式。但是，它已形成了独特的意象审美理念与创意表达的视觉语言符号。

又如：龙飞凤舞在人面鱼纹中的体现，人与鱼的形象还是混合的形态；而青铜器中的龙凤形象，就是由不同物象融合而生成的不同物象的视觉化聚合体。在5000年前的男系氏族社会中，龙是夏族图腾，而凤是殷族图腾。在漫长的历史长河中，进入夏、商、周的青铜时代，意象的龙与凤被铸入器皿上，以展示氏族的形象与象征含义，增加了龙与凤图形的新视觉意境。但是，龙与凤的图形也成为生殖的崇拜和权势的象征。

意象造型的魅力与太极图造型有着亲缘关系，宋代欧阳修曰："古画画意不画形"，"忘形得意知者寡"。苏东坡鄙视模拟物象形似，强调"胸有成竹"是意象造型的认识过程与深刻的见解。意象造型理论是随着意象思维与造型意象的实践而获得，是在不断地研究古今中外美学与学科融合的拓展，意象思维涉及建筑、视觉传达、产品、服装与服饰、环境等设计创意领域。意象思维启发与拓宽了创意思维与创意的表达图式，同时在意象造型的过程中体现中国传统美学思想的延续。意象思维具有宽泛性和不确定性，意象理论难免有些深奥玄妙，但意象造型与创意表达都具有内在的联系。"意"超出"象"以外，而"象"又能表达意的含义与象征，意象造型表达的是客观独立个性的形态与图形。运用独特的视觉表达图式，体现出意象思维的结果，更体现了创意人的审美观念与造型能力。

6.1.2 西方具象与抽象造型源流

在西方造型史上，抽象造型与具象造型源于远古时代。随着文明的进步，渐渐地形成了两个极端的发展方向，那就是具象造型与抽象造型的两大体系。两大体系之间产生了丰富的形态与图形意象表达图式。例如：古代的抽象画，早在古希腊之前的新石器时期，毕达哥拉斯和欧几里德的先民，就在克里特的陶器纹样中，形成了一个独特的几何学时代。当时的西方祖先也还没有文字和数的观念，但基本的几何形，方、圆、三角都有明确的抽象造型展现，而且疏密聚散主次分明。人的上身一律抽象为倒置的三角形，腰与胯抽象为椭圆形并逐渐转化为扭动的下肢，而上肢只是向上放射的两条线，头是一个圆点。点、线、面的几何纹样组合，表现出人体的节奏韵律及其特有的抽象造型神态，达到了相当高的表达程度。例如：黄金比与维纳斯，就已经展现出西方人经过了抽象的几何图形，来造型的能力与表达。

意象造型的金字塔是文艺复兴时期，达·芬奇是在绘画中充分运用了黄金比的大师。抽象与具象共生共存，具象造型中隐藏着抽象的造型规律。抽象造型的巅峰时期是19世纪末，英国人莫利斯面对大规模的机械生产代替手工业生产的现实，主张用建筑来统一所有造型艺术，茶杯和地毯同油画一样作为艺术品陈列。早在印象派问世之初，就以注重感觉印象来冲击和突破注重表象完整的传统造型观，在印象派后期之后，更发展为注重主观情意抽象的各种绘画流派。到了康定斯基，当他从傍晚的阳光照在自己的画面上而产生的色彩斑驳的感觉中，发现和领悟了抽象美，并形成了晚霞抽象的表达。西方的造型美学观，是由具象到抽象的过渡后，逐渐形成了抽象造型的理论和实践体系。俄国人契斯嘉可夫的造型体系更是把具象造型推向一个极端位置上，用一套素描的方法科学地再现人体。而同是俄国人的康定斯基则把人像抽象化到极致，康定斯在长期的教学中，以抽象体系在包豪斯学院进行教学。例如：现代思维设计包括热抽象和冷抽象；热抽象与冷抽象构成是由平面构成、立体构成、色彩构成的现代思维设计体系。

图6-5、图6-6所示的作品显得非常活跃，其整体形象突出，并具有审美情趣，准确地传达了意象思维的视觉信息与形态和图形的审美意境。

图6-5　意象审美创意/伊延波

图6-6　意象审美创意/崔晓晨/指导教师：伊延波

6.1.3　东西方造型的趋同与融合

人类文明的发展，从不同的部落到不同的民族、不同的国家、不同的洲域，都各有其不同的源流与系统，同时作为共居于地球上的人类，又必然有不谋而合的趋同。东西方的心理分析，对于人的造型，不同的艺术家追求着近似的造型美。

南齐谢赫提出的"六法"，与西方3世纪提出的"六分"颇有相似之处。六法是气韵生动、骨法用笔、应物象形、随类赋彩、经营位置、传移模写的理论。而六分则是形象的知识、量与质的正确感受、对于形体的感情、典雅及美的表示、逼似真象、笔与色的美术技法理论的阐释，无论六法还是六分都是意象造型与抽象造型的思维源泉，都是不同程度地从自然物象中抽取与归纳及概括形象的抽象思维过程。东方人的大胆和聪明，可以从美学的发展史中可以获悉。而黑格尔在《美学》第二卷中，把19世纪前半页以前世界艺术分为自我否定而又承前启后的三种类型，即象征型艺术、古典型艺术和浪漫型艺术。同时，黑格尔在论述意象时，又多次强调东方人意象意识的大胆和聪慧："东方人在运用意象比喻方面特别大胆，他们常把彼此各自独立的事物结合成错综复杂的意象"，"特别是东方人表现出这种想象力的尽情悠肆……"，"东方人在沉浸到一个对象里时，不那么关注自己，因而不感到憧憬和怅惘；他所要求的始终是他用来比喻的那些对象所产生的一种客观的喜悦，所以他们的兴趣比较是认识性的，他怀着自由自在的心情去环顾四周，要在他认识的、喜爱的事物中，去替代他全部心神的那个对象，找一个足以誉的意象。奥地利画家希尔的作品，不仅可以释义出太极图式在鱼形追逐中的线描与色彩功力，而且可以把签名模仿成方块字的印章等。

在意象造型学中，时空观念的绝对论、相对论和系统论，是意象造型作为视觉传达的艺术，应该联系空间观念的科学性与发展观，来探讨由东西方艺术交流与融合所带来的新造型观念与新的审美思考的深化，分析与领悟出意象造型的趋同与融合。在具象造型的空间意识中，以欧几里得和毕达哥拉斯的几何学，牛顿和伽利略的绝对三度空间为依据。理解具象造型与意象造型、抽象造型与意象造型之间的趋同关系，找出意象造型的视觉语言表达途径，实现中国传统美学思想的新释义，以适应当今社会不同的审美心理需求与独立个性美的表达。

科学的透视学的空间观给抽象造型的空间意识奠定了思维的基础，建立了高、宽、深三度空间，加上时间，构成了四度空间观念，它不受具体空间的局限，表现纯粹的时与空节律美感。但是，中国造型的空间意识是以意度量、意无量为出发点。太极图正是意度空间的表达。它既让人感到漫无边际，又让人感到完美和谐。这个开放的图形系统体现了中国传统美学理论的意象理念，进行三个层次的探讨：在意象美感中，将涉及二度、三度、四度、意度、气韵的美感、宇宙美感的研究和培养。在意象造型中，将涉及的具象、抽象、意象的不同造型法则，融合在新的造型多维元素中，使传统美学更具有现代美学的现实意义。在意象表现中，将整体法、记忆法、构成法、意象法的不同功能聚合在意象造型中，形成造型的多样化与意象视觉化的信息表达方法。在设计艺术的教学实践中，以意象造型、造型创意、创意表达来进行基本理论与技能的培养。在意象造型中将进行造型的基本教授；掌握整体思考的观念、对美学中意象的理解与释义、对审美心理与审美图式的表达，在创意与造型表达中提高自己，实现自身存在的价值。在意象思维与创意造型中，将进行视觉语言的认识与探索、抽象造型和意象思维的不同研究，以及融合为新的意象观念和新的造型表现能力培养。意象构思将研究具象、抽象、意象的构图法则，以及生成新意象的法则，最后集中体现在培养创造型、开拓型的人才。图6-7、图6-8所示的作品视觉流向清晰，大小元素疏密适中、搭配均衡，整体设计充

图6-7　意象审美创意/曲美亭/
指导教师：伊延波

图6-8　温暖爱意/孙珊乐/
指导教师：伊延波

满了自由轻快的感觉，张扬了意象造型的个性与风格，展现出曲线的活跃形象，在传达信息的同时，将生动的视觉元素传达给观者，使其领悟出作者的审美意境。

6.2 意象造型的基本元素

本节引言

意象造型的基本元素是创意人。欲表现思维、情感视觉元素，掌握和应用是创意人的基本技能。造型能力熟练与否，直接影响创意信息的传达是否到位。本节将详细讲述造型艺术本质和要素，使学生思路更加清晰，理解和掌握多样化的造型手段，向立体多维的方向发展，有效地运用线条、运动、构成与元素，进行思维活动与创意表达的传播。

6.2.1 造型艺术的本质

造型艺术概念、造型艺术等于造型美术或只是美术。特性造型艺术之所以跟缪斯式艺术对立，是因为首先不依赖于语言或音响这种非物性材料或手段，而是付诸于与此完全不同质的物性材料或手段；与作为直观形式的时间相反，是在空间基础上完成的。此时，形成的空间形象为静止和并列状态中的可视物，以视觉为中心。当然上述特性不过是从三个侧面观察其高级的根本特性而已。从各个侧面来分析，也可以把造型艺术称为物性艺术、空间艺术、视觉艺术等。但是"造型艺术"一词根据不同的考虑方法，也可以理解为是这些特性的综合，所以，这个用语被认为是最确切的，而且还成为惯用语。总之，上述特性是属于造型艺术的手段或形式这种外在侧面的问题，但从内在侧面分析，造型艺术在素材的种类选择和把握方式等方面，具有不同于缪斯式艺术的特色，而且涉及它的界限问题，并论述了绘画和诗歌的界限。依照里普斯观点，造型艺术划分为形象艺术和抽象空间艺术，或只称空间艺术。前者指再现和描写自然或现实事物形象绘画、雕塑等，属于所谓再现艺术，但其对象未必只是普通可视的自然和现实，有时也指人内在的自然和心理的现实。

1. 空间艺术

作为空间艺术的造型，依据在其直观形式里以空间为基础的一般特征，可以称之为"空间艺术"。与此对立的是时间艺术，亦称缪斯式艺术。时间艺术对空间性也绝不是无缘的，但造型艺术把它的存在基础放在空间性上。当然，在造型艺术的范围内根据其种类不同，其空间性也不一样。一般地说，空间意识特别内在于视觉、触觉和运动感觉，这些感觉参与空间意识的形成。通过这三种感觉把握的空间，状态各不相同。造型艺术研究这一切空间，认为造型主要是由视觉产生空间性，雕塑是由触觉产生空间性，建筑一般由运动感觉产生空间性。对造型艺术来说处于最优越地位的感觉是视觉，它不仅仅限于造型，而且雕塑和建筑也不能只看做是从属的感觉、视觉、触觉。运动感觉形成的空间分别可称视空间、触空间、运动空间。所谓空间就是扩大，可以把它分为虚空间和实空间或团块、立体。空间艺术视觉、触觉、运动感觉引起空间性的特征，如绘画、雕塑、建筑里各自的空间性状态。

2. 空间艺术的特殊意义

"空间艺术"的特殊意义,意味建筑内部的造型,是要艺术地处理地板、墙壁、天花板等方面的构成以及彩色、照明和家具的设置等建筑内部的所有设施,采用雕刻和绘画。

6.2.2 造型艺术的要素

造型艺术的要素,主要包括光、色彩、线条、实体感、透视、运动、构成、光影。

1. 光

依照柯内留斯的学说,所谓造型艺术是指为视觉而形成的艺术形式,以此为前提时,构成视觉体验的三要素:光、色彩、形状就可以被认为是造型艺术最基本的要素。一般来说,光除了光辉耀眼、漆黑的印象之外,在其物理性质上很少独立存在,一般是结合形状或色彩时方可感觉或意识到。①光和形状的关系包括明暗变化,这种近代西方绘画里,是极为重要的手法,这是对比物体的固有色和轮廓线的要素;②另外与光相关的还有标准照明的问题,把色彩与物体表面结构看得最清晰时作为标准,普通色彩心理学诸实验就是在照明原理下进行的活动。

2. 色彩

各种色彩可以从明度、饱和度、色调3方面规定其特性,这三元素又称为色彩三属性。明度是色彩光度,完全不含灰色的状态称饱和度。所谓有色素是出现在光谱里的红、橙、黄、绿、青、蓝、紫,而无色系是指黑、灰、白的色而言,把有彩色按其色调的推移顺序排列在一个圆周上,称为色彩环。从物体考虑,颜色可分为固有色和假象色。前者指自然界事物所固有的颜色,后者指受照明及其他外在环境影响而时刻变化的颜色。

3. 线条

关于线条本身具有的审美效果,柏拉图早已作了论述,近代贺拉斯研究了这个问题,并从波状线和蛇形线中发现了美。里普斯认为就连简单的直线也都具有规律性,从而承认直线具有审美价值。的确,要从线条诸多形象中发现绝对的美,也不是不可能的。总之,线条对画面整体的效果具有重要的视觉引导和兴奋的作用。图6-9所示的作品体现了情感线与几何学的线不同,在几何学中的线有长度、有形状,却没有宽度。作者运用线的粗细、虚实、宽厚的性格特征,给人新颖独特、形式感强、韵律和谐的视觉感受。

图6-9　意象造型/余卉/指导教师:伊延波

4. 实体感

  团块、量感、实体感表现法。量感是所谓体积感，是视觉、触觉和运动感觉微妙结合的造型艺术，所以未必同物理学的量一致。正确表现和质感的量一起，都属于形体表现的基本要求，成功与否很大程度上依赖于实体感表现法。实体感表现法这一术语，在雕塑里原来表示在一定的轴心用粘土、蜡等可塑性软质材料固定住后进行加工(狭义的雕塑过程)，而这里和用木材、石材等硬质材料雕刻形态的狭义雕刻过程相反。但是，在广义上，实体感是在绘画、雕塑领域里用做量感表现的手段。

5. 透视

  透视是表示平面上具有三度延长的空间最简单的表现方式，就是使一个对象比其他对象一部分更远，即遮蔽方法。但仅此还不能成为对象具体的距离感的表现。要使这种表现成为可能，则需要透视。以上几何构成的透视称为线条透视，与此相对，还有空气透视，这是空气的作用，随着对象远离眼睛，暖色接近青色，轮廓变得不清晰，随明度减弱呈现透视感。狭义地理解色彩透视，即使是同一平面上的颜色，红黄系统的颜色使人感觉是前进的，而冷色系统则给人后退的感觉，因此这个术语有时还用于由这种色感引起的空间表现。

6. 运动

  艺术形象表现出的活动神态、动态、走势，特别是在平面设计作品中能够突出呈现出一种时间、空间以及心理上变化的美感，这种美感随着造型的变化而变化，给人以视觉上的震撼。

7. 构成

  构成是造型艺术，不管是对象表现为目的也好，还是以精神状态的表露为目的也好，或者是在建筑里那样起到贡献于一定的使用目的的作用也好，都必须在一定范围之中的构成，不同于现实空间的艺术空间。从本质具有抽象形体的建筑的艺术性，当然依赖于以平面、立体为主的空间构成的美，在表现历史、文学性的事件和人物、肖像、风景等的绘画、雕塑里，整体和各局部的构成秩序具有极其重要的意义，可以说设计创意可以成为本质上不同于自然的独立的自主世界，表达意象思维与主观审美的造型艺术也如此。

8. 光影

  光的语义是视觉艺术与设计领域中的光，是指可见光。朝仓直在他的《艺术设计的光构成》中写道："光可以形成独有的像"，能把无色的部分用华美的彩虹色表现出来。虽然，这些已在造型世界里被广泛地使用，但是对最基本的光的性质加以了解，它的重要性将会证明。光作用于物体并被物体吸收和反射产生影，影是当光作用于物时产生的明暗层次。光线的类型、色彩、强弱、大小、角度作用，与不同形态属性的物体会产生极其丰富的光与影，光与影从而成为视觉艺术与设计的重要元素；广义上，一切能够辐射可见电磁波的物体都可以称为光源；狭义上的光源指照明光源。光源可以分为自然光源与人造光源：自然光源包括日光、闪电、火焰、生物荧光等，人造光源主要是人类发明的各类灯具，还包括蜡烛、烟火、现代激光装置等。根据光在环境中所起的作用，光可分为主光、辅助光、轮廓光、背景光、局部装饰用光等。

影是物体在光的照射下产生的明暗层次，是构成物体视觉立体感的重要因素。光与影的存在，探讨影时必须结合光。在视觉表现过程中，对亮部分的设计就意味着对暗部分的设计，既可以从光的角度来设计影，也可以从影的角度来设计光。影的属性是光作用于物而产生的视觉现象，所以影的属性与光的属性有着密切的关联。影的强弱受光照本身的强弱程度和光源距离的影响为最大，影的衰减与光的衰减有关。在光照条件下，一般影都具有色彩。太阳在不同时段会对物体投下不同阴影，而这表明影子方位与光源方位有关。影调则是光照射物象所呈现的明暗层次倾向；在不同的现实环境中对光的需求各有不同。因此，光影的功能主要体现为照明功能、信息功能与象征功能。意象造型元素使主题的思维得到理性的升华，体现了作者对意象造型的视觉语境的深刻认知与理解，以及对它的掌握与应用(图6-10、图6-11)。

图6-10 财富/伊延波

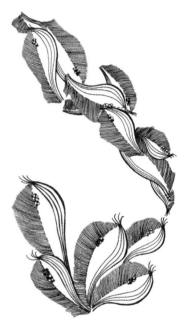

图6-11 动与静的联想/冯馨瑶/指导教师：伊延波

6.3 意象表达的思考方法

本节引言

意象造型的思考方法正确与否，将直接影响创意表达的视觉效果，也作用于意象造型活动中。本节阐述直觉与创意、思维的灵活性、表达意象、拓展想象思维，产生创意思维的敏捷性、想与做、想象与表达一体化，快速记录能力的理论与讲解，使学生在学习过程中有一个整体的比较与参照。探索理论实践的切入点，寻找进步的路径，为未来的设计创意工作奠定良好的理论基础，将思维方向、造型能力，能较快地融入设计的各个领域。

6.3.1 审美能力的培养

培养多元化的审美能力，明确意象造型设计的方法，将审美能力的培养作为基本理论与技能培养的核心。审美能力不是拷贝粘贴，不是冥思苦想，而是人在主体与客观物象能动转化的过程中产生的思维活动。具象造型的审美，也不是纯客观物象的再现，而是主观心理物象的形态。抽象的审美能力形式，也不是纯粹的主观臆造，而是客观物象经过思维转化为符合审美要求的形态。意象造型的审美是主观因素与客观因素的复合体。纵观美学发展的历史，审美发展是从单一趋向多维，更是从一元化趋向多元化的领域发展。意象造型的教学目的在于借助古今中外美学与历史，面对具体物象逐步培养出多元的思维能力与审美能力。传授多维度的空间意识，作为视觉空间艺术的基础造型语言，以美学、心理学、生理学的观念为理论依据，完善意象思维的视觉空间造型的认识与表达。在三度的视觉空间中注入时间观念，又将视觉、听觉、触觉、味觉、嗅觉这5种感觉融入其中；了解并认识各种感官的通感或共感的相互作用。只有把每一次感受都达成具有生命意义的体验，才能将审美能力的意识与表达加以提升，从而实现多元化的审美观念的传达，正确理解与阐释中国传统美学中的意象审美理论，建立多维的、科学的意象审美观；使意象造型审美的培养，由初级向高级，由浅入深地进入物质与精神统领的广阔思维境界，用有限的视觉语言表达无限的审美意境。意象造型的审美观念是以意度量，意度无量，也称为意度空间，所以意度空间就是意象造型的空间观念。同时，融入平面构成、色彩构成、立体构成的抽象造型方法，重构新的视觉语言与表达形态，并强调意象思维的运用，使创意表达的能力在意象思维与审美观念的融合过程中，得到逐步的提高与升华，最终达到自觉地进入创意表达的意境中。视觉美感的培养是意象思维与创意表达教学中的重要环节，运用视觉元素之间的相互补充、交错、融合，才会构成突出的视觉中心，并体现设计创意主题与审美意境(图6-12、图6-13)。

图6-12　意象审美创意/姜雪/
指导教师：伊延波

图6-13　意象审美创意/王倩倩/
指导教师：伊延波

6.3.2 意象造型思维

思维大致分为以下几种类型：

(1) 顺向思维。它是沿着事物构成的发展规律思考，探讨事物构成的基本原理和必然发展趋势。

(2) 逆向思维。它是从事物构成规律的相反方向进入并展开思考，用设问的思路重新审视和验证事物构成的原理，现实状态以新构成方法的介入，应用逆向思维能帮助思索的人更加清醒地重新审视人或事物。

(3) 直线思维。它是汲取事物构成中最为直接的因素直线联系起来的思索，探讨事物构成元素之间的相互支撑和依赖关系，直线思维的运动形式与特征是功能目标非常明确，始终把握与问题直接关联的思考点去思索。

(4) 曲线思维。它是以事物构成为中心，从较广的范围中选取相关的思考点延伸展开思考，其中将各个因素串联在一起，并透过各因素思考各环节，从中得出层层递进的思维结论。

(5) 跳跃思维。它是因思考进展中的某一因素作用，立即使思路直接进入一个思考点，从中获得问题的进一步展开或另辟出一条思考路线，大跨度的核心点因思考空间、事物、目的、主题的不同，在思维特征上就出现跳跃式思考。

(6) 点状思维。它是从各个元素的本质上直接切入靠近主题，在思考中考虑更多的单元要素，一旦内容达到一定的成效时，才从中退出来，再另选一点切入。这种思维现象在解决具体问题时最具有普遍的应用性。

(7) 终点思维。它是以工作的最终目标为惟一的思考方向，无论其中的过程如何复杂和漫长，都用最终的目的贯穿始终，并竭力减少中间过程，努力在最短的时间内以最小的投入早日完成工作。这种思维现象就是人们习惯称为的"以功利目标为核心的思维"。

(8) 测点思维。它是以触及思考内容边缘为特征的思索，形式上好似"擦肩而过"。设计师与创意人在展开设计工作前，一般，都会尽可能地多收集信息，掌握第一手资料，伴随着这种工作的展开，其中会有许多不触及元素内部构成的思考，思绪闪过以后就不再去深入研究了。

上述8种类型的不同思维，正是因为人思维特征的复杂性而形成的理论总结，才有了今天学习思维方法的理论依据，从而启发或引导学生与设计师无穷无尽的意象创意灵感。按照这一原理的引申与构想，一个人如果能把各种思维都掌握与运用得当，并在各个思维中和彼此间变换，可想而知，就会产生巨大的思考力与表达力的突破。

图6-14、图6-15所示的作品运用独特的意象造型元素，将两种看似不相干的形态进行意象思维的移植与联系，以超现实的想象力去表达创意主题，使得创意的主题更加鲜明、新颖，充分发挥意象造型的视觉传达力与表现力。

图6-14 意象审美创意/王倩倩/
指导教师：伊延波

图6-15 风动中生长/李欣/
指导教师：伊延波

6.3.3 表达意象

意象造型创意表达是一种形象、一种意境，给人视觉与心理上的象征性的印象。以此积累作品的特征和印象：首先，形象的创意形态与图形，以创意设计的形象为主，强化设计的视觉魅力、形态与图形的个性特征、视觉符号象征，具有鲜明的感性特征，需要时间的积累。其次，意象的创意形态与图形，能给人一种意念或境界，给人一种只可意会不可言传的感觉、意念、意境的一种氛围，有一种禅的意蕴，类似于意识流的形式，增强感染力与表达力。意象造型的目的是将意象造型图式传达给观者，是一种象征性领域的价值、审美价值、一种文化的标记、一种视觉审美感的升华，将引起更多观者的话题或关注，在更多的关注中转化、演释，构成具有视觉传达设计属性的视觉信息(标志、招贴海报、包装、书装、品牌形象设计等)。

6.3.4 拓展想象思维

拓展想象思维的途径有很多，但概括总结有如下几种：

(1) 建立和培养多维的创意路径。创意是每个有思维能力的人都具有的，在生活和工作中因职能和体验不同，就出现了大创意和小创意的差别。创意时刻都在人们受外界事物刺激和思绪运动中产生，有的创意表现是功利性目标，为立刻解决生活和工作中的现状而思变；有的创意表现是如何实现价值目标，以求创意的在人类社会中最大化地认同。这就自然地分成一般创意和设计创意，在生活、工作中的一般创意则是能使人们的生活品质优化和充满意趣。专业性的设计创意就是人化的物质形态，把人类推向一个又一个新的物质环境中。创意无时无刻不在丰富和改变着人们的生活，推进人们的生活，开拓人们的生活，让意象创意的表达更具有传达的意义与价值。创意产生过程中表现的思路形式就如同人要过河一样,过河是目的,采用什么的方式过河,就是要有思考的过程。面对要解决的问题或实现的目标,应该有多条路可以走通,"路"是人走出来的,想法的形成也是人敢想的结果,思路是在善于思量中越想越宽的,培养学生的思考力是设计艺术教学的核心。

在任何工作实践中,只有敢想,有了更多、更好的想法,才能敢干并且干好。建立和培养多维想象思路,重在如何建立和培养。面对同样一个问题,是习惯于从一个起点上还是从多个起点上思考,反映着思路的形式是单一的还是多向的,反映出"有一定量才有一定质"的物质评价规律,使问题的解决思路在多种可行性的比较中择取最优的方案。建立多维想象的思路,无论对任何问题,都要习惯于从基本构成上设定多个思考源点。思考源点越多越具体,越能从问题的各个侧面延展出更大的思索空间。在现实生活中面对一个问题时,不要只设一个可能,不要只辟一个途径,不要只求一个答案,不要只得一个结论;要敢于反证,勤于设问,善于引申,勇于推翻。从这几点努力去实践,是培养多维想象思维的关键。尽量对事物构成有一个宽阔的思考跨度,尽可能对事物构成开辟出多维的可探索的思路,多种途径的思路在帮助学生与设计师们开阔视野的同时,也会在明辨中优化选择和不断探索。到达一个目标,除了非常清晰的途径外,还有多种隐性的不被注意的思维途径,用思考力把创意思维都开发出来进行比较,从思考的框架内得出解决问题的方法,从多层构架里探寻结果。针对一个主题,从不同角度切入可以形成多种思路的通道。在不同的方向上思考,也经常出现问题趋于同一个点,形成总体方向而出现经验性的判断。要对一件事物的思考坚持多个答案,永无止境地培养与训练,就能提高自己的思辨力和探索精神。

创新也是学生与设计师寻求不同的答案。不要只求一个结论,按一个结论实施行动,难免在学习和工作中会出现失误与产生错误的判断。多种结论会帮助学生与设计师突破习惯性的思考模式,依据不同的条件和基础开发多维思考的通道。在设计创意思维活动中就更是如此,尽力去探索不同的结论;将多种结论的形成运用在启迪创意思维的本源和多方向发展中,可以开发意象创意的总体水平,更可以增加意象创意的思考深度与广度。要学会敢于反证,任何有结论或形成结论的问题能否经得起反证,取决于该事务成败的概率。平常的生活工作中处理许多事务,往往都没有时间或没有习惯反证。所以,在工作决策中很难保证处理事务中百分百的成功率,因此在设计创意中感性与理性的交融最为频繁,许多好的灵感火花闪现时,换一种角度去思考或按照理性规律去剖析其成功的概率,都会出现许多反证的思考点与理由,发现有意义的、有价值的创新成果,方法万千但行动最为先。

(2) 要勤于设问。碰到新事物和新问题时,在表现出新奇的同时试以怀疑的目光再审视,看到新出现的问题时多追究一下它为什么会出现等。能在日常的事务中不断培养自己的敏感思辨力,更能超脱平常人的思考习惯,以超越直观事物表象的思考力明辨事物构成的原因。避开表象究其根源,有助于把握创意本源的决定因素。在设计创意思维发展中,不断地寻找资源给予自己更大的思考空间。通过外来刺激启发思维的潜能,坚持数十年,一定能掌握敏感、聪慧、深刻、灵活的思维能力。要养成善于引申思考的习惯,人的想象力之所以丰富,更多地表现在引申和联想能力活跃。触景生情,见物思迁的思维惯性,都是日常生活中、工作中常见的思维模式。

人的智力高与低，在引申能力上能反映出鲜明的区别。例如：在意象思维创意设计中，引申的反映为受外界事物的刺激后产生的想象，对平淡的事物是如此，对有震撼力的事物也是如此。思维引申能力应该是永无止境的，要勇于突破与推翻旧有的图式，突破与推翻从前的思维模式，推翻正待展开思维与工作的思路，推翻已经获得认同的成熟工作方案等，这些思考对一般人来说都很难。勇于推翻是彻底推倒从前想法和思路，从全新思考点上开辟途径。一个学生与设计师创新能力如何，在思维与表达的过程中直接地反映到结果上。学生与设计师须靠创意赢得社会的认同，勇于推翻常常能激发创意思考的诱因，所谓"山重水复疑无路，柳暗花明又一村"，人的意象思维创意一旦逼到极限，崭新的创意设计表达的视觉语言就会跃然纸上，会产生让人视觉感更加惊喜的内心震撼与激动，也会在传达的过程中实现视觉传达效果和实用价值。

6.3.5 产生创意思维的敏捷性

创意思路，其实可以从建立多种思维运动形式开始。人的思维运动形式是最神秘、多变、捉摸不定的元素。例如：一个人坐在那儿不动声色，而脑子里却在翻天覆地思考着什么。一个人虽在不停地忙碌，而脑子里想的可能非常单纯。而另一个人则会触景生情由感而发进行动态思考，反映出非常敏捷和高频率的反复思绪，而随着时间的逝去又判若两人。平常的直观表象虽然是如此，但究其表现出思维运动的兴奋和平淡，都是受外界影响和自主思维的主导思路的切入，刺激中枢神经后产生的兴奋感，这种反映在直观的表象中并非都有直接相关的联系。所以，应将人的运动思维激活，运用有效的方式或方法导入，建立起多维思考的运动轨迹。学生与设计师若能在学习、生活或工作中，不断地涌现出意象思维的新创意，其乐趣和效益都会大幅度攀升。建立多维创意思路对每一个创意人都是重要的思维模式，这对学生与设计师显得更加重要，因为设计行业是卖创意的职业，也就是思维经济的行业。总结社会构成中的各个原理和规律，努力建构起多种思维的运动形式，从方法论的角度提高自己的创新能力。

图6-16、图6-17所示的作品是运用创意思维的敏捷性与跳跃性的思考方法，对创意进

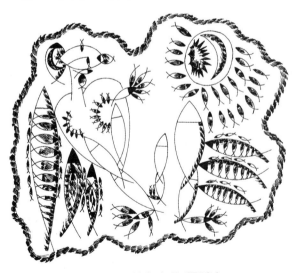

图6-16 连年有鱼/伊延波

图6-17 意象审美创意/宫婷/
指导教师：伊延波

行了举一反三、触类旁通、多元化的意念联想，对意象造型的创意表达有一种全新的解读，进行合理性与优美造型的诠释与深度思考，体现了独特的思考力和表达力。

建构起多种思维的运动形式，主要有如下几种：

(1) 智力激励是运用限时、定量、加压的形式，在一定时间内完成一定数量的构想思路。

(2) 特征列举是运用归纳、分析、提炼的方法，把事物构成中最典型案例列举出来，并揭示出之所以形成典型的背景资料以及其决定因素、时代意义和作用、社会影响力和认同承受率。

(3) 缺点列举是以批判的观念看待每件事物，通俗地讲，就是拿着放大镜看事物，就是人们常说的"鸡蛋里面找骨头"。发现问题和提出问题是创新思维中思辨力的表现，在此基础上延展思绪，从开拓现实为起点发现常人容易忽略的想法，其实，很多有意义的灵感就源于最不起眼的身边事物。

(4) 趋势外推是从宏观角度概括出事物构成、社会发展、人类需求等方面的总体发展的必然，并从发展的主线上归纳出起伏的规律和阶段性作用的本质因素；引导出事物发展的走向，建立起沿革发展的思维运动思考线。

(5) 情景描述是从纯感性的角度对事物进行描绘，可以是文字形式，也可以是图表、符号、标本形式，以具有概括力的记录把事物的情与景表达出主题和内容。在思维运动具有高度的统括力与激情发挥作用，同时也表现出源于现状又高于现实的领悟力和表现力。

(6) 形态分析是基于事物的外形和状态进行剖析。

(7) 不耻设问意思就是要敢于提出问题。

(8) 交叉组合是从纵向、横向的社会构成上，把各项事物有机地聚合到一起，从彼此间的可融合性上生长出新事物构成的思路。要注意的是交叉不是简单的叠加，是要选取各自的个性特征，从中提炼出可用于相融合的重要元素进行组合，达到有机性。

(9) 特征移植是把另类事物的特征引入设计创意中，可以是局部的移植，也可以是整体移植。

(10) 分解思考是把问题化解到最小的支点进行思考。在解决问题的规律中，大问题必须依赖各个细节，小问题必须落实到各个细部，层层化解问题后从最细的点上各个击破，最终才能彻底解决问题。设计思维的动态思考对解决一个具体设计命题时，细分问题点就决定着围绕什么去思考的运动形式，同时也列出了非常明确的主题，若不进行分解就会无从下手。

(11) 抓住机遇是从宏观的社会发展中捕获最具有开拓因素的视点展开思辨。每个时代的综合特征中无时无刻都蕴藏着各种机遇，这是与时俱进中的动态收益规律。先探先得，先行先利，对每一位学生与设计师都提供着平等的机会。

(12) 自由联想是无任何约束地、具有目标地把事物串联起来展开想象。社会事物都因人的存在和能动而存在着必然的联系，但又因人能力的局限性不可能涉及和精通所有的事物，就形成了人的无限能量中的有限，在思维运动中表现为对内容思考的时空限定。

(13) 类比个性是按类比较事物构成的个性，有比较才能鉴别，有新发现才能有进步;分类比较是把思维运动建立在宏观的系统论基础上,思考物在类聚下的特性,分析类别差异下的事物依托根基,有助于构建事物基础和再创事物结构;

(14)焦点渗透是在社会各项事物共存的联结点上加强相互作用思考,创意思维运动能透过种种焦点思考中渗透关系,能从事物简单形式中挖掘出事物构成作用的多变原理,从而注入到事物中再创意出新的视觉语言、语意和意境。

另外,还可以从立体思维中抉择最佳思考点,围绕要解决的问题设有各种各样的思考,前面介绍的14种思维运动形式,可以形成解决问题的主体框架。而人的智慧高低取决于在众多可能性上的抉择,意象思维与创意表达更是如此。在学习与工作中不断地探讨表象上的工作方式与方法的完善,其实质是靠选择思考、完善思考决策意象思维创意的价值。在优选的基础上是比较,有比较才有鉴别。在探讨不同创意思路的过程中,会不同程度地获得它们的最优观念、方法、数据,一旦确定以"谁"为主导思考展开方案创意时,要尽可能地把获得所有成果集中融合在主导思考中,选择与决策出创意思考的闪光点,在设计中形成整体优势的意象思维创意的方案。图6-18、图6-19所示的作品选择自然中的物象,进行美的元素集合,作者的创意思维认知能力从表象转向深层次的思考,在创意价值体系中体现美的视觉心理作用与影响力。

图6-18 意象审美创意/李欣/
指导教师:伊延波

图6-19 意象审美创意/曲美亭/
指导教师:伊延波

6.3.6 想与做

在现实的学习与工作中,想与做是很重要的行动力与执行力,成功与否取决以下几个方面的要素:

(1) 表达方法的重要性。人在不断思考的同时也在不断地表达,但表达与思考的水平并不一定相等,有的人思绪非常活跃,却很难让人清楚地理解和接受,甚至丰富的想象都让人难以知晓,由此可见表达方法的重要性。

(2) 把"想"、"表"、"达"三个字分解和串联起来比较它们不同的内涵和意义,就更能清楚地辨析表达的完整内涵和相互关系。"想"可以理解为"思考",是看不见、摸不着的意识运动,它必须依靠一定的传播载体和方法才能让人知道。"表"可以理解为"表象",是把特定的隐喻内容外露和形象化。"达"可以理解为"到"或"实现",是体现客体和主体融合中的接受和理解。从这三个关键词中可以辨析出,"表达"二字不是那么随意、浅显。要将不同的思考外显或外化,就存在着用什么方法外显或外化最有效,要使不同的想法让受众理解和接受,同样存在着用什么方法更有效的问题。表达同样是思考的再加工和提炼的过程,平常熟知的夸张、隐喻、变换等表现特征,都会因表达中的个性影响形成鲜明的差异效果。基于以上的基本原理,可从什么样的创意、什么样的接受去理解目标,以什么手法外化,3个层面上都体现出非常清晰的特点。材料、技能虽是必须掌握的内容,但更应从创意的外化目标上选择工具、材料、技法,把表达方法作为中间的桥梁,可以根据两端的内容和诉求目标设定多个选择,在创意表达中体现出思维方法的调节与表达的作用。

图6-20、图6-21所示的作品是以客观存在的形象为灵感源泉,将自然形象进行筛选、提取、优化,并将它们表达出来,使其意象形态的特征更加突出,让观者一目了然并以整体的面貌去感受、欣赏意象形态与意象思维创意传达的神韵和含义。

图6-20 静物的构想/徐菱/
指导教师:伊延波

图6-21 看不见/伊延波

在意象思维的创意表达过程中,创意表达方法是思考与实践的重要组成部分。积累创意表达的方法主要有:

(1) 摘记是运用一切随手可得的手段和方法。将随时遇到的认为有一定意义的事例、现象、物品形象、个人感受等，有选择地记录下来；画只是一种，随身带一款精致的小相机也可以。摘记是一种最为简便的表达想象的直接方法，基本上可以做到走到哪都可随时把所想所思表达出来。不仅对从事设计工作的人有益，对任何人都有一定的实用意义和操作价值。坚持10～30年就养成一种生活方式，当与工作融为一体的时候就是一种良好的个人习惯。所积累的摘记将是一个宝贵的创意源，可以从中提炼出许多有价值和有意义的创意。

(2) 采集是根据主题的内容与方向有所选择地阅读资料和参观，因自身在阅读和参观的对象始终是动态的，随时会对阅读、参观的内容产生思路的碰撞，及时地把一刹那间由此而发的思考采纳收集起来，一方面是以"滴水成河"的积累原理把一个个火花集聚；另一方面是及时地把由物而引发的思考记录下来，其中会出现一部分是阅读资料和参观事物的直接形象，一部分是思考后的形象引申，一部分是再发展的想象形象。但是，总体反映出的是边看、边作用、边思辨、边表达的综合交叉视觉形式，彼此相互作用。思辨的过程中必须表达出来才有价值与有意义，表达能更直观地、有效地促进思辨能力的提高，所以就形成非常有特色的视觉语言表达图式与方法。这种方法在设计创意的表达过程中最为常见，也最有效，它能帮助学生与设计师沿着前辈的思维方式与体系的观念逐一打开思绪，帮助创意人展开更直观的形象联想与创意思维的思考。

(3) 速写是用最简便的工具和最简洁的线形，在最短的时间内，以图形的形式勾画出想象的形象。一方面，透过形态与图形，表达出创意思维的思考纪录。另一方面，勾画具有随心所欲的用笔特征，形成心与思维的一体化表达，从这两方面可以分析出：设计师和画家的思想越成熟，他笔下的线条越流畅，表达力的主题内容就越丰富。

(4) 快速表达是选择掌握的最熟练的工具和材料，把较完整的想象中的形态与图形表现出来，这是设计师用得最多、最为见效的创意表达方法。思考中的每一材质、结构、连接方式等都要以略带夸张的表现方法，通过质感、动感、体量展现出设计思考的个性特征。

(5) 精细表现是运用各种材料和工具，把完整的想象的形态与图形精细地表达出来。一个精心设计和思考成熟的图式形成后，必须以虚拟的实物效果进行，进一步验证和向他人介绍或推荐。在设计创意思考中，反映出对每个元素的判断和构想，表现必然随之表达出具体的结构、材料、色泽、体量的元素。然而，在设计创意中最见功底的是对细部的思考与技巧的处理，表现中同样要传神与创意，反映出设计思维的全部成果。创意表达方法是参与设计竞标、介绍成果、项目汇报的主要手段，是体现全面设计水平和设计能力的有效方法。

每一种表达方法都具有不同的时间、条件、目标的特征，不是任何一种方法都能适合每个人、每一阶段所要期望的目标。依据不同的时间、条件、目标对应地选择适当的表达方法，能恰到好处地体现出设计工作中高效运作和适度的表现力，从而在整体上适应现代社会对时间效率的总体需求。摘记一般用于个体记录思考，类似于平常人的日记形式。采集一般用于团队或自我工作中的前期基础工作，既是个人或团队的思考行为，又是交流讨论中创意的有形达意的中心主题和内容。速写一般用于记录和表达初步的形象思路，可形成以此为中心展开分析说明内容的创意种子。快速表现一般用于表达完整的设计方案，所谓巧用也就在于为了达到表达创意的目标，在表达繁与简、时间的长与短、效果的局部与整体的情况下适度地选择表达方法。根据设计工作中阶段性的诉求目标选用不同的方法，能从时间、用材、图面沟通等方面达到最佳的视觉互动，使不同阶段的创意在不同的表达层次上发挥恰到好处的传达与交流。因此，巧用各种表达方法，应做到12个字：清醒认识、分层掌握、应用得手。

6.3.7 提高想象和表达的一体化

在想象与表达一体化的提高过程中，眼、手、脑的协调是学生和设计师重要的能力。第一是要正确地认识想象和表达的作用与意义。人们常说："只想不做不行，只做不想浅薄，敢想敢做有望。"其中就道出了一个原理，想象与表达同步并一体化地提高是最佳的进步途径。要做到这一点，首先要正确认识想象和表达。想象是基于人的思考力，把思维中勾画的事物或不在眼前的事物想出它的具体形象。而在设计中的想象更多地是指在思维中勾画出新造型的具体形象，有没有丰富的想象力也就体现为有没有丰富的勾画能力。一般情况下，想象是由事物刺激思维而派生的，但并不决定从什么点上派生出什么。所以，想象力的提高可以从增加外界事物的刺激获得，并努力通过不同的环境启发思考，增加创意阅历就是开拓想象的内容，设定多个思考点就是扩大想象的空间。丰富、敏捷的想象力是体现设计师创意水平的主要内容。把思考的结晶以特定的形式外化，并且传达给第二人，传达的概念可以通过语言、文字、图画、动作、表情等形式，表达是一种手段，也是一种技巧，更是一个系统结构的集成知识。设计创意中要求的表达是明理善辩、语言标准、文理通畅、表述准确、形象逼真、情感友善、传神达意，是一般传达中所有形式的最高要求，也是设计的全面表现能力。如果要提高设计创意的表达力，仍然需要回归到每一个表达的基本形式上，在语言、文字、图画、动作、表情各个方面提高自身的修养与能力，哪一方面偏弱或欠缺，都会直接降低表达力。然后是一体化地提高创意表达力。有想法能表达，把全部想法百分之百地表达出来，是两个不同的层次。善于表达却没有想法，擅长以某种单一的形式表达想法，是有差别的两种层次。在现实工作中这些情况都自然地存在着，最理想的设计师工作状态中的想象和表达力是相等的最佳状态，可以在一个天平上不断地从两头加砝码。提高想象与表达力，更主要的是自主地从两边施加动力。从想象的一面给予表达施加动力，是增强想象再现的欲望。无论什么想象，倘若永远只是思维中的符号，不仅没有什么实质的意义，更体现不出思维运动的价值。明辨想象内容的特性，从特性的一面对应不同表达形式，探讨以什么形式表达最确切；把所有想象都平常化，以平常人的角度要求表达形式精简达意。从表达的一面给想象施加动力，设问表达的核心内容是什么，语言也好，图画也好，动作也好，应从一言、一画中传达出能引起人们共鸣的内容；表达形式的感染力要求以最新内容形成设计的核心竞争力，没有竞争力的内容从形式上再怎么表达也不能触动人们的实质需要。

图6-22、图6-23所示的作品运用概括与简练的意象造型方法，提取出客观形象的典型造型，准确地运用线的疏密关系形成了黑、白、灰的视觉语言表达，融合意象思维与表达的关系，把握形态造型的本质特征，体现了作者长期思考和与众不同的对审美层次的理解，是现实与心灵、思考与审美、意境与境界的升华。

图6-22 意象审美创意/任新光/
指导教师：伊延波

图6-23 人生的必然/伊延波

6.3.8 快速记录创意思路

快速记录创意思路，可以从培养及时记录思维的习惯入手。学生与设计师始终在不停地思考着，想法随之闪烁，若不及时记录下来，很多想法会随时消失。"厚积薄发"在说明积累知识的同时，也可用于说明创意思路。把平时的点滴思考日积月累的储存，习惯于以一种方便的形式记录下来，能在最佳的时候集中"薄发"，显示出广博、层出不穷的个性思路。好的习惯是靠平时培养形成的，记录思维的习惯也是要靠培养。从事文学创作的人多数都有写日记、随记、散记、随想的习惯，而画家也有走到哪画到哪的习惯(现有摄影手段)，社会学家是走到哪就收集哪种社会现象，每一项工作或领域的积累。作深入的素材，更能以刻入脑中印记，记录帮助自己循环思考和分析。因此，以一种自认为操作简便方式记录思维、不同事物刺激下思考、对不同物品现象感受、不同物质肌理的发现、不同结构形式的认知等，随处所见、所思、所想、所悟，都要随手记录下来，过一段时间一旦打开它们，就会发现其中有开心、惊叹、新奇的、平常的种种思考经历，对从事设计创意的提炼是一笔非常宝贵的财富。创意思考的方法归纳起来有文字、图式、标本3种形式：以文字形式记录创意思考的方法，一般采用词或短句、关键词都很有效；用图式的形态与图形的形式记录思考，最佳的手段是随手绘草图和图表；以标本记录的形式就是采样，以上种种方法，需要学生和设计师亲身体验和感受，在亲力亲为中体悟出储存创意的种子和乐趣，在储存中升华，在储存中领悟创意的价值。

6.4 造型艺术的心理功能

本节引言

造型艺术的心理功能是完成视觉信息的互动，达到视觉意象的传递，使传达的信息更有传达和延伸性。本节重点阐述造型艺术的心理功能：信息互动、信息含义和延伸、表象元素的整合与心理平衡，造型艺术的认知心理特征，使学生掌握更多的视觉语言的内涵，在更多的层面上思考与表达，既能提高意象思维能力，又能完善视觉传达的含义与效果，使意象造型表达更具有传达力、影响力、互动性、实用性的价值。

6.4.1　造型与信息互动

造型艺术与信息具有互动关系。在进行信息沟通的时候，艺术家把信息输入到设计作品中，观者将信息从作品提取或衍生出来。造型艺术具有特定的视觉构成形式，这种形式又会对观者产生感染作用，引起观者一定的情感和情绪的活动，这就是造型艺术信息交流过程中的一种特殊的心理功能。造型艺术与信息交流，从认知心理学的观点来分析，人的心理活动作为物质运动的一种特殊的存在形式，是对各种信息的汲取、加工、传递、交换。造型艺术的心理功能则是一种特定的信息加工和信息交流形式。造型艺术的信息流程是通过个体的信息加工和群体的信息交流而实现的。艺术家创意作品时有一个信息加工的过程，观者在欣赏艺术作品时也有一个信息加工过程。造型艺术的心理功能就在于，它能反映出艺术家的意识倾向，激起观赏者的美感并使艺术家和观赏者之间造成特定的信息沟通。创作过程中和欣赏过程中的信息加工以及它们之间的信息传递，就构成了造型艺术信息流程的模式。

心理学的研究指明了知觉的特性，即完整性、恒常性和理解性。人类在对客观事物进行认知的时候，其知觉过程不是某些视觉的片段印象或听觉的个别音响，不是个别的感觉印象，知觉对象给人们提供的是完整的、有意义的信息。知觉从现实生活中摄取的一切有意义的对象信息，都是造型艺术语言的心理基础。现实的形象信息之所以能成为具有一定心理基础的艺术语言材料，是因为人类在长期的生活中，对客观存在的形象信息经过思维活动形成了许多具有特定意义的概念，获得了许多用以传递信息和进行心理沟通的手段。信息论的研究成果指明：信息的传递手段主要是通过编码和译码。造型艺术的信息含义就是信息的编码过程，而信息衍生就是译码过程。在艺术创作过程中的一切形式上的加工和组织手段都可理解为信息编码，因为这些形式因素已构成传递创作中意识信息的载体。欣赏者理解创作中的审美意识倾向，也正是通过这个载体而完成的思维。美感的体验主要是一种心理平衡，造型艺术的审美信息同构，就是用这种"情感的符号"表达艺术作品内涵时所依赖的同构，同时它还包含着艺术形式和内涵的同一性，即艺术信息传递要与它的形式载体相适应。

6.4.2　信息含义与信息延伸

艺术杰作确实有惊人的表现能力，古典写实的艺术作品有着强烈的再现真实的能力，现代画派的作品具有强烈的形式美感的作用。信息的传递是依靠艺术家的感受和欣赏者的感受在一定程度上的一致性，即"同构"来实现的信息含义的延伸。实验可以选取不同的艺术作品反复进行多次，实验效果与艺术作品的选取及被试欣赏水平有关。但是，一般情况下，都可以收到足以说明问题的效果，经多次实验后，可以得到如下的结论：画面给人的主要感受，在作者、权威性的评论文章、主试和被试之间均存在着一定程度的一致性。这就说明了信息传递中"同构"的一个方面。艺术作品中作者采用的艺术处理手法对形成这些感受起主导作用。可以归纳出造型艺术传递信息所包括的一些主要方面,首先是直接的视觉信息。例如:形状、光线的明暗、色彩和空间深度等,在造型艺术的信息传递中,意义信息的含义与衍生存在相应的机制。这些知觉特性的心理学的基本原理,都为分析和理解造型艺术心理学中的某些问题提供了重要启示。

图6-24、图6-25所示的作品运用造型艺术心理信息的互动,让观者能在第一时间把传达的视觉信息瞬间汲取与解读,形成对意象思维的含义与象征的理解。

图6-24 意象审美创意/张丹/
指导教师:伊延波

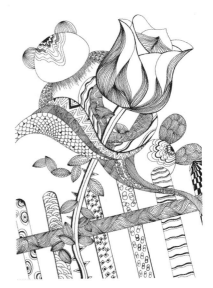

图6-25 温暖爱意/董禹辰/
指导教师:伊延波

图6-26、图6-27所示的作品将常见的形象组合成新的图形与形态的象征,在新意象造型的表达中,在传达原有信息的基础上又传播了新的视觉信息含义,使设计作品充满内心的实感,貌似荒谬的形态与图形,却引发人的无限遐想,具有丰富的视觉传达性与信息寓意的象征性。

图6-26 意象审美创意/张丹/
指导教师:伊延波

图6-27 缥缈/伊延波

6.4.3 表象元素的整合与心理平衡

表象元素的整合与心理平衡，在造型艺术的表现形式中是一个具有严密组织的信息编码系统，从而保证信息的准确、鲜明的传递，引起欣赏主体的心理反应。这种编码系统主要靠对比手段，对比是通过一系列的相互参照系统形成的，从某种意义来讲，这种编码组织是艺术表现手段中的一种外形式的整合。对光的信息整合与图形信息整合，分别加以分析，作为审美主体的知觉均刺激物，其刺激作用的能量，即外形式整合的水平对引起主体心理平衡起着重要作用。单纯的黑、白、灰搭配和均匀地涂抹是不能成为视觉传达的，在绘画中黑、白、灰的搭配是在构成形象语言中实现的。因为，形象整合的首要任务是产生信息。通过不同元素的形或线的变化，把某一形态与图形所邻接的背景分离开，作为视觉艺术的语言要求具有丰富的视觉信息，主体的视觉在整合的外形式里获得艺术的形象信息，就要对形态与图形进行识别，把现有的图形与以往知觉经验中的图形相匹配，进行识别和认定。构成视觉优势部分的条件是：有一定的位置优势；对比强烈部分，即能引起有意识的注意和无意识的注意；也有一种特殊情况，就是依据人的逆反心理特点(越是掩遮的部分越想看)来造成视觉优势部分，形成主体的审美心理平衡，要使主体在情绪上造成一种激活状态。

6.4.4 造型艺术认知的心理特征

对造型艺术欣赏的本身是一种认知活动，这种认知活动具有一定的心理特征。首先，审美的认知结构是一种欲望性的认知结构，必须要有一种审美愿望才能去进行欣赏，在欣赏过程中审美主体还要获得一定的心理满足。在认知过程中审美主体对艺术美感和创意思想有了一定感受以后，还会产生一定被感染的情绪。审美主体通过对造型艺术形象语言的理解和联想活动，来完成全部的认知过程。这里所讲的对造型艺术的认知，在美学中称为"审美"。因此，也可以说是研究造型艺术认知心理的特征，在一定意义上也就是研究审美的心理特征。

图6-28所示的作品运用造型认知的心理特征，将鸟的形象进行不同的归纳与概括，构成新的意象造型特征与含义，既体现了自然美的元素，又体现了作者主观审美的观念与趣味心理的特征。

图6-28　意象造型/余卉/指导教师：伊延波

1．欲望性的认知结构

欲望性的认知结构，是造型艺术的审美心理，是按一定的认知结构来完成的认知过程。这个认知结构表现为"欲望→知觉→满足"。人的需求和欲望是审美心理的动因。

如果没有这种审美欲望，人们将不会去进行审美活动。知觉是审美的运动过程，在这个运动过程中知觉始终受着欲望的支配，通过知觉的运动获得审美信息，而使人的心理在审美活动中得到一定的满足。这个满足体现为欣赏者在情绪上的满足并获得心理平衡，正因为欲望是认知结构的动因，认知活动受到欲望的支配。所以，审美的认知结构是一个欲望性的认知结构，审美是基本欲望和需求的转化。精神分析学派将这种转化称为基本欲望的"升华"，审美和美感是人类的一种高级形式的欲望，是在人类的基本欲望，即食欲和性欲的基础上形成和发展起来的。人们为了自身的生存，在生理上具备摄食的欲求与机能；而为了使自己的种族得以繁衍又具备了性的欲求和机能。人对于美的追求是人生各种欲望集中的体现，它能把人的自我精神从沉睡中唤醒。美也是欲望中一种精神力量，审美过程中的求佳心理也表现得颇为明显。求佳的心理还体现在艺术外形式对比中的对照求最。在人的心理活动中，一般欲望的实现常有两种结果：一种是得到满足；一种是得不到满足。审美主体在反复多次的审美活动中得到了反复多次的满足，满足后的延续便产生了构想式的审美欲望。构想与现实有一定的距离，它不仅仅现实，有些时候也可能会低于现实。构想对审美起着选择性的作用。

2．认知感受与情绪感染

在审美活动中主体的情绪感染与直接认知之间有着某种反馈作用。当开始欣赏某件艺术作品的时候，首先这件艺术作品给了一个总的印象，由于作品总体气氛的作用使人受到了一定程度的艺术感染。这时感染仅仅是开始，它促使人们思维进一步去欣赏这件艺术作品，最初感染是进一步欣赏的知觉基础和思维基础。所谓总观其势、细看其质，也就是说在总观其势中所受到的感染对细看其质有一系列的反馈作用。美感是一种较为复杂的心理活动。而艺术作品感染作用深刻与否决定于以下的一些主要因素：印象的感染是深刻的，它能体现出"首因效应"的作用。审美来源于直感，直感总要活动于特定的情绪背景之上，并带有一定情绪色彩。确切地说，在形象艺术中只有直感的东西才能引起人们的感受活动，而那些非直感的东西是不能引起感受的，意识的东西只能唤起思维和引起联想。感受是感觉、知觉的一个兴奋过程。在知觉过程中的每一个阶段，其涉及的范围带有一定的局限性，它受着视觉机制和记忆规律的制约。在知觉过程的每一阶段上，总要有一个注视点，注视点范围以内一切都是清晰的，以外的部分则只能给人一个模糊的印象。在审美过程中，感染对直感感受的反馈有两层意思。其一，就视觉机制方面来讲，视觉的感觉和知觉过程就是个一系列反馈活动参与的过程。其二，感染与感受之间必须有反复沟通性联系，只有这样，直觉才能形成感受，并造成主体一定的情绪状态，局部感受才能上升到思维，并被综合为意识。感染是由多次感受来完成的，在这多次感受活动中，需要有一种反馈机制进行调节，并且不断地调整直感选择信息指令。在艺术欣赏活动中，优秀的艺术作品越看越爱看，越看越觉得它美，这是一种反馈效应。形象美感、色彩的刺激、外形式节奏、韵律等美的形象信息，都会使审美主体得到一定快感，这种快感在情绪上波动体现为一种"接纳"状态。

图6-29、图6-30所示的作品应用了高度抽象化的意象元素，使物象的外形高度概括与精炼，使观者的情感得到意象思维的传播与影响，在诉求新的审美境界的解读与表达中，提高审美意识与意象创意的表达能力。

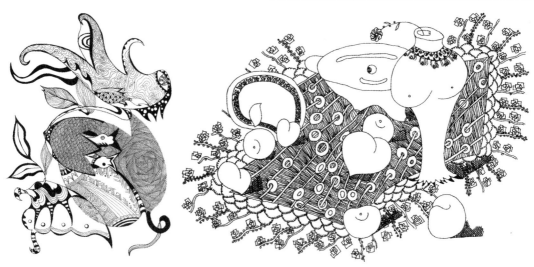

图6-29 意象审美创意/任新光/
指导教师：伊延波

图6-30 季节/伊延波

3．借助形象语言与联想认知活动

借助形象语言和联想进行认知活动。当读一首诗的时候，首先是通过构成诗歌所应用的语言去认识诗中的美，再通过对语言含义的理解来进行思维活动。审美形象思维的主要形式是联想形式。同样，对造型艺术的认知活动，也要通过对形象语言的理解和联想活动来进行。造型艺术中的形象语言具有它的特点。世界各民族都有自己的区别于不同民族的形象语言和文字。这些语言和文字各有自己的符号系统，彼此不能直接沟通，所以国际间的语言交流主要通过翻译工作。造型艺术的"形象语言"是世界性的，是全人类相通的"共同语言"。它不受民族和地域的局限，可以直接为人类广泛地接受。语言文字符号系统是以词的概念为基础，通过语法等组织结构而形成的。而艺术形象语言是以人们对形象所赋予情感概念和比喻、象征等含义，并以图形的变化组合而形成的。词概念有相对的明确性和稳定性，这种稳定、明确是约定俗成的元素。而形象概念则不如词汇那样鲜明和稳定，它以情境性变化为根据，并以人们生活经验和情感经验为基础。在审美活动中，艺术语言的传播也并非丝毫不受时间和空间的局限，这种信息传递也可能发生障碍。虽然，造型艺术中的形象语言有世界范围的共同性，但就艺术作品的特色而言，却是各有千秋。最好的艺术作品也就是最有民族特色和地方特色的东西，它最有与众不同的独到之处。造型艺术作品常常取材于文学、诗歌、音乐、戏剧，取材于宗教故事、民间传说、历史事件等，这些艺术作品的原版和历史上的文字记载就成了理解造型艺术作品的良好依据，而联想就是认知艺术品的有效思维方式，它借助形象语言和联想进行的，主要表现以下三个方面：

(1) 知觉经验在联想中作用。造型艺术中联想起主要的作用，知觉经验主要来源于视知觉。视觉经验在审美过程中的作用，在于增加信息传递速度和加强知觉的完整性。

(2) 生活经验在联想中作用。视觉经验联想具有很大直觉性联系；生活经验的联想则同思维活动相联系并带有意识性。

(3) 情节性推移联想。由于造型艺术瞬间性的特征，情节性的艺术作品又要选取承前启后的关键性情节，所以若想理解作品所表现的含义，事物整体的来龙去脉，就必须以联想的思维方式来补充，这种联想就是情节性的推移与联想，美的意境也是在交流与完善中得到的体悟。

6.5 意象造型的表现

本节引言

意象造型的表现是学生和创意人的重要能力。表现的熟练与否，将会影响创意信息传递的准确性。本节重点简述什么是表现、情感的艺术表现、东方人的表现意念、表现艺术的审美经验、意象创意表达的形式构成的基本理论。使学生和创意人明确概念，理解对比的差异，在表现中寻找正确的思维方向和意象造型语言。在表达中升华创意，更在创意中深化意象造型的准确性和原创性，让意象思维在创意表达中，发挥更大的视觉传达作用，使传达的视觉语言和信息，更符合当下人们审美的需求，让意象造型表达更精彩与延伸的意义。

6.5.1 什么是表现

什么是表现？表现与内在情感活动有关。概括地讲，表现即是内在情感的外部呈现。在心灵内部的情感过程是隐蔽的，是复杂的和瞬间即变的心理活动，然而，并不是绝对看不见、摸不着的，也并不是不可以将它归纳和抽象的。最简单的感情，可以通过种种简单有趣的身体动作和面部变化表现出来，较复杂感情则要通过复杂的情势才能表现出来。可见，人类的表现活动是极为复杂的，它有形形色色的种类和方式，有的明确、有的隐蔽、有的直接、有的间接。但是，从人类情感表现的总体发展过程来看，最好把它们分成情感的自然表现和情感艺术表现。情感的自然表现是人类生存活动和竞争活动的工具，情感的艺术表现则是人类对自我内心生活的认识、丰富和发现。在历史的发展过程中，这两种表现相互支持和作用，从而使人类内在的心理结构不断地发展与丰富。

6.5.2 情感的艺术表现

人类的自然情感现已发展到相当完美的状态，它作为人与人之间交流的手段，极其有效地推动着人与人之间的交往和理解活动，从而推动人类生产和社会实践活动不断向前发展。即使如此，也仍然不同意像那样，把情感的自然表现等同于艺术表现。不可否认是自然表现与艺术表现有着相近的地方，但从自然表现到艺术表现，仍然有着相当的一段距离。然而，即使原始艺术对自然表现进行了大量引用，这些引用仍然是依据具体情势有选择地进行，而且，一旦某种自然动作进入艺术，它便成为艺术整体的成分，与日常生活中的自然感情表现有了较大区别。当艺术进入比较高级的阶段时，这种情况就变得更加明显，因为越到高级阶段，对自然感情表现的改造、选择和修正的程度就越大。与艺术表现相比，自然表现毕竟是模糊的、微弱的和不完整的形态。从总体上来分析，仅仅对感情的自然表现进行加工、修补和选择，还不能很好地刻画内在感情。在细腻性、准确性方面做不到，在整体结构方面就更差。情感的自然表现与艺术表现之间的差距，还可以通过语言的使用得到说明。而语言不仅能表达思想，还能描述事物的状态，还可以用来表现感情。但是，语言的自然表现与艺术表现有极大的区别。其实，有没有"意象"出现，不仅是日常语言表现同艺术语言表现的区别所在，也是一切艺术表现同自然表现的区别所在。对此，西方古代的奎特利安曾有过这样一段生动的表述：重要的是欲想使艺术表现的感情使别人信服，首先需要自己信服，要想感动别人，首先必须感动自己。

图6-31、图6-32所示的作品把作者的情感的"意"加载到形态"象"的造型上，借此来影响人们的视觉与心理感知，生成新的意象表达的造型，为吸引人们的注意力，重构与构成新形态与图形，体现出新的意象造型信息的独创性。

图6-31　意象审美创意/石兴/
指导教师：伊延波

图6-32　温暖爱意/杨阳/
指导教师：伊延波

6.5.3　东方人的表现意念

东方人都有着一套不同于西方人的独特见解与表达意念。众所周知，西方浪漫时代所推崇的自我表现，其中最主要的支柱是该时代所推崇的天才论。按照这种理论，真正的艺术家都是超人和天才，而天才之所以是天才，就在于他的思路敏捷，感受深刻和与众不同。因此，他们表现的任何感情和思想，都会对人类有所启迪和鼓舞，都是有价值的体现。当考察中国古代和印度的一些有关艺术表现的理论时，就可以洞悉出，它们自开始起就与西方的自我表现理论有着根本的不同。按照中国道家学说，认为道家的表现论，是真正代表中国的表现论，并不是任何艺术表现都是有价值的，艺术家欲想达到成功的表现，必须首先与宇宙精神达到完全的合一(即天人合一)。在这种理论背景下，艺术家表现自我，就等于表现了宇宙的"道"，因为自我的一切都已升华为道，二者已达到"一分二，二合一"的审美境界。

6.5.4　表现艺术的审美经验

表现艺术会造成较为独特的审美经验，它不是主要提供外部世界那万花筒般的表象，让人感受其实质，而是无意识层面的情感生活，这种深层次的情感引起的感受同日常生活中的情绪不同，普通情绪虽然也有特定的刺激引起，但毕竟是一些与生存活动息息相关的东西，因而只不过是一种刺激反映罢了。表现就不同了，它本是深层事物的东西，所以造成的体验也是深沉复杂的。从整体人类历史分析，艺术和审美能力的发展与生产力的发展有时并不平衡，这种不平衡，是由社会对人内在创造能力的限制造成的。就表现艺术层面来分析，情况是极为复杂的，现代表现艺术有的是严肃的，是按照时代赋予的审美理想进行的自由的创造；有的是随意按照个人兴趣进行的随意创造。前者会造成深刻的审美体验，后者则使人付之一笑。从总体上看，艺术是一个时代精神的索引，任何一个时代的特殊感情，都会诱导出与这些感情相一致的艺术形式。表现艺术有着独特的形态，它们不像再现艺术那样，利用生活中的某一现象去揭示另一些现象，也不像印象主义艺术那样，使生活中得到的种种瞬间意象相互融合和碰撞，发出更加绚丽的火花，以新的灿烂的光辉照耀生活，而是对现实生活的形象作大幅度的扭曲、变形，以内在情感的形态为标准去塑造形象。

6.5.5 意象创意表达的形式构成

意象创意表达的形式构成，则是由创意表达的熟练性决定的。在创意表达中进一步升华创意思维，在细节表达中深化意象思维的创意，更在完美创意表达中让意象思维的表达更加精彩。将视觉形式与法则及灵感，进行创意思维的极其重要的融合与发展，它的意义有6种内容构成，形成意象思维与创意表达过程中不可或缺的表达技能，这是学生与设计师要掌握的形式构成。

1. 表达的熟练性

熟练性是造型艺术表达的基本能力，主要表现在如下几个方面：

(1) 掌握各种表达技法，了解多种视觉艺术的表达方式。例如：钢笔速写、铅笔画法、水粉画法、透明水色画法、马克笔画法、喷绘画法等。

(2) 寻求适合自己的表达方式，人与人之间的差异才使这个社会变得丰富、充满活力和个性发展，很难想象到处都是相同的人和世界会是什么样子。学习表达艺术也同样需要个性，多样性才是幸福的本源。每个人的思维方式不同、生活阅历不同、学习经历不同，在遗传、习惯、爱好等方面更是不同，这些都会对个人的表达方式产生不同的影响。理性的人善于用数据分析，但绘图能力较弱；而感性的人善于图形表现，但缺乏逻辑思维。严谨的人追求精确；灵活的人追求快速。有的人天生对色彩有敏锐的感觉；有些人则正好相反。有些人喜欢先从整体入手；而有些人善于从细处抓起，如此等等。千姿百态，每个人都可以找到适合自己的表现技法。例如：理性的人可以选择图表数据表达，感性的人可用线条表现，严谨的人可通过建模和制图表达，灵活的人可多用草图表现等。然而任何人都无需抛开自身的特点，不必去刻意模仿和盲从别人的方法；世上没有最好的方法。只有最适合的方法，只要认清自身的优势，就一定能找到适合自己的表达方法。

如图6-33、图6-34所示，"意"与"象"是用来寄托作者主观思想与感情的客观媒介物，当客观的"意"与"象"不尽如人意时，作者就将主观的审美意识融入意象造型活动中，形成新的审美造型表达效果，从而使视觉信息的传达更具有视觉影响力与深刻的含义及韵味，从而引发观者的思考与心灵的共鸣，构成新的视觉审美意境。

图6-33 意象审美创意/马飞君/
指导教师：伊延波

图6-34 意象审美创意/曲美亭/
指导教师：伊延波

2. 在表达中进一步升华创意

从多视点上表达，由于行业的需要，设计师比一般人有更敏锐的洞察力。有了细腻而准确的观察，往往能对事物有更全面的认识，对事物的观察也具有更多、更独特的视角。首先，从空间层面建立不同的视点。其次，从时间层面建立不同视点。再次，在各个设计环节层面上建立不同的视点。最后，用转换角色来建立不同的视点。创意的完整表达，是一个复杂而又系统的过程。设计创意的视点是多角度的，而这些视点也是设计创意的切入点，也是设计师必须考虑到的设计要素。因此，在实施意象思维与设计创意表达时，要综合、全面地考虑这些切入点，做到"面面俱到"，不遗漏任何可以或可能发展的设计创意要素。从这些视点中找到独特的创意思维，完整的表达创意有利于观者深入地理解设计创意的意蕴，全面了解形态与图形，功能与象征等方面的属性；完整的表达创意有利于工程技术人员明确设计执行中各项结构与数据的依据，能顺利地完成视觉传达设计的含义与价值的体现。

3. 细节表达中深化创意

解决设计创意中的细节，是随着创意设计方案的不断深入和完善，设计创意的重心不能仅停留在造型的外观形态上，对造型设计的任何一个细节都要明确无误地进行考察。从构思到设计完成，要耐人寻味而又不能烦琐，从整体到细节都充满哲理与和谐。因此，有必要在创意设计表达中，将细节单独列出来，着重对细节表现加以强调。细节是设计师个性与品位的形象体现，也是观者判定视觉语言优劣的一项尺度标准。实现的可能性是细节在整体的有机组成部分，细节从属于整体。因此，细节要受到造型整体效果的约束。细节是设计师个性的体现，但个性的表达要受到共性的制约，设计创意活动经常是一种群体性的工作，在讨论和探讨中生成新的创意是常有的情境。

4．完美表达使创意更精彩

创意表达除了要掌握一定的表现手法外，与设计流程一样，表达也是一个过程。首先，表达要有思维上的连贯性，即表达的逻辑性要强。其次，各部分表达要清晰达意。最后，设计师在创意表达中，一定要有大局观念，能全面掌控创意表达的效果。这是表达出整体构想的最重要一步。所谓整体观念，就是在创意表达中有很好的整体观念与感觉，既不遗漏重点，也不能过分突出细节。既保持创意表达的完整性，也有表达的着重点，有张有弛，有密有疏。但是这其实是很难把握的尺度与分寸。使意象思维的创意表达尽量完美，如同只有用好材料才能做出可口的饭菜一样，只有优质的创意表达才能使意象思维与创意表达得以完美实现。创意表达的进行与发展都是同步的，设计师往往用各种表达手法来记录各个阶段的思考。设计创意表达除了是一种理性的逻辑性行为外，还很大程度上是一种感性的艺术性行为。其实一切的"表达"最终都是为了"创意"，"创意"才是表达的目的，才是核心，合理而独到的设计方案才是设计的目的。

5．视觉形式法则

学习视觉形式法则，概括归纳有如下5种形式法则：对称与均衡、重复与调和、节奏与韵律、对比与统一、统一与调和。

(1) 对称与均衡。对称是点、线、面在上下或左右，有同一的部分反复而形成的图形，它表现了平衡的完美状态，表现了力的均衡，是人们生活中，最为常见和习惯的一种形式法则。均衡的形式，在机能上可以取得力的平衡，在视觉上会使人感到完美无缺，对称与平衡具有较强的秩序感。对称与平衡有4种基本形式：反射；移动；回转；扩大。

(2) 重复与调和。重复就是相同或近似的形象反复排列。它的特征就是形象的连续性，就是任何事物的发展都具有一种秩序性。

(3) 节奏与韵律。节奏与韵律是借用音乐艺术时间现象的用语。它的特征是具有格律、节奏和韵律，是把基本形有规则、反复地连续起来。

(4) 对比与统一。一切创意作品，都要处理好调和与对比形式，也就是统一和变化的关系。对比是人们对一切事物识别的主要方法。对比在画面上所产生的效果是变化。创意既要有对比与变化的同时，又要有调和与统一。对比方式有空间对比、聚散对比、大小对比、曲直对比、方向对比、明暗对比。

(5) 统一与调和就是创意的各个组成部分的关系，能和谐一致，给人视觉的美感。达到调和的最基本条件是任何作品中都必须具有的共同因素：形象特征的统一等、明暗和色彩的统一、方向的统一等。打散与重构是构成中的创意概念。它是将完整的自然影像"打散"，取其局部进行重新组合，构成新的视觉语言。先对原有形态进行科学分解称为"打散"，然后又将分解而成的各元素按照新的美学构想重新排列、组合出与原型完全不同的新形态称为重构。

图6-35、图6-36所示的作品是作者审美能力的体现，将意象思维中的形态人格化与理想美的体现，巧妙地将文化象征的信息与民俗图形的寓意融入其中，可产生新视觉语言

的可读性和趣味性，为设计传达增添了视觉语境的互动性与持续性。新的意象造型既丰富了创意思维，也活跃了创意表达的方式，更增加视觉艺术的审美意境。

图6-35　意象审美创意/张帅/
指导教师：伊延波

图6-36　肖像联想/冯馨瑶/
指导教师：伊延波

6. 灵感对于创意思维有着极其重要的促进作用

为了获得意象思维创意的灵感，应该有如下准备和训练，可以从5个方面准备和训练：

(1) "灵感是量变到质变的飞跃，是旧图式突破新图式的产生"。

(2) 灵感的出现需要个体全身心地投入，甚至达到痴迷的地步。这是众多成功者的经验和实践证明的一个真理。

(3) 不要轻言"场景转换"，即不要提前进入创意生成的第四个阶段现实中，一些人在知道创意生成有场景转换的问题后，往往准备阶段并未结束就想轻松一下，以等待灵感的到来。

(4) 要有意识地摆脱习惯性思维的束缚。

(5) 要主动培养一些有利于发挥创造力的非智力因素，创造力是人类大脑智慧的结晶，但创造力的出现是十分复杂的。创造力是人类智力的组成部分，但仅仅满足了智力的要求条件，并不能让人类大脑所拥有的创造力潜能得到充分发挥。学生和设计师必须要有以苦为乐的精神，其实这是自我意识在发挥统帅作用。树立正确的自我意识，鼓励学生和设计师克服挫折并跨越困境，超越自己，独立思考。

单元训练和作业

1. 作业欣赏

    案例：①个性审美的表现；②细弱审美观念的表现；③力量美的造型表现。

2. 课题内容

    从中外意象造型的起源于发展、造型艺术的本质、表达意象、造型与信息的互动与延伸，在细节表达中深化创意思维与意象表达的技巧，在实践中提升表达的准确性与审美性，使作品更具有深刻的含义和象征意味。

3. 课题时间：8学时

    教学方式：在A4纸上创意设计，完成作业后，师生共同讨论并点评作品，使学生掌握纵横对比的方法进行思维表达。在认识与理解中提升自己的思维能力和造型能力与表达能力，让意象思维在创意表达的过程中，发挥更大的传达作用和社会影响力。

    要点提示：对意象造型的基本元素、造型艺术的要素、想象与表达一体化、意象造型的信息互动、意象创意表达的形式构成以及形成意象思维与创意表达的熟练技巧。

    教学要求：掌握意象形态和意象图形的造型方法及表达技巧，达到意象思维与创意思维的整合。

    训练目的：主要使学生从理论的角度，认识并理解意象形态与意象图形的含义，更好地为创意表达提供准确的视觉审美元素与图形信息，提升学生的意象造型的表达能力与互动性。

4. 其他作业

    要求：收集中外各种视觉素材，分类、归纳、利用创意思维进行意象造型的分析与表达，制做一个50页的ppt，进行15～20分钟的陈述，考查学生的思维反映能力，语言表达能力，以及行动的执行力与综合整理能力的整体展示。

5. 本章思考题

    (1) 造型艺术的要素。

    (2) 想象和表达一体化的提高。

    (3) 意象创意表达的形式法则。

6. 相关知识链接

    (1) 高庆年. 造型艺术心理学[M]. 北京：知识出版社，1988.

    (2) 张同，朱曦. 创意表达[M]. 上海：东方出版中心，2004.

    (3) 腾守尧. 审美心理描述[M]. 北京：中国社会科学出版社，1985.

    (4) 赵殿泽. 构成艺术[M]. 沈阳：辽宁美术出版社，2004.

    (5) 丁邦清. 广告创意[M]. 长沙：中南大学出版社，2003.

    (6) [日]竹内敏雄. 美学百科辞典[M]. 刘晓路，等译. 哈尔滨：黑龙江人民出版社，1987.

    (7) [美]约瑟夫·墨菲. 潜意识的力量[M]. 吴忌寒，译. 北京：中国城市出版社，2009.

    (8) [英]E.H.贡布里希. 秩序感[M]. 范景中，杨思梁，徐一维，译. 长沙：湖南科学技术出版社，2006.

第 7 章
意象思维与创意表达案例

课前训练

训练内容：任选一本正在学习的专业书(要求：文字不得少于30万字)，阅读书中的重点内容，提取、归纳形成一篇5000字的论文。从阅读与撰写中提高学生的思维能力，增强学生的思维意境和整合能力。

训练注意事项：针对以往设计艺术学科的学生特点：偏于感性和表象，缺少理性分析、整合、归纳的思维习惯，本章重点提高学生和创意人的更深层次的思考能力，将表象的第一直觉回归理性，使创意表达的含义和象征性具有联想的意境。

训练要求和目标

训练要求：掌握和理解专业书的内容、脉络、总体的书境；寻着作者的思维，体悟作者的思维方法，形成自己的语言表达。从抽象的文字中理解与表达专业形态和图形中最本质的部分，构成文字与形象互为促进的动态学习关系。

训练目标：通过阅读和撰写全书内容，进而提高学生的思维能力，弥补以往教学的不足，从专家、艺术家、文学家、科学家的成果中，领悟逻辑思维能力和思考方法，将抽象思维与具象思维、表象思维与意象思维、发散思维与逻辑思维融为一体，达到自由的意象思维与创意表达，提升创意表达的内涵。

本章要点

所学的专业特征与属性。
所学专业的类别与功能。
所学专业与相关学科的联想。
美学、文学、科学对专业思维的作用。
音乐、舞蹈、体育对审美能力的影响。

本章引言

本章主要从两个方面分别阐述思维意境和视觉表达。一方面是从思维意境切入，使学生掌握抽象思维的方法和训练，在撰写中得到抽象思维和逻辑思维的提升。另一方面是从视觉表达入手，直观有效地展现在观者眼前，运用已有的视觉、直觉、自由地解读形态或图形的含义，灵活地领悟作品中的审美意境与创意主题，任由意象形态或图形在阅读者的视觉与思维中生长、延伸、撞击，使意象思维与创意表达更具有含义和象征意味。

7.1 思维意境

本节引言

本节内容主要是给学生提供思维参考和借鉴,从中领悟出自己所学专业的内涵和意义、原则和表达手段,寻找出适合自己的创意思维表达的方式。

7.1.1 意象造型在视觉传达设计中的审美作用

科学技术的飞速发展将设计艺术教育推向了创意过程中的核心地位。通过对学生意象造型能力的培养,使学生具有创意思维的表达能力和创新能力。文章将探索和研究意象造型审美观在设计艺术教育领域中,对学生创意思维和造型能力表达的影响,并研究意象造型审美在设计创意潜意识中对设计意识目标的影响,它将影响设计作品的优劣和在社会中的应用价值体现。客观存在的各种表象元素,是影响和形成意象造型审美观和意象造型思维的灵感源泉,因此设计艺术教育目的在于培养学生应用意象思维与审美理论及超越技术层面的能力,进行意象与想象的再创造活动,让思维得以自由延伸和成长。意象审美观已渗透在视觉传达设计中,正发挥着巨大的传达与传播的作用。审美心理认知与表达及创意思维与造型能力的提高,是设计艺术教育与教学的重要研究课题。

1. 意象造型

意象造型是由意象、意象的生成、造型、造型元素、意象造型构成的基本理论。它将解读造型元素包含的线条、形态、明度、色彩、肌理、空间的审美意境。领悟意象造型能力的养成与意象造型审美观的培养,这是研究意象思维与意象造型的关键。

1) 意象

意象是主观内在"意"与客观外在"象"的问题。在审美观念作用下与创意思维高度的融合中,"意"是主观内在的思维;"象"则是客观物象与媒介物的有机结合,运用意象思维与造型,进行重构重组表象元素的构成,新的、可视的设计信息的表达。客观表象存在并作用于视觉思维活动中,会产生主观"意"的心理图式,进一步表达视觉传达设计和审美含义。

2) 意象的生成

意象生成具有良好的造型能力基础。对于学习设计的学生来讲,却是一个必要的基本条件;然而视觉传达设计创意的核心是意象形象的生成,也就是想象力的培养与表达问题。德国美学家康德指出:"审美意象是一种想象力所形成的形象显现……。"而视觉意象形象的生成,则是对创意形象的虚拟构想,也是一种融合理性和审美要求的创意想象活动。学生的创意动力,不仅源于有明晰的意象思维方向,还源于有明确的设计目标意识。不论是意象思维,还是设计目标意识都隐藏在学生的深层次心理的潜意识活动中,一旦设计目标确立,潜意识中的意象形象就会清晰地涌现在视觉传达设计的全部活动中。精神分析学创始人弗洛伊德,将人的精神活动分为意识、前意识、潜意识3个层面。由于学生成长环境、教育背景、生理和心理状态的差异,产生的视觉形态与形象就有差异。理论证明,设计艺术学生的深层次心理潜意识的作用,会影响和作用于意象形态生成与审美观的趋向。传达形态的积极或消极都是潜意识中意象审美作用的结果。潜意识有着不可忽视的内在主导作用。但是，意象思维与意象审美存在于生活中，隐藏在学生的思维潜意识的积累中；意识则是要求潜意识在准备之中，潜意识作用于思维和表现中，将审美观念转换成可视的意象形态，并赋予新的含义。

3) 造型

造型是占有一定空间而构成的具有视觉美感的造型。它通过视、听、触、味、嗅的五感本能，来体验意象造型的存在。它包括平面、建筑、服装、景观等，而造型能力就是学生在物质层面表现和客观形象上的表达，任何一种设计创意形态的表达，都体现了造型这一基本的视觉特征，因此造型能力是设计艺术学生的基本功，也是视觉传达设计的造型要素。

4) 造型元素

造型元素在视觉传达设计中是必不可少的表达元素。它的运用则是学生必须掌握和表现的造型能力。然而，造型元素又是不可或缺的视觉传达元素之一，无论是线条、形态，还是明度、色彩、肌理、空间等，它们都是视觉传达设计活动中运用频率最多的造型元素。

(1) 线条：是一种长度大于宽度的标记。分为轮廓、符号、方向、边界、暗含、肌理6种线条的表达。如果巧妙地运用线条造型，形状可创意出细变粗、长变短、垂直变为水平等视觉效果，形成远离、对角、折曲等图形各异的表现。使线条发挥着最大的表达功能，它可以完成分割平面和立体空间作用，在视觉传达设计中发挥着协调元素与创造个性的功能。

(2) 形态：是存在于空间中的一个形象。将形态分为自然、抽象、几何、非具象、正、负6种类别，运用形态造型的元素，可以设计创意出千差万别的独特性形象与印象深刻的造型。

(3) 明度：在视觉传达设计中通过应用特殊媒介物，才能达到的一种深浅视觉效果。明度又是线条和形态的表象特征，可以通过表达位置、空间、距离、厚度来表达体积感和实体存在。明度的作用是产生视觉对比效果、增强趣味、产生立体感与三维空间的视觉效果，加强视觉传达设计的信息和心理作用，体现出视觉的空间感与形象的生动感。

(4) 色彩：是一种最难以捕捉的造型元素。它美丽、敏感、相对又不真实，彼此之间对立、可爱、有趣、活泼、神秘。在共生共存的色彩关系中认识、分析、理解色相、明度、纯度、冷暖的属性，在可以引导观者色彩取向的同时，还可以分割空间远近、形态重叠、上下左右、前后等的存在关系，使色彩在视觉传达设计中具有视觉震撼力和颠覆性造型语言。

(5) 肌理：是一种比较容易描述的造型元素，它是一种可视的客观物质表征。具有强烈的对比作用和视觉张力，它创造着千姿百态的触觉效果，满足着人们对设计创意的触摸体验。肌理创造了各种各样的表象质感对比与视觉传达差异，在视觉传达设计中主要是视觉肌理的应用。

(6) 空间：是开始解决设计主题的地方，是一种造型变化。空间分为版式、负、二维、三维、实际、工作等空间观念，无疑都有益于学生今后的创意思维的展开。视觉传达设计活动中意象思维的培养，是设计艺术教学中的重中之重。然而，学生灵活地运用造型元素，创意出全新的意象造型语言含义，是学生在学期间的重要任务。使学生掌握意象思维和造型能力,也是当今设计艺术教育教学的目的,培养出合格的创意人是设计教育与教学的长期的任务。

5) 意象造型

意象造型是要认识和理解客观存在的物象,在培养对客观物象特征表达的同时,还应能达到自如的表达形象及图式。掌握整体观察与思维及设计创意的能力,并能独立创造个性化形象与表达的能力,具有归纳、概括客观物象特征的整合能力与生成联想思维链接的能力,是学生设计意象造型的思维能力与视觉语言表达能力不断走向完善与成熟的主要过程。

(1) 意象造型能力培养。这主要是研究创意的生成、形态变化、表达规律与方法。它侧重研究意象造型能力的培养,研究在诸多文化背景下形成的诱因,学生在设计艺术教育的环境中转变着自己的设计审美观念,意象造型是设计中重要的思维与表达部分。一幅设计要借助意象思维和想象力及表达力,方能在设计中体现出意象造型自身的信息,探索和研究传达中相关的视觉语言内涵,重构其表象元素,形成意象思维及视觉语言,这将对学生的未来有着不可估量的实用价值和理论指导意义。在教学中使学生进入一种高度活跃的思维状态中,促使想象力思维纵横跳跃,当形象因素和造型元素纷纷呈现时,就形成了意象造型的灵感外化。而人性在不断追逐新的设计形象时,在不停的创意和不懈的探求中,总是寻找着新的创意发展空间,完善一个又一个新的设计创意目标。意象造型思维方法应用领域非常广泛,它涉及电影、设计、文学、舞蹈、国画、书法等方面。

(2) 意象造型审美观。这主要是研究意象审美观在中西方艺术分析比较的同时,形成的意象造型审美观的理论。意象造型审美观是在中西文化中生成,在长期探索和研究中逐渐建立的设计审美观,其中包括科学观念的更新、审美意识的参与、造型手段的更新等,最终目的是构建在传承和发展传统文化的理论层面上,融合中西方具象和抽象造型方法和表达,构成一个多维次、立体交叉的审美观,寻找出意象造型审美在视觉传达设计中的传播途径,正确认识和理解意象审美观在视觉活动中的作用与引导性,体现新时代的需求与个性表达。

2. 视觉传达设计

视觉传达设计不再是传统元素的显现,而是从视觉延伸到听觉、触觉、嗅觉、味觉的五大感官中,因此意象造型审美观和表达手段的提升,也会受到客观存在的诸因素影响,它们改变着人的思维模式和行为方式。客观元素在悄然发生着转变,新的审美观也正渐渐地渗透在生活与学习及工作中,因此学习与理解意象造型与审美观,会提高视觉语言的传达力。

1) 视觉

视觉是人们感知世界和认识客观存在的一种知觉手段,是人类五大感官中第一时间的反应,是不可取代的一种重要的体验。视觉信息越来越多地进入人们的视域,已经成为人们生活、学习、工作中不可缺少的视觉导向,传递着视觉传达设计的每一个细节与惊奇,它们起着不可估量的视觉引导力和影响力,引导着视觉的追寻与改变。

2) 传达设计

传达设计的内容是色彩、图形、文字信息与空间构成的关系。它是研究意象造型在视觉传达中的具体应用和表现，它借助于色彩、图形、文字三元素，进行意象创意与表达。将意象审美观应用在设计中，将促进教育与教学理论体系的构建与完善，也为学生的健康成长提供良好的教育与教学理念，达到具有新视觉信息的传达与诠释，为社会的发展与生活服务。

3) 动态环境

新技术对视觉传达设计的推动，基于印刷技术的发展与摄影技术的进步带来了视觉表达手段的更新换代，数字化技术的涌现，展示了全新的视阈，充分体现了人们通过五感来享受生活。动态环境既丰富了人们的生活，也改变了生活与学习及工作的方式，更增加了人们对工作的兴趣，促进了人们的审美观从自然审美观向设计创意审美观的方向转化，从而提升了人们的生活品质。

4) 传播功能

视觉传达设计在完成自身蜕变的同时，也带来了社会发展和进步，经济的发展促进了信息行业的蓬勃繁荣。快速传播着商业与文化的信息，承载和传递着物质信息和精神信息，也传承和延续着民族的精神与文化，也提高了人对物质生活品质的追求。从电视、网络、报纸、广播、杂志，甚至手机无不体现着视觉传达设计的艺术魅力，传播已经成为人们生活的一部分，甚至像手足一样重要。重视视觉传达设计的传播功能，是学生与教师的教学活动主题和重要的教学核心。

5) 依托媒体

视觉传达设计涉及的范围较广，它包括标志、包装、UI界面、书籍、招贴海报、品牌形象等。首先要借助三个媒体，一是物质性的，如：声、光、色、实体的诸多物理反应；二是愉悦性的，如：图形、色彩、文字等因素的形象信息；三是情感性的，如：设计根据目标要求而进行，尊重人的生理和心理诉求，进一步对形态的重构与表达人性化。

3．审美作用与影响

审美作用与影响包括美、审美、传统意象审美观、多元文化冲击等因素的互相作用关系。

1) 美

美是一种价值。价值来源于人们对事物的思维判断、选择与评价。美可分为自然美、艺术美，它是主体自身所能体察到的某种感受和感情，因此美的基础是感知，没有感知的设计师是不具备发现美的能力。所以，在创意设计视觉语言之前，要拥有足够的美的感知与潜意识的储备。无论是哪一种美的表现形式，作为终生从事设计行业的设计师，要拥有足够的亲身感受和体验。美是为人而存在的，美的创造是人对客观事物判断后的再造，目的在于为人类创造一个更加美好的生存空间，新的时代呼唤着创新精神和创造能力。

2) 审美

审美是创意理想的视觉存在的核心。审美的培养使学生和设计师具有了造型语言个性化和风格化的创造力，使他们掌握了创造和追求新视觉语言的能力。设计审美个性是张扬与传达，用美学精神可以培育出更多具有创新精神和创新能力的人才。"人们往往把审美活动看成是没有意义的。……审美活动尽管没有直接的功利性，但它是人生所必需。……是不可缺少的一个精神层面。"研究设计审美领域就要主动了解和认识设计美、技术美、艺术美、科学美、自然美、社会美的含义,以及它们之间的相互关系。探索启发创意灵感的方法,通过对设计美、技术美、艺术美、科学美、自然美、社会美的深度分析与思考,对美的形态生成进行实践性的探索,创意出新的视觉语言更好地服务于社会。要重视培养学生的审美态度,美学家朱光潜先生强调:"要拥有审美态度或审美眼光,才能发现美;而要拥有审美态度就必须舍弃实用的、功利的态度方可以体验审美创造的过程"。

3) 传统意象审美观

我国的意象审美观受儒家美学思想的影响,在似与不似之间,像与非像之间找到了意象审美观的切入点。在表象、具象、抽象造型的形态中,形成了中国式的意象造型审美观,透过表象达到抽象与意象的高度融合,突破具象的束缚向精神层面发展,最终转换成意象造型审美观的视觉象征,这种思维的过程和精神层面的思考,如距今6000至7000年的半坡彩陶文化中人鱼的叠影造型,就体现了祖先对抽象审美观意象的追求,也是最早体现意象造型审美观的经典之作。又如龙飞凤舞的图案,也同样是意象审美观的体现。意是目的,像是手段,借像传意,是反映中华民族审美观的精神追求。意象造型审美观的理论与实践,是随着学科领域的扩大而发展和变化的,就其本身而言,它具有广泛性和渗透性,因此个体的知识体系构架不同,产生的意象造型审美形态也不同。我国的思维是先主观情感意念的融入,再强调意象审美观与表现,以追求意象审美意境为目的,是先辈传承至今的创意法宝。这种开放性的意象审美观和教学理念,已经在设计艺术教育领域中得到了理性的认识与实践性的探索。

4) 多元文化冲击

意象造型审美观的理论体系和实践模式,是学术前沿的重要研究课题。它与设计创意的总体关系是需要进行系统的讨论、探索、研究的问题。具象与抽象形成了两大造型表达体系,而在这两个体系中间的叠加地带,就形成了意象造型审美观的表达,它最终的视觉语言是运用点、线、面的构成,意象审美特征的表达是节奏与韵律的意境。具有代表性的人物是19至20世纪版画家珂勒惠支,她的作品已超越具象造型的范畴,向抽象造型的模式靠近。而"莫奈年代",突破表象和具象造型,将抽象造型审美及色彩空间感融为一体。"康定斯基时代"的到来,则更是以几何化造型冲击和颠覆了视觉的审美观念,从而使意象造型审美观完全趋向于抽象化和理性化,进而又细划分为热抽象与冷抽象的审美观,发展至今,成为平面构成、色彩构成、立体构成的抽象造型审美观的教学体系,它被设计艺术教育领域广为传播和应用。

21世纪是各种艺术形式辈出的时代,也是百家争鸣、百花齐放的时代。设计领域越来越强调多元化,意象造型思维的开放性也吸纳了更多层面和更多领域的知识与技能,完善和补充了意象造型审美的理论体系,给未来的设计师提供了有利的发展空间。培养多元文化的设计人才,是社会发展的要求,也是设计艺术教育融合多种学科理论与方法的研究方向。意象造型在视觉传达设计中的审美作用是设计艺术教育教学中研究的重要课题。

7.1.2 意象造型在设计艺术教学中的研究

在当今的经济浪潮中,设计艺术已成为人们生活中不可缺少的生活元素和视觉信息传达的载体,如何能够从不同视角去发现、研究并且科学合理地运用意象造型的形态,梳理出一个规范、完整的逻辑研究成果和体系，将它运用在设计艺术教学中，在实际应用中能够顺利地将意象造型形态转化为艺术性与商品性的综合形态，提高意象造型在实践中的应用价值，这是设计艺术教学活动中亟须解决的问题。

造型艺术有三种形态，即有写实形态、意象形态和抽象形态。而其中的意象形态则是"以意造像，以像达意"的互动交流形成艺术形态，"意象"是意念过程与视觉创造的共同体，是观念和情感的表述形态。其像是意的载体；其意有像的内涵，二者是意象造型的视觉形态。从造型的产生一直到现在，人们一直在不断地以感性视角和理性视角去研究意象造型。从非洲古老的岩画到现代的工业造型，意象造型从理性与感性的角度影响着社会文明的发展和进程。意象造型在古老的艺术形式中有着非常广泛的应用领域，特别是在当今的经济时代中，设计艺术已经成为人们生活中不可缺少的视觉元素和视觉信息传达的载体。

1. 意象造型在设计艺术教学中的研究状况

目前，从全国各个美术学院及设计院校的艺术设计专业的造型训练来分析，基本上是以写实为主，抽象造型训练虽也有所涉及，例如：平面、立体和色彩3种构成的训练。但意象造型训练却没有列入教学大纲中，也没有系统的意象造型训练教材和课程，即使有类似的课程，也只是停留在平面图像上。虽然也有注重艺术表现的造型研究，但是大多数还是在写实基础上进行的概括和夸张训练。而国外设计艺术界对意象造型已经开始进行探讨和研究，但是始终没有建立起一个整合的教学体系，研究的方向纷繁复杂，且较为零散，缺少系统的归纳和整合的架构。从现在的社会发展趋势来看，未来在设计艺术领域逐渐开始呼唤具有多视角、多元化的思维空间"意"与"象"结合的意象造型艺术。这种态度越来越强烈地要求在设计艺术教育教学中，形成一个规范的体系和严谨的逻辑思维方法及学术研究成果。并且将研究的成果实施在高等设计艺术教学体系中，从而形成一定的理论支持，同时又能与市场紧密地相结合，使意象造型形态转化成为符合审美性、设计性、商业性三位一体的综合艺术造型形态，为社会服务。

2. 意象造型在设计艺术教学中的实践性研究

在我国的艺术形式中，民间艺术家在创作形象时较少的有客观理念，他们的创作方法倾注着浓厚的意念元素，人们习惯将这种造型方式称为"意象造型"。意象是意念思维过程与视觉创造的共同结合体，是观念和感情的整合形态。"意"与"象"是一种高度融合的意象造型形态。这种意念思维在设计艺术教学中常有所运用，而这种运用是随意的、无序的，还没有形成在设计艺术中的逻辑性思考。所以，在教学活动中必须以设计艺术学科发展为切入点，针对高校本科生进行意象造型思维开发训练，同时针对研究生的培养，进行造型思维的理论研究及表现方法的探索。通过对本科与硕士研究生这两个层面的研究，逐步完善意象造型的探索与研究方向及方法，建立起意象造型研究体系，以丰富设计艺术教学理论研究及实践研究，整理出学科的研究发展方向，系统地归纳构建、重组意象造型的研究方法，并在教学实践过程中加以应用，使学生能掌握设计艺术理论的方法和实践依据。

1) 意象造型的思维培养与训练

意象造型的思维培养与形成来自于学生在平时的点滴积累。首先，可以通过阅读大量设计艺术作品来增强自身的审美视野，开拓创意思维的空间。在此基础上可以借鉴前人的理论和经验，加强对"意"与"象"的理解与应用。其次，要善于培养学生敏锐的观察能力，因为观察是设计创意的眼睛，没有观察就不会有创意活动的产生，要时刻学会捕捉生活中的各种细小而有趣的表象形态，只有这样才能使学生的思维积极而有效地运转起来。而意象造型的表现又是以自由和浪漫为主。通常以强调设计者的主观感受为主，不受时空、透视的影响，所以可以引导学生不仅可以从自然界中获取设计创意元素的丰富信息，而且还可以更多地在现代生活环境中去发现并提取有表现价值的设计元素，培养他们对生活的观察、理解和分析能力，从而使客观对象与设计本身相一致，使意象造型表现形式的界域得到拓展与延伸。再次，注重开发学生灵活多变的思维方式，在思维形成过程中要善于换位思考，多角度、多视野、多层次地感受和分析问题，探索最大可能地发挥意象造型的生动性、象征性、艺术性。

意象造型的思维训练方法是可以通过"联想"和"想象"来实施和完成的。"联想"是意象造型的催化剂，并不完全脱离现实事物，而是由一个内容启发到另一个内容，从一个形式联想到另一个形式表达。联想的思维能使物象与物象、意念与意念之间产生新的表象关系和新的意象造型，在视域中产生强烈的视觉冲击力，在内涵上赋予文化性、寓意性以及象征性。在设计教学活动中，可以帮助学生进行多方位的联想思维训练，一种是对"物象"本身的视觉形态、结构、色彩、肌理等表象因素进行联想，使两者在形"象"上发生相像的关联；另外一种是"意念"的联想，通过借喻联想、借代联想、相关联想，使学生获取意象造型的更高层面的指向性、含意性。而"想象"是人所具有的最古老的一种精神活动，所以一切设计行为都离不开想象，当然意象造型也不例外。在意象造型创意设计中，核心的问题就是解决想象力的问题。在具体训练过程中，鼓励并引导学生尝试，尽最大可能把自然客观的物象进行艺术化变异、错位、交替等融合，甚至可以摆脱客观条件和现实逻辑的约束，创造出新的形态并把其转化成多种意象形态，但必须具有可视的艺术形式以及准确的主题。"联想"与"想象"可以让学生的思维向着多维层面延伸，激发学生创造出符合时代审美需求的设计创意作品，以及更适合张扬个性并且能准确传递设计形态内涵的意象造型作品。

2) 意象造型的视觉表达

意象造型要求对客观对象以"意"取"象"，以自身所要表现的主观理念的需求，限定意象形态与客观物象形貌之间的"形似"的造型方式，经过艺术的加工提炼，再创造出主观审美的形态，表现的意象形态是主观意识与自然形态的高度融合统一，可以得出结论，意象造型即是以己之意，塑造彼的像，传达己的情。因此，在设计艺术教学中启发学生在针对意象造型视觉开发与设计时，既要把握客观物象的外在形貌，又不被客观物象形貌所束缚。在对客观物象形神兼备的总体把握中，寻求意象形态的自由审美表现。意象造型的理念是学生自身的文化背景、情感取向、生活态度所凝练的主观思想，就是对客观物象观察认识后所寄予的精神外化的表达。在意象造型过程中的形态外化表达，即是物象内在规律和生命力，又是学生的主观感受和思想在客观物象中的最典型、最突出的表现。使学生在不受"形似"的约束中，掌握更加具有丰富的想象能力和视觉表达手段及多维的造型能力。如：学生的意象造型作品《婀娜》、《少女》取材于苗族少女形象，通过对苗族少女自身形象、文化、服饰等多层面的分解与重构，整合了外化物象的造型即五官、头饰、花、鸟、鱼等元素，并且突破客观物象的约束，从视觉的

"象"到内涵的"意"上生动体现苗族少女特有的情怀，达到"似与不似之间"的设计艺术表现的完美意境。

在意象造型的视觉表达过程中，学生不仅要有对生活独特的审美认识，还要有充分呈现审美认识的表达能力和娴熟的表现技巧。设计艺术表现技巧不能脱离审美认识的内容而独立存在。意象造型的基本思路，是超越对客观具体物象的模拟与再现，而强调学生主观思想的自然流露。此外，意象造型视觉表达更加在于"立像以尽意，得意而忘像"的观点与法则，注重设计艺术表现的造型研究，加强设计主体和客体的情感沟通是必要的手段和方法。这种意象造型要求学生学会利用自己独特的视觉语言来表达超越现实的存在形态，运用多种表现手法对客观复杂形态的概括、转化，形成的视觉形态语言不是简单地表述生活原型，而是以视觉艺术语言的凝练为主要特征。特别是在当今社会中设计艺术思想纷繁复杂，创意与设计更加多元化，要想把意象造型创意设计引向一个全新的发展阶段和高度，就必须博采众长，充分发挥意象造型的思维特点。如学生的意象造型作品《飞歌》、《跳花》中采用提炼、概括、夸张、象征、比喻、变化、抽象等艺术表现手法，舍弃许多表象的元素或非本质的元素，使得设计创意作品超越了客观存在的表象，达到"意"的升华，意象造型的视觉语言更具有鲜明性和独特性的表达。

3．意象造型在设计艺术教学中的关键

意象造型在设计艺术教学中的关键在于学生如何能够把握好"得意忘像"的尺度，由于中国艺术哲学观重视的是情理结合，强调艺术对情感的构建和塑造作用，因此学生在表达意象造型时，要引导他们更多的不是在对象实体上，而是在功能、关系、韵律中强调更多的内在生活意念的形态表达，而不是忠实的模拟。形态大于思想，意象忠于概念，即情感和理念的抒发、寄托、传达、表现必须通过表象，才能使学生把主观情感与想象、理解融合在一起，进而使它客观化、对象化，构成既是不脱离客观表象的基本形式，又不拘泥于对象的表面形似，在表达对象真实性的同时又能与客观物象保持一定的距离，使表达的对象本质特征越发鲜明性、典型性，创意出具有深厚文化意蕴的独特意象形态，为社会服务。

意象造型的探索与研究能更好地成为设计艺术学中的一项具有高端思维导向的设计，对学科具有方向性的引导与指导，为今后设计艺术学及各专业的发展方向起到了设计思维创意性的理论指导作用。学术价值在于以最大范围内的横向研究模式，选择"意象造型"这一独特的设计艺术视觉语言，解读在设计活动中思维创意及相关问题，建立起一个规范的意象造型理论体系。在学术体系中丰富意象造型的视觉化、规范化、科学化的创意思维方式，改变意象造型松散无序的感性状态，填补意象造型方向的理论空白。并与市场相结合，形成符合现代美学价值取向，具有实用价值、应用价值融于一体的意象造型设计教学体系与教学效果。

7.1.3　意象图形创意的视觉思维分析

图形创意思维的过程，就是视觉思维传达的开始。意象图形创意是通过视觉认知来传递信息的过程，是在人类文字、语言形成之前，人类用来表达情感最直观的方式，意象图形创意正是运用了这一表达方式，在图形与色彩等创意元素中，进行着各种视觉艺术表现。本文将结合视觉传达中图形创意传达理论研究，以现代符号学、传播学等理论为依托，对图形进行视觉思维的分析和在视觉传播过程中作用进行探索，阐述意象图形创意表达情感特征。

1. 意象图形释义

图形一词源于希腊文"jlaphikes"，意思是指"适合于绘写"的艺术，又指可以复制的视觉形态，而在我国"图"字的本意为"谋划"，又引申为"形态"。"图形"是人们思想意识和情感活动的反映，在众多的视觉艺术形式中，意象图形是最具有视觉符号化特征的视觉艺术形式之一。在现代视觉设计领域里，其视觉形态既承载着信息又传递信息的职能，并进行着政治、经济、文化的沟通与传播。

意象即是意识中的形象，也是客观形象在人脑中的再次或数次映像。"意象是融入了主观情意的客观物象，或者是借助客观物象表现出来的主观情意。"然而，"意"必须借助于声音语言或图形含义的"形象"才能表达。意象图形是在抽象形态的基础上，构建起来的一种具有超理性的视觉图形表现形式，作为一种特殊的视觉符号，既有抽象概括的造型，又具有个性表现功能，它是一种深受个人思想意识及情感影响的视觉信息，反映了个人审美意识的认知度。此外，就意象图形创意而言，意象是设计师思维活动中的思维素材，也是创意思维不可缺少的动态元素。它在设计师思维中一般都要经过收集、储存、整合、生成、重构、表达等蜕变的过程。设计师在与客观世界的接触中，通过感官把大量客观形象收纳到视觉思维里。其中必须有一些突出的形象特征，经过初步的分类和归纳、拆分与组合、舍弃与储存等，就构成了意象元素并被储存在记忆中的潜意识里，在以后的工作中与相关的意象图形创意的思维活动中就会被选调出来，作用于视觉思维活动中，发挥着视觉思维的意象图形创意的传播作用。这就是视觉思维的形象元素的外化表达。

2. 意象图形与视觉思维

1) 视觉思维通过意象图形元素传达信息

意象图形是视觉思维表达过程中的重要元素，人类文明发展从"图形"开始，世界各个民族都经历了用图形语言来传达信息和情感的发展过程。意象图形的视觉思维元素以其独特的抽象性、联想性和创造性，成为了视觉传达设计中最重要的视觉信息传播工具和情感交流途径。

视觉思维的符号传达元素，主要是由抽象性的视觉符号经过提炼与归纳，并通过思维创意过程呈现出来的。因而，意象图形以一种符号的形式存在于视觉传达设计中，人们通过认知图形符号来相互理解、相互沟通，只要在人类视觉范围内的事物中，都有视觉符号的体现，视觉符号元素成为了表达图形含义的核心。在此基础上进行视觉符号的分析，大体可分为图像符号、指示符号及象征符号等。如果单纯地从平面设计中的图形构成元素来分析，又可分为具象符号和抽象符号等形式。由于视觉符号信息的感知是人类在交流中最直观、外在、感性的感知事物的方式，让图形符号更直观、更强烈地触动人们的视觉感知，成为了图形创意最主要的表现形式。一般来说，人们所观察到的自然事物的形态大多是不规则造型，人们的视觉注意总是更易被那些由不规则曲线构成的图像或图形符号所吸引，而相同或相似的自然形态，又最易引起人们本能的情感共鸣，这就是视觉愉悦感和满足感。因而，由点、线、面、色彩等元素构成的图形符号也极易被人们的视觉所感知，便成为了图形创意设计的主体元素。如韩美林的著作《天书》中，就把中国古老的汉字中表达图形含义的视觉元素进行重构、整合，从而形成具有意象图形内涵的新视觉符号。在无数的甲骨、石刻、岩画、古陶、青铜、陶器、砖铭和石鼓等历代文物中，搜集记录了数以万计的符号、记号、图形和古文字，韩美林以独特的艺术灵感和艺术表现手法，将那些古文字赋予了生动传神的灵性，它们是字又是画，再现了历经沧桑的中华民族古文化遗产的无穷艺术魅力。这些难以理解的古文字和视觉符号，虽然至今仍无法全部破译其本义，但在韩美林的笔下，成为一种视觉艺术化的符号，灵动而精美的意象图形符号展现在人们的眼前，既提高了人们的审美意识，又促进了社会文化的进步。

2) 意象图形是视觉思维信息传达的重要媒介

意象图形作为一种表象性的视觉思维活动，是对视觉思维反映所构成的结果。视觉思维在图形创意设计中起着主导性作用，它不会局限于视知觉的层面，而是能超越理性地揭示出人们思维中深层次的精神意识。现代结构主义符号学的理论认为，任何事物的内在变化与规律都能以可视的外观表象来表现，记忆、延伸、联想、理解与交流这些因素，意象图形作为信息外化表现的视觉元素，是视觉思维反映在图形创意中各种事物不同属性的，以视觉符号来构成图形含义，同时，视觉含义通过符号表现传达着视觉信息，为了把视觉信息准确并有效地传达给受众群体，设计师创意出图形将其转译成视觉图形语言，并运用到艺术设计活动中，以此来传达设计的新理念和个性的艺术主张。

3. 意象图形与视觉思维形态的互动

1) 意象图形创意过程中视觉思维的转换与表达

思想、情感、信息都是抽象思维的形态，而从心理感受的另一个角度分析，人们感受到一个视觉形象，尤其是熟悉的事物形象时，总是很自然地联想到生活中"常规"的或"习惯性"形象的印象，这些"习惯性"或"常规"是人们生活中长期经验的积累所形成的视觉思维定势，使无形的思想、情感朝着有形的图形方向发展，并创造出全新的图形符号含义。人在进行思想、情感、信息交流时，需要用一种可以被视觉感知的介质形态来负载抽象思维的含义，这样才能实现互动交流的全过程。这种意象图形信息的传达，在我国的传统书画领域也有所涉及，当代书画大师齐白石一生致力于国画研究，花鸟虫鱼、山水、人物等造型在他的笔下，无一不精，无一不新，他以丰富的人生经验和深厚的艺术造诣将笔墨意趣赋予中国画中，构成一种现代艺术精神，他的画能够直接地感动人心，向天下众生传达生命的智慧和生活的哲理。齐白石的作品都是通过在生活中长期积累的思维意象作为创作的素材，形成了一幅幅生动的画面，也就是我们所说的"意象造型观念"。意象图形在视觉含义的交流中起着巨大的视觉作用，既是依靠意象与图形信息对象之间在视觉上的相似性，又是实现图形符号的具象表现的外在作用。

2) 意象图形视觉思维外化表现的意境

"意境"是把意象的诸元素协调地整合起来，可以在意念中形成一种情景交融的环境。图形意味着不只是体现在看得见和摸得着的某种特殊的物质媒介，例如：形态、色彩、质感，而且体现在激发美感的形式中，即排列、组合、均衡、节律、布局以及具有一定"意味"的造型，意境之所以具有强烈的艺术感染力，是由于艺术家们抓住了自然形象中富有意象的特征，从而融情入景。又如：平面设计大师福田繁雄的《贝多芬第九交响曲》海报系列作品中，福田繁雄以贝多芬的头像作为基本形态，对人物的发部进行元素的置换。从一定距离观察这些作品，可以辨识出海报中的人物形象。但当我们仔细观察人物的发部时，它又是由不同的图形元素组成，创造出图形与情感交融的意境画面。在这里，音符、鸟、马等并不相关的图形元素，都被福田繁雄运用到他的这一系列海报中，这些元素丰富了同一主题海报的内涵，同时充满趣味性，更体现出设计者丰富的想象力。由此可见，意象思维的运用和意境的形成，在图形创意的过程中具有十分重要的作用。同样，在民间也有用特定的图像符号把象征观念含义的节庆民俗观念信息传达给人们，例如：灯笼、门神等。因此，图形创意的立意与构思要具有视觉符号的审美性和独创性，以达到双向视觉思维语言互动的通畅、愉悦的意境之中。

3) 图形创意中视觉符号的情感表达

创意图形符号使信息的传播与互动视觉化、典型化。理念、情感是人的精神层面的内涵，看不见摸不着，但在人们的观念、情感交流中就需要一种可以被人们视觉认知的媒介形态来负载精神内涵，那就是可视的图形创意符号。那么，灵感与情感的来源就是对生活的感悟，对自然物质、形态的认知，通过各种艺术表现形式转变成图形符号。就情感的视觉图形表现而言，从更深层次的意义上进行分析，图形是对事物的概括描绘和思想情感的外化表达，是对现实存在的思想意识和情感的解读，不是单靠概念而是要靠直觉，不是以逻辑思维为媒介，而是以感知形态作为主要媒介物。设计师还需要用某种和自然感性外观相一致的艺术媒介来表达自己的创意，那就是艺术的视觉符号。图形创意的形成过程是设计师运用视觉艺术媒介来营造的一个符号的视觉世界，也可以说是图形创意设计的过程。设计师不仅必须感受事物的"内在含义"，还须把创意情感赋予意象图形之中，把要传达的内容利用最简洁的形态变换成醒目、明了的图形视觉符号，最终达到视觉造型上的精彩外化表现。在今天复杂而迅猛发展的信息社会，这些形似简单的图形视觉符号其实效作用和内涵却越来越丰富。人们的生活也是越来越离不开意象图形的引导。

意象图形自身本无所谓意，而用视觉思维去创意、去构建，就会营造出图形的意境。一切意象活动都源于思维与图形同构的融合，看到物象与意象空间是设计师经过情感的孕育及视觉思维的透视重构，再融入图形内在的意象元素，也就是通过对物质空间的观察、感悟、升华而后转化成心灵空间，更是融入了设计师思想情感方面的精神元素。以有限的物质空间表现无限的精神空间，这就是意象图形创意在视觉思维中的外化形态表现。

7.1.4 意象思维在标志创意设计中的展示

标志创意设计是促进人类现代生活，并且方便实用交流的一种视觉方式，它是企业在市场中运营的一部分，是一个企业外在形象的浓缩体现。从思维的角度来讲，标志创意设计也属于意象思维的范畴，就是以"象"表"意"，以"意"造"象"的思维创意过程。标志创意设计中采用意象思维的表现方法，使标志创意设计不仅仅获得了符号化的图形语言内涵、符号化的意象的思维传达，更加深刻地赋予了标志创意设计中深层次意象思维和情感知觉，更将标志创意设计信息准确地传达给每一个受众。

1. 意象思维对于创意设计的影响

意象思维的创意是中国传统艺术形式中创造的核心，是对人生和自然进行整体深刻的感悟。具有了自然意象和人生意象的良好重构能力之后，设计师才能主动地形成独特的艺术意象思维，创意出具有精神内涵的设计艺术作品来。设计艺术的创意核心是在传统意义上的构思意象思维，所以标志意象的创造无疑是设计师和自我表达以及与外界交流的视觉表达方式。这不仅仅在设计艺术学之中，在美学中也常常遵循此道。在传统的艺术思想中，祖先总是运用丰富的想象力对自然万物形态加以主观概括和提炼整理，将意象的视觉元素进行意境表现和宇宙虚的理念融为一体。宗白华在《美学散步》中说：以宇宙人生的具体为对象，赏玩它的色相、秩序、节奏、和谐，借以窥见自我的最深心灵情感的反应；把实景转为虚景，把具象迁移意象元素，创意形象寓为象征内涵，使人类最高的心灵活动具象化、表象化，这就是"艺术境界"。标志创意设计从这种意象思维中得到了有意义的启示。又如：韩美林为中国国际航空公司所创意设计的标志，正是运用了这种创意设计的表现方式，以小见大，事外立象中生动地设计出一只吉祥、祈福的火凤凰形象。凤凰是中国古代传说中的神鸟，相传这种鸟出现在哪里，就会给哪里带来吉祥和欢乐，可谓是形美而意佳的象征内涵。标志采用了白底色和红字形，传达出了中国文化中喜庆、热烈的气氛。它象征着一种社会诚信，以标准化和系统化的设计艺术表现形式，将企业的理念、文化特征、服务内容等运用抽象语言转化为具体的可视的形象元素，将中华民族传统的象征纹样和纹饰加以改良和发展，使传统元素拥有了崭新的生命力和赋予现代审美价值的意义。

2. 意象概念在中国的形成

设计艺术是伴随着人类文明的发展而不断进步的，也是伴随着科技水平的提高而日趋的科学化和艺术化的过程。标志创意设计也同样是顺应这个时代的变化，在迈向国际化发展的同时保留民族的视觉元素就显得非常重要。在探索标志创意设计民族化的回归进程，不仅要学习传统的美学观点、视觉元素，更要吸取中国传统文化的精髓，追求标志内涵的再次升华。中国的设计师不仅有理论基础和设计能力，而且还要深刻地理解民族艺术及文化的精神实质和内涵，对当今社会的文化趋向能够比较准确地把握，意象是中国传统美学的一个十分重要的内容，其历史渊源可追溯到文字诞生前，先民开始使用图腾来传达思想与沟通感情。新石器时代的彩陶纹与刻绘在崖壁上的岩石刻等，都记载了祖先对自然的理解与期盼。但对现实生活中无法直观描摹的物象，先民就运用比喻或象征的方法对其进行抽象化，创意出形式多样的纹样和图符，传统纹样资源是极为丰富的源泉，它给了当代设计师无限的想象空间，设计师在自己成长和提升的过程中，既有意以贯之的脉络传承，又有多姿多彩的民族风貌，它们以其多样而又统一的民族格调，显示出设计创意的独特、深厚并富有魅力的民族传统纹样和民族精神象征。意象思维由此而完善，具有主观思想和客观事物形态的双重性的意象设计不断产生，随着时间的推移、历史的发展而不断地沉淀、延伸、衍变，从而形成了中国特有的传统艺术文化，这一文化凝聚了中华民族几千年的智慧精华，同时也体现了华夏民族所特有的审美存在。正所谓意境者文之母也，一切奇正之路，皆出于世间。不讲意境，是自塞其迹，终身无进道之日矣。

3. 标志的形象感和象征性

1) 标志的形象感

标志设计的形象是指那些能够引起人们思想、态度和情感变化的有关商品信息、品牌符号等企业机构的表征信息，以及承载和传达这些表征信息具体的视觉形状、姿态、可感知的图式。商标符号的表意特征：作为表意的符号系统和标志形象信息传达有着密切的关系。

标志设计的形象概念问题：形象概念作为一种思维图式，是人们大脑对于形象特征或者客观对象，包括了符号指涉的商品、品牌的本质属性、消费的社会文化属性，还有人类思维活动本身。在标志形象感性认识的基础上，设计师运用比较、分析、综合、抽象和概括等平面造型方法，抽象标志形象特有的、本质的形态属性，形成各种各样的形象概念。从而图形符号决定了视觉元素的组合形式以及观看事物的方式。图形符号有多种视觉形式，例如，写实完整的图画形式、概括性的具象图形、象征性的意象图形、完全几何化的抽象形态等。不同形式的图形符号，在形态特征模仿上，其程度各不相同。可以这样说，全部的图形符号都是模仿对象的真实形态的集合，也可以说标志中的意象思维也是标志感知形态的一种。具象性的意象形态，是介于具象与抽象之间的一种视觉形态，有具象的部分痕迹，又完全摆脱了写实再现的造型；既有抽象的概念表达，又不失形态的可识别性和实用性。通常都是简约形式，表达对事物的观念性的理解。象征性的意象形态，保留了部分与客体对象的"本质"联系，在视觉上的阐释提供了推理的线索，但是不像写实绘画和具象绘形那样，在直观感知方面能一目了然地理解形态所传达的含义，象征性抽象形态需要进一步地阐释推理，才能理解符号意义内在关联，实现图形意义的转换与升华。

2）标志的象征性

象征性在现实生活中运用得非常广泛，作为视觉信息传播的基本表现形式自古有之，在不同的地区、不同民族的文化中都存在着大量的象征符号。象征符号概念最通常的解释是用具体的感性形象表征某种抽象的精神意蕴，与再现的形象符号不同，象征符号排除了所有的最直接的视觉再现的关系，使商标形象符号的视觉元素与客观现实所指的对象没有任何联系。一种可视的符号来表示看不见的事物，用形象的隐喻和暗示激发受众者的情感，代表某种与之相应的思想内涵，标志创意设计的本质是获得对意象本能的外在化，达到形象信息交流的最终目的。象征性是标志形象最常见、最基本的展示形式，每一个标志的形象符号至少是客体事物某个方面特征的诠释，因而有着某种程度的概念性。将抽象的概念加以视觉图形化的象征性，人们常常把它们看成是象征性的视觉信息。交通的指示牌就是引导行人的象征性图形，它代表了人的普遍行为，所以也就代表"行人"这个概念。另一个例子是以手为元素的图形，正是因为把手从它们所处的时空抽象出来，它才成为合作这一概念的视觉表现。可以说，象征性是一个将标志创意设计含义约定俗成的关系。

象征物变成了客观的看不见的实体内在趋势所运用的可见的符号和标记，就是用特定的感性形象作为代表的象征物，表现与之相关和约定俗成的内容和含义。象征物可以是自然界的物体，也可以是属于人造物的象征范围，它是一种简洁的符号，起到了象征的目的和作用，具有若性的视觉导引性质。象征物的含义还不止一种，使用情境不同，含义往往也不相同，通过约定俗称的关系，使之具有意义的关联性。例如，雄鹰是勇猛、迅捷的象征，龙是中华民族文化精神的象征等。在这里包含了两层基本的含义，那就是作为象征物必须是诉诸感官的感知形象，而不是抽象的概念符号。同时，象征物具有表征功能，成为某种精神意蕴的外在表现，比如花是女人的象征，竹是正直人格的象征等。

标志形象的象征性，可以用视觉形态的象征性来表现，或寻找其他替代形象来表现，如果代表的形象本身不是普遍熟悉的形态特征，就需要做出必要的解释。标志形象的象征功能表现了图形的本质特征，即标志本身是一种象征性的视觉信息。正如，美国法官勒恩德·汉德所说的那样，标志是商人权威性的印记，商人将标志附在商品或包装或广告上，以此来象征保证商品的质量内涵。任何一个标志形象都具有与之相对应的约定俗成的意念关系。客观事物的含义与人的内心世界是相互契合的，标志形象能够引发人们对品牌的象征意象，在认知过程中读解出其中隐含的意义。任何标志形象的象征性，都会在给人们的视觉识别和情感认同上带来举足轻重的影响。

4．标志创意设计和意象思维的联系

标志是经过设计的特殊造型或文字构成的视觉传达信息，以具有充分象征性的视觉语言和特定的形态构成来传达标志的内在信息，以表达某种特指的含义和事物的视觉语言。它是通过概括的视觉图形来传达标志信息的象征符号，起着指示、识别、警告的传播作用。它以深刻的理念、优美的形态和缜密的构图，给受众者留下深刻的印象和记忆，在社会生活中呈现出特殊的审美功能与传达作用。

在标志设计中，意象思维表现是其重要的表现手法之一。在通常的创意设计中，一般为标志的形象与要表达的意义之间能建立起相对准确的内在关联，标志创意中常使用象征的表现手法来表现其意象思维。例如：陈汉民为中国农业银行所设计的标志，其中标志图为圆形，由中国富有代表性的古钱和麦穗构成。古钱寓意货币、银行；麦穗寓意农业，它们构成农业银行的名称符号要素。整体图形呈现出外圆内方，它预示着中国农业银行作为国有银行经营的模式。麦穗中部构成一个"田"字，阴纹又明显地形成半形，直接明了地表达出农业银行的特征。麦穗芒刺指向上方，使外圆开口，给人以突破感和穿越感，象征中国农业银行事业不断开拓前进。银行标准色为绿色，绿色的象征是：自然、新鲜、平静、安逸、有保障、有安全感、信任、可靠、公平、理智、理想、纯朴，会让人联想到自然、生命、生长；绿色是生命的本原色，象征生机、发展、永恒、稳健，表示农业银行诚信，寓意农业银行事业蓬勃发展。标志创意设计极具中国格调，通过文字与图形的象征形式的相结合，准确地表达了标志创意设计的内涵。意象思维的创意方法在标志中得到了充分的应用和表现。所以说一幅优秀的标志创意设计往往代表了一个企业的长远战略发展，运用意象思维的图形传达标志的含义，它们所代表的事物通常能够加速人们对于这个标志的认识进而认识企业的精神内涵，标志在使用和传播的时候，含义如果得到认同和肯定，标志的功能和实际作用就得到了充分的发挥。标志是由意象思维创造的新图形构成，又用图形来传达标志含义的终端目的。

标志创意设计中运用不同的视觉元素组合表达不同的图形内涵时，就一定要将意和形巧妙和谐地统一。不但要象征深刻，还要图形完整，做到两者统一和谐。另外，标志的形象不完整，那么意象思维的阐述也只是空谈，因为受众的审美各不相同，只有掌握最直观明了的基本观点，才可以让意象思维的创意无限延伸。这就是意象思维和标志创意设计造型的直觉联系。

5．标志创意设计中意象思维的展示

标志创意设计的意象思维不是一种对"象"的单纯描绘，而是一种意象思维深刻的造型力量表现。对于标志来讲，设计师们很多年来之所以不厌其烦地探讨图形，不仅仅是因为它具有审美意义的象征，还在于图形的背后隐藏着更深层次的审美意象，所以要带着意象审美的直觉来表达标志"意"的境界。

(1) 比喻象征：标志创意设计的意象思维中最重要的表现手法。就是采用一个或一组的视觉元素符号来进行重构与组合，传达和表现含义相平行或者更深层的象征意蕴。比喻象征是建立在两个物象所拥有的共性基础上，也是性质和关系的共性展示。

(2) 含蓄象征：在标志创意设计中的虚实结合表现中，虚中有实，借助有限的像内之形来传达无限的像外之神，就是以形传神。以标志创意设计的意境转化为表达设计理念，这是对设计中虚实结合的正确定位，以虚为虚，就是完全的虚无，以实为实，标志创意设计的意境就是不准确的信息，不能活灵活现。唯有以实为虚，化实为虚，就会有无穷的意味、幽远的意境。中国申奥的标志可以说是一个成功的范例，它突破了固定的视觉指向，将多维意象整合在同一图形之中。创意设计出来了现代与传统相结合的案例，也是国际信息和民族理念相链接的意蕴图形。

(3) 整合形态：是标志意象设计的又一种理念的思维模式，整合的概念也就是说，对于标志的内涵及外在形态进行意象设计完善，对轮廓特征和细节个性化进行夸张表现。但是要做到形似神意，夸张而有细节，意象而具有形态。要合情合理地对标志的创意设计进行艺术化的造型处理，就要表现标志本身应该具有的"特征及个性"。

(4) 动静融合：创意设计中应当充分注意标志的运动性，这也是最早的意象直觉，中国传统纹样中就特别注重纹样的象征与意境的直觉和灵动的气韵，老子曰："知其白，守其黑"。要展示标志创意设计的空间性，表现出有与无，动与静的韵律，意象思维就显得尤为重要。

标志创意设计中的意象思维展示，就是使标志设计更趋于简洁化、个性化和具有深层次的文化内涵。要使标志表达的内容更为丰富，具有更加强烈的时代感，已逐渐成为当今标志创意设计发展的主流趋势，值得每一个设计师潜心研究。就像巴尔扎克说的那样，最高的艺术是要把观念纳入形象中。所以，一个图形与形态包含着无数的思想、情感、象征，也包含着无限的审美意境与视觉识别信息，以及概括和融合了意象思维与设计艺术的哲理。

7.1.5 意象造型在平面设计中的演绎

在平面设计中，图形的表现主要是以意象造型为核心，将客观本体、主观表现和图形象征的内涵进行融合后的演绎，因此构成了多向或多维的图形内涵视觉传达。图形在演绎的过程中，以解读客观物象的本体含义为主，以传达主观意象信息为先导，以理解图形的象征含义为演绎的视觉信息，三者有机地构成了主观与客观、感性与理性的统一结合体。

在平面设计中，图形的表现经常运用意象造型的创造理念与方法。"意象造型"作为艺术设计的一种创意方法，源于传统绘画的理论，它强调"意"在先，"象"在后的造型理念。意象是指客观物象与人的主观心灵感悟而产生的视觉图形，也称为胸中之象。所谓意象造型就是指在艺术设计活动中不仅仅是单纯地模仿客观物象，而是要在对客观物象元素深刻全面理解的基础上进行主观的思考，从而达到抒情表意的目的。意象造型的方法首先源于意象思维，它是指艺术设计创意活动中所采取的以主观情感意象为主导，把客观物象置于"意"的范畴之中的创造性活动和思维方式。在平面设计中意象造型主要体现在图形表现方面，它是设计师对所表现的客观物象深刻理解后产生的主观想象和联想。它不拘泥于客观物象的真实再现，其中所涉及的主观认识和情感渗透所占的成分要远远超出现实物象。在这个创意过程中，主客观思维是互相联系、互相渗透的思维创意过程。意象造型的演绎，它已超越了视域中所能观察到的客观物象，将进一步向主观本体的内心深处进行无限的过渡与延伸。意象造型在平面设计中，向着多向或多维的视觉传达演绎趋向进行分解与整合，其中包括客观本体、主观再现和图形象征所具有的文化背景等内涵因素进行优化演绎。

1. 意象造型的客观本体表象

本体就是事物的原型或自身，也就是说意象造型在平面设计中作为图形象征进行演绎，其中图形自身的本体意义是向受众群体传达着视觉信息。正如法国学者德卢西奥·迈耶在他的《视觉美学》中讲道："一件艺术作品不是独白，而是对话。普遍的受众也许多半会力求在图形中找到自己的思想意识或情感中的某种符号解释。"而平面设计不是设计师的"独白"，它更需要与消费者、受众群体进行视觉交流和对话。要想找到这个解读的切入点，就要在意象造型的图形表现中主动发挥解读图形本体含义的能力，这就成为设计活动中首要的视觉任务，尤其是要对图形的客观本体意义及其所指对象的表象意义进行由表及里的破译。因为，任何一个创意图形表达，都不是影像式的真实还原，而是渗透了特有的民族文化背景及人文精神积淀的厚重视觉代码，从而为意象图形的创意灵感储存了丰富的想象元素和联想的文化背景。

在平面设计中，图形表现又可分为视觉直观看到的图形和思维所想到的概念图形，即是心象。观察能力是解读图形的基本视觉思维能力，不懂得视觉图形的本体含义，就无法正确理解认知意象造型的多向演绎。例如：日本平面设计大师福田繁雄设计的《监狱国际监察招贴》，就是一幅图形简洁而具有视觉冲击力的创意，他在图形创意和表现方面就采用了意象造型的表现方法，在浅色的图上，由4个代表牢门上监视孔的黑色长方形组成了一张人面孔的形。每个长方形小孔中露出肤色各不相同的手指造型，扳住小孔，目的是想找到一个对话的窗口。再仔细观看中会发现这是一张表情极其沮丧失落的面部，其用意是代表犯人的形象。在整体图形演绎的过程中，正是看到了图形的本体：监视孔、不同肤色的手和通过版式编排组成的沮丧失落的面部表情，才会对主体由"象"到"意"的进一步认知和理解，并感受到创意者的博大胸怀。同样是用人的面孔作为意象造型的图形，平面设计大师田中一光则给受众者带来了一种整体的视觉演绎。在他1981年设计的《日本舞蹈》海报中，画面是一张生动的日本传统歌舞的艺妓面孔。他的视觉语言既简洁又精练，图形清新而优美，整体构图采用方块分割的视觉语言形式，在细节的眼部与嘴部采用了对比图形元素进行重构。大师把代表眼睛的两个半圆同时向内侧倾斜，代表嘴部的两个圆微微错开，从而表现了一张微笑的图形。在整体图形演绎的过程中，运用方与圆的抽象几何图形重组重构，高度地概括了具象形体的抽象化的最佳视觉表现，充分传达了日本特有的民族文化内涵，同时又把东方传统文化的造型与西方现代设计的理念有机地融合在同一造型中，构成了完美的视觉意象图形。图形是以客观物象为依据，但又呈现出与客观物象的相判离视觉效果，它在造我兼容，主体、理念、神韵型方面展示了"意"与"象"高度融合的图形特征。正如：阿恩海姆所说："在思维活动中，视觉意象能为物体、事件和关系的全部特征提供结构等同物或同物体。"由此可知，在平面设计中意象造型的图形作为一种视觉文化的载体，图形意与象正是在似与不似中，它既包含了客观物象本体特征与生命活力，又表达了设计师主观情感与思维的结果。

2．意象造型的主观表现趋向

每一件艺术设计作品都必须表现某个主题或某种理念，也必须超出它本身的形态，创意设计的过程中也要包含个别物体的表现元素。"表现"一词源于西方现代绘画中的表现主义流派，它强调艺术家通过创造作品，绘画语言着重表现内心的情感或意念，而忽略对象外形的描写或摹写，因此往往表现为对现实形状的变形错位或抽象化表现。

在平面设计中意象造型采用更多的是主观表现元素和逻辑思维方式。图形经过主观整合重构已经成为具有象征意义的图式，同时，也是受众群体理解意象的主要视觉解读途径。通过意象造型的主观表现演绎，才能使主观的"意"和客观的"象"自然有机地结合在一个图形中，才能使受众者浮想联翩。意象造型的主观表现性越强，思想和情感的视觉张力就越大，意象图形的回味空间也就更加无穷。对图形的认识可以追溯到图腾时代来分析其主观表现演绎，图腾是始祖群体的亲属、祖先、保护神的标识和种族象征，是人类历史上最早出现的图形文化现象之一。图腾就是始祖迷信某种动物或自然物的同氏族有血缘关系的表达，因而用来做本氏族的徽号或标识。例如，河姆渡的文化中双凤朝阳纹，就是远古图徽标识的经典之作。在花纹中两只凤凰图形中间有一个太阳的形态，构成一个左右对称、均衡稳定的图腾样式，就是源于河姆渡文化先民祖先崇拜的神是太阳和凤凰。从这种现象中可以窥视出祖先将自然界常见的形态和他们的生活信息密切的融合，形成了客观的图式，并赋予一定的意念和神化，以及融入丰富的主观情感和生存的种种寄托与追求，进而创意出富有意境、充满生命渴望的意象造型。

这个创意过程就是意象造型的客观本体演绎，主观表现的升华转换的全部过程。例如：凤凰卫视的标识在外形上同样是具有高度概括的图形，是运用两只凤凰的翅膀与手的形象同构在一个图形中，采用喜相逢的结构形式，同时也是太极图形优美结构，是韵律与旋律的巧妙结合，体现了美好的形式感与和谐的韵味感。手与凤凰原本是两个毫不相干的视觉元素，但经过设计师的意象思维的构想，在造型方面把二者的共同特征融为一体，将二者的图形似与不似融合其中，一个崭新的意象造型诞生了，从而创意出与原形态的客观本体含义所不同的新的主观意念图形演绎，其中蕴藏着意象造型的多向发散与无限扩张的图形特征。因此，标识通过客观物象的主观意象表达后，向受众群体传播了一个中心的主题信息。凤凰台标识它继承了深厚的传统文化内涵，并表现出当代传媒行业沟通的强大视觉冲击力，同时，标识本身由一点向周边辐射的旋转形式又表现出兼具现代传媒高效、广泛的形象特征。标识的意向造型在似与不似之间传达演绎了"象"外之"象"，让人联想"言外之意"，在有限的图形本体中展示出无限的意象表现内涵。由此可见，在平面设计中把多个元素在时空上互相有距离的客观物象置身于一个意象造型中，就会在客观层面上演绎出主观创意一个全新意象图形。那么，新形象体现了具象与抽象、概括与夸张等诸多元素的融合，才是设计师所要传达和演绎的核心主题。

3. 意象造型的文化象征内涵

　　象征是艺术设计创意的有效视觉传达手法之一，它借助于某一具体事物的外在特征，寄寓设计师的某种深邃的思想或表达某种富有特殊意义的情感。"象征"一词最早出现在古希腊文化中，意为"一剖为二，各执一半的木制信物"，但随着词意的不断派生，如今"象征"的意义逐渐蜕变为以一种视觉图形的存在形式代表着另一种抽象事物的视觉传达，也借助一种文化存在的形式表达另一种理念的意境方式而广为传播并沿用。意象造型在平面设计的表现中，也借助图形的文化象征为媒介，一是可以帮助思维由表及里地完形，并完成对图形从现象到本质的认识和提升过程；二是达到完整的认识图形文化象征的全部内涵。因此，依据传统习惯风俗及一定的社会文化背景，要选择大众熟知的象征物作为本体是视觉诉求的有效方法。例如：松树表示顽强、鸽子代表和平、喜鹊象征吉祥、乌鸦象征厄运、鸳鸯象征爱情等广为流传的象征含义，视觉图形语言都是基于约定俗成的象征理念进而得以拓展和传承的视觉信息。

　　众所周知，鸽子象征着和平使者，也是在当今世界范围内都被认知和理解的视觉符号。然而，鸽子并不是从一开始就充当这一角色。远在上古时期，人们把鸽子看做是爱情的使者，而不是和平使者。在《圣经》中关于鸽子的记载是上帝让鸽子衔一条橄榄枝回来代表洪水已退去，表示人间尚存希望；在16世纪波澜壮阔的宗教改革运动中，鸽子又被赋予了新的象征，成为了圣灵的化身；直到1950年11月为纪念社会主义国家在华沙召开的世界和平大会，由毕加索大师创意执笔，画了一只昂首展翅的鸽子，智利著名诗人聂鲁达把它称为"和平鸽"。从此，作为世界和平使者的鸽子形象，就被世界各国所公认。在这个演化进程中，可以洞察出文化象征与图形象征的寓意也是在不断的流变转换中达到了尽善尽美的含义。美国平面设计师格拉塞有一幅招贴设计《劳动者形象》，图形中一双被捆绑的手高高举起，但是仔细观察分析，双手又同构为展翅欲飞的和平鸽形象。此招贴正是运用了意象造型的文化象征内涵来向受众群体演绎图形的内在含义。观察到与手同构而成的鸽子被绳索束缚而展翅欲飞的形象，马上会在眼前展现一个极力摆脱束缚，又奋力追求幸福和自由、向往光明和未来的劳动者的形象。运用意象造型的文化象征内涵，可以使抽象的概念具体化、形象化，更使复杂深刻理念显意化、单纯化，还可以延伸表象内在含义，创意出一种设计意境，还能引发人们联想和想象，以此增强视觉设计冲击力和感染力，达到更好地完成图形演绎的全部过程。

　　意象造型的客观本体表象、主观表现趋向和文化象征内涵，是整合构成平面设计的多向图形内涵的传达与演绎。其中客观本体是演绎的感性基础，而主观表现和文化象征的内涵是超越感性后理性思维升华的结合体，它还能派生出发散性的视觉空间。正如考夫卡在《格式塔心理学原理》一书中采纳并坚持两个重要的概念："心物场"和"同型论"，认为图形的完形含义只有在非心非物的同构关系中才能得到深刻的揭示。这个理论是对意象造型最好的诠释，将一切客观物象的视觉元素巧思其中，并通过主观表现和文化象征的寓意，使图形的演绎变得更加鲜活而具有生命力。意象造型方法作为平面设计中的一种图形表现形式，既丰富了艺术设计内涵，也突显了艺术设计的风格，更给设计师们带来了广阔的创意空间，他们在不断地挖掘其图形象征意义的同时，更加朝着多向的或多维的演绎意象造型方向努力探索，在有限的平面设计中演绎出无限的意向造型的图形设计的内涵。

7.2 视觉表达

本节引言

本节发表的是部分教师和学生的意象思维与创意表达的作品，都是教学的成果，来自不同的教育背景、不同的成长环境、不同的个人兴趣及爱酷的思考与表达，其中有朴素、华丽、优美、苦涩等不同的心理阅历，展现了不一样的审美意境和对审美的不同追求，希望部分作品能给读者以某种启示和有益的参考，这也是本书作者最初的愿望。将这些可爱的作品展示出来，目的是与您共同分享，共同进步。

7.2.1 黑白表达

图7-1～图7-3所示的作品运用同构式意象造型，在感官层面上具有强烈的视觉效果，设计中顺势的排列顺序，让观者产生一种稳定的优美感受，符合创意造型的特点，易有冲击力。

图7-4、图7-5所示的作品，其主体形象应用曲线造型，形成设计的强烈动感与节奏，引人注目。

图7-1　意象审美创意/孙珊珊/
　　　　指导教师：伊延波

图7-2　意象审美创意/石兴/
　　　　指导教师：伊延波

图7-3　意象审美创意/王慧/
　　　　指导教师：伊延波

图7-4　无限的生机/伊延波

图7-5　意象审美创意/崔晓晨/
　　　　指导教师：伊延波

图7-6、图7-7所示的作品中把人与人的局部放大到了一定的空间比例，具有强烈的视觉意境。

图7-8～图7-10所示的作品中采用分割重构的方法，用一种打破常规的视觉形式构成，具有视觉表现力强的意象造型，表达出一种有视觉冲击力的信息，具有动态与活泼的意象元素创意表达。

图7-6　意象创意/程显锋

图7-7　意象创意/徐丽/
指导教师：伊延波

图7-8　意象审美创意/王倩倩/
指导教师：伊延波

图7-9　意象创意/姜冠群/
指导教师：伊延波

图7-10　意象审美创意/
高中鹏/指导教师：伊延波

图7-11所示的作品采用局部替换的联想与想象的方法,产生活泼的、趣味性强的视觉传达效果。

图7-11 意象创意/熊成/指导教师:伊延波

图7-12、图7-13所示的作品运用了动态式构图。意象思维创意是在突破条条框框的约束,而进行的个性体现、风格化的意象思维含义,注意把握整体的协调性和统一性。

图7-12 意象审美创意/石兴/
指导教师:伊延波

图7-13 意象创意/孙珊乐/
指导教师:伊延波

图7-14所示的作品在造型相似的基础上不断进行意象思维的联想与想象,运用不同的造型达到"意"的体现。

图7-14 意象表达/李伟/指导教师:伊延波

图7-15、图7-16所示的作品主体形象突出,与许多小元素有节奏地编排在一起,产生动感的意境。

图7-15 亚当与夏娃启示/伊延波

图7-16 意象审美创意/吴琼/指导教师:伊延波

图7-17所示的作品以蜗牛为基本意念元素进行的联想与想象,逐步寻求造型的意象变化表达。

图7-17 意象表达/张淼/指导教师:伊延波

图7-18、图7-19所示的作品,从造型格调上来看,能吸引视觉注意力的是设计中的线条更替,增添了空间的趣味性与层次感,给人以想象的空间与自由舒畅感,突出了审美主题的视觉佳境。

图7-18 食趣/伊延波

图7-19 意象审美创意/任新光/指导教师:伊延波

图7-20、图7-21所示的作品都是采用中心式的构图，体现了民俗情趣与审美的意境。

图7-22、图7-23所示的作品，其视觉重心位于中上部，给人一种上升感，以及轻松愉悦的视觉效果。

图7-20　意象审美创意/李欣/
　　　　指导教师：伊延波

图7-21　意象审美创意/石莹莹/
　　　　指导教师：伊延波

图7-22　意象审美创意/史耀军/
　　　　指导教师：伊延波

图7-23　意象审美创意/曲美亭/
　　　　指导教师：伊延波

图7-24、图7-25所示的作品采用横式结构的表达，体现了意象造型具有向上发展的视觉趋势。

图7-26所示的作品以鸭子为基本形,在原有的形状的基础上增添不同的视觉元素与变化。

图7-27、图7-28所示的作品是沿着思绪的走向,勾勒新颖的视觉创意,使观者感受更多的异类的阅读。

图7-24　意象审美创意/孙薇/
指导教师:伊延波

图7-25　意象审美创意/姜雪/
指导教师:伊延波

图7-26　意象创意/于越/指导教师:伊延波

图7-27　意象审美创意/史耀军/
指导教师:伊延波

图7-28　思绪/伊延波

图7-29所示的作品从表面上看造型有所差异，但意象思维同出一源，造型表达引发深思与联想。

图7-29　意象创意/李威/指导教师：伊延波

图7-30所示的作品将灯芯替换成不同的形态元素，意在直觉的灯芯变化中表达生命的力量。

图7-30　意象创意/张淼/指导教师：伊延波

图7-31所示的作品中眼睛也是诱发联想与想象的元素，在丰富图形变化中，寻找着含义的答案。

图7-31　意象创意/周童/指导教师：伊延波

图7-32、图7-33所示的作品在一组整体有规律的形态中，探索与突破设计的结构，体现动感的视觉感。

图7-34、图7-35所示的作品在意象思维自由畅想的时刻，使图形编排与张力产生强烈的视觉冲击力。

图7-32 意象创意/伊文思/
指导教师:伊延波

图7-33 意象审美创意/孙珊珊/
指导教师:伊延波

图7-34 智慧/伊延波

图7-35 意象审美创意/史耀军/
指导教师:伊延波

图7-36所示的作品体现了活跃的意象思维与趣味的造型,产生不同的创意性形态与图形。

图7-36 意象创意/周莹莹/指导教师:伊延波

图7-37、图7-38所示的作品采用点、线、面的元素，体现作者直观感受的情感与意境及审美。

图7-37 蜕变 /伊延波

图7-38 意象审美创意/石莹莹/
指导教师：伊延波

图7-39、图7-40所示的作品汲取怀旧中国元素的构成，创意出雅拙古朴的视觉语言与传达效果。

图7-39 意象审美创意/徐文廷/
指导教师：伊延波

图7-40 意象审美创意/孙妍/
指导教师：伊延波

图7-41所示的作品是同一造型感的联想与变化表达，为创意增添了趣味性与深入表达主题的途径。

图7-41　意象创意/朱磊/指导教师：伊延波

图7-42、图7-43所示的作品，作者通过对花卉与叶子的观察，从中汲取灵感与意象造型的表达图式。

图7-42　意象审美创意/曲美亭/
指导教师：伊延波

图7-43　意象审美创意/衣长存/
指导教师：伊延波

图7-44、图7-45所示的作品，其中的元素凸显出层次感的意象境界，具有超层次感的视觉效果。

图7-44　意象审美创意/王大印/指导
教师：伊延波

图7-45　意象审美
创意/张璐璐/
指导教师：伊延波

235

图7-46、图7-47所示的作品充分运用表达元素，使其交错与叠加，实现意象语境审美的传达。

图7-48、图7-49所示的作品形式相近，但意象造型元素的差异，营造了异样的视觉效果与审美。

图7-46　意象审美创意/孙珊珊/
指导教师：伊延波

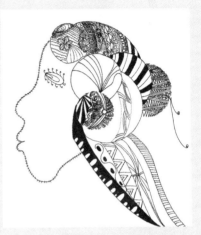

图7-47　意象审美创意/姜冠群/
指导教师：伊延波

图7-48　意象审美创意/徐丽/
指导教师：伊延波

图7-49　意象审美创意/杨雪/
指导教师：伊延波

创意的生命力在于实现图形语意的传达，其定位要准确，牵强附会的传达肯定会软弱无力，因此，图形创意表达就需具有强烈的传达性、识别性、趣味性等造型特点(图7-50)。

图7-51、图7-52所示的作品，其设计语言经过不断的提炼，在推敲中闪现出独特的意象思维模式，启发与诱发意象造型的灵感后所得到的特殊感悟，从而达到意象思维质的飞跃。

图7-53、图7-54所示的作品以一种突破常规的意象思维模式，运用逆向思维的方式进行思考，超出常人的想象，达到意想不到的视觉传达效果，体现了不走寻常路的个性与思维表达。

图7-50　意象创意/朱雁/指导教师：伊延波

图7-51　知觉情境/伊延波　　　　　　　图7-52　意象审美创意/杨丹丹/指导教师：伊延波

图7-53　意象审美创意/王函锐/指导教师：伊延波　　　图7-54　爱意/伊延波

图7-55、图7-56所示的作品通过知觉的体验,使意象造型设计的创意别具特色,增加了趣味性。

图7-57所示的作品意象联想与创意表达形成统一的造型感,使图形能直接体现出跳跃的思维与趣味的联想。

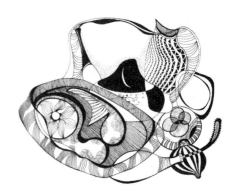

图7-55　意象审美创意/杨丽萍/
指导教师:伊延波

图7-56　意象审美创意/关爽/
指导教师:伊延波

图7-57　意象创意/罗宇庭/指导教师:伊延波

图7-58所示的作品是一组独具匠心的静物写生,运用透叠与重组的艺术形式,使现代设计表达与传统写生链接与融合,产生创新性、活跃性、灵动性的多维多元的视觉效果。

图7-58　意象审美创意/徐菱/指导教师:伊延波

单元训练和作业

1．作业欣赏

要求：①朴素；②沧桑；③活泼；④速度。

2．课题内容

运用已掌握的专业知识，试写一篇3000～5000字的论文，完善学生或创意人的思维意境，进一步提升自身的理论水平。运用已掌握的形态和图形语言，表现一个主题，让自己的创意思维和意象造型表达自由地呈现在纸上，形成一个积极的视觉意境。

3．课题时间：8学时

教学方式：运用A4纸进行创意表达（使用A4纸，主要是方便操作和便于保存与携带，更是为了开发意象思维和创意表达的快捷）。运用电子软件制作和表达均可，科学与技术的技能是必要意象造型表达的手段，主要是将意象思维与创意造型表达出来，手段不限。

要点提示：掌握撰写意象思维和创意表达的方法和手段是必要训练主题。学生和创意人的成长与成才需要多元素的融入。因此，掌握形态或图形的表达也是重要表达能力之一。人类对客观世界的认知，是从感性到理性，从形象到抽象，从图画到文字的进步过程，不刻意遵循客观发展规律是学生和创意人智慧的选择。运用智慧去思考，是学习的捷径。

教学要求：掌握不同的表达方式是学生和创意人必须训练的重点技能，培养立体的思维能力和熟练的表达能力，是学会设计艺术的首要任务，也是学生和创意人在未来的工作岗位站稳脚跟的生存技能，画与写两种技能缺一不可，这是新时代社会发展的要求。

训练目的：使学生和创意人掌握专业的基本理论的能力。运用理论指导意象创意的实践活动，运用不同的表达方法，阐释自己对意象思维、视觉语言、审美意境与创意理想、形态与图形、创意思维表达的理解与认识，发挥每个人特有的意象造型观念进行内心的演绎，实现内心与外界的表象元素的磁接，达到思维创意的新境界，既美化了环境，又净化心灵。

4．其他作业

任选一幅自然的摄影作品，运用自己特有的意象造型语言进行重构，要求运用和汲取作品中的启示，表象元素可以保留与尽可能地概括提取，但要运用主观审美观念进行重造与重构创意含义。

5．本章思考题

(1) 查阅相关的文献，提高专业理论的认识能力，扩大学生的思维视域。

(2) 掌握设计艺术学论文写作的基本知识。

(3) 熟练掌握意象造型表达的手绘技能与计算机操作技能。

6．相关知识链接

(1) 顾平．艺术专业论文写作教学[M]．合肥：安徽美术出版社，2010．

(2) 韩慧君．艺术设计专业论文写作[M]．南京：江苏教育出版社，2012．

(3) 王受之．世界现代设计史[M]．北京：中国青年出版社，2002．

(4) 徐晓庚．设计艺术概论[M]．北京：首都经济贸易大学出版社，2010．

(5) 邓立君，邓筱莹．西方现代艺术设计简史[M]．上海：上海人民美术出版社，2011．

(6) [美]萨姆·哈里森．怎样发现设计创意——写给未来的设计师[M]．王毅，译．上海：上海人民美术出版社，2006．

(7) [美]史蒂芬·何拉，特内萨·佛南德．平面设计师职业指南[M]．王毅，苗杰，译．上海：上海人民美术出版社，2006．

参 考 文 献

[1] 孙宜生. 意象素描——意象造型教学[M]. 武昌：华中工学院出版社，1986.
[2] 于帆，陈燕. 意象造型设计[M]. 武汉：华中科技大学出版社，2007.
[3] 刘显波. 意象素描[M]. 武汉：华中科技大学出版社，2007.
[4] 叶朗. 美在意象[M]. 北京：北京大学出版社，2010.
[5] 陈放. 意念的创造[M]. 哈尔滨：黑龙江美术出版社，1996.
[6] 叶朗. 意象[M]. 北京：北京大学出版社，2008.
[7] 赵书. 意象书法吉祥百字图[M]. 北京：北京工艺美术出版社，2010.
[8] 曹方. 视觉传达设计原理[M]. 南京：江苏美术出版社，2005.
[9] 杨艳君. 设计原理[M]. 沈阳：辽宁美术出版社，2010.
[10] 腾守尧. 审美心理描述[M]. 北京：中国社会科学出版社，1985.
[11] [意]克罗齐. 美学原理——美学纲要[M]. 朱光潜，译. 北京：外国文学出版社，1983.
[12] 王旭晓. 美学原理[M]. 上海：东方出版中心，2012.
[13] 叶朗. 美学原理[M]. 北京：北京大学出版社，2009.
[14] 邱紫华，王文革. 东方美学范畴论[M]. 北京：中国社会出版社，2010.
[15] 孟唐琳，窦俊霞. 美学基础[M]. 北京：化学工业出版社，2010.
[16] 吴翔. 设计形态学[M]. 重庆：重庆大学出版社，2008.
[17] 柯汉琳. 美的形态学[M]. 广州：中山大学出版社，2008.
[18] 毛德宝. 图形创意设计[M]. 南京：东南大学出版社，2008.
[19] 何靖. 图形创意[M]. 安徽：合肥工业大学出版社，2006.
[20] 吴国欣. 标志设计[M]. 上海：上海人民美术出版社，2008
[21] 陈放，武力. 创意学[M]. 北京：金城出版社，2007.
[22] 郭辉勤. 创意经济学[M]. 重庆：重庆出版社，2007
[23] 厉无畏. 创意改变中国[M]. 北京：新华出版社，2009.
[24] 灵感. 每天学点创意学[M]. 北京：新世界出版社，2011.
[25] 高庆年. 造型艺术心理学[M]. 北京：知识出版社，1988.
[26] 张同，朱曦. 创意表达[M]. 上海：东方出版中心，2004.
[27] 赵殿泽. 构成艺术[M]. 沈阳：辽宁美术出版社，2004.
[28] 丁邦清. 广告创意[M]. 长沙：中南大学出版社，2003.
[29] 陶伯华，朱亚燕. 灵感学引论[M]. 沈阳：辽宁人民出版社，1987.
[30] 邓立君，邓筱莹. 西方现代艺术设计简史[M]. 上海：上海人民美术出版社，2011.
[31] 周昌忠. 创造心理学[M]. 北京：中国青年出版社，1983.
[32] [美]彼得·基维. 美学指南[M]. 彭锋，译. 南京：南京大学出版社，2008.
[33] [英]威廉·荷加斯. 美的分析[M]. 杨成寅，译. 桂林：广西师范大学出版社，2005.
[34] [美]蒂莫西. 设计元素[M]. 齐际，何清新，译. 南宁：广西美术出版社，2008.
[35] [美]S.阿瑞提. 创造的秘密[M]. 钱岗南，译. 沈阳：辽宁人民出版社，1987.
[36] [美]鲁道夫·阿恩海姆. 视觉思维[M]. 腾守尧，译. 北京：光明日报出版社，1987.
[37] [美]卡洛琳·M.布鲁默. 视觉原理[M]. 张功钤，译. 北京：北京大学出版社，1987.
[38] [美]鲁道夫·阿恩海姆. 艺术与视知觉[M]. 孟沛欣，译. 长沙：湖南美术出版社，2008.

[39] [德]理查德·豪厄尔斯. 视觉文化[M]. 葛红兵, 译. 桂林：广西师范大学出版社, 2007.
[40] [德]叔本华. 作为意志和表象的世界[M]. 石冲白, 译. 北京：商务印书馆, 1982.
[41] [奥]佛洛·伊德. 精神分析引论[M]. 高觉敷, 译. 北京：商务印书馆, 1984.
[42] [美]约瑟夫·墨菲. 潜意识的力量[M]. 吴忌寒, 译. 北京：中国城市出版社, 2009.
[43] [南非]埃里克·杜·普莱西斯. 广告新思维[M]. 李子, 李颖, 刘壤, 译. 北京：中国人民大学出版社, 2007.
[44] [英]E.H.贡布里希. 秩序感[M]. 范景中, 杨思梁, 徐一维, 译. 长沙：湖南科学技术出版社, 2006.
[45] [英]马尔科姆·巴纳德. 艺术、设计与视觉文化[M]. 王升才, 张爱东, 卿上力, 译. 南京：江苏美术出版社, 2006.
[46] [英]大卫·科罗. 视觉[M]. 李琪, 杨思梁, 程晓婷, 译. 沈阳：辽宁科学技术出版社, 2010.
[47] [美]詹姆斯·韦伯·扬. 创意——并非广告人独享的文字饕餮[M]. 李旭大, 译. 北京：中国海关出版社, 2006.
[48] [苏]A.H.鲁克. 创造心理学概述[M]. 周义澄, 毛疆, 金瑜, 译. 哈尔滨：黑龙江人民出版社, 1985.
[49] [日]竹内敏雄. 美学百科辞典[M]. 刘晓路, 等译. 哈尔滨：黑龙江人民出版社, 1987.
[50] [美]史蒂芬·何拉, 特内萨·佛南德. 平面设计师职业指南[M]. 王毅, 苗杰, 译. 上海：上海人民美术出版社, 2006.
[51] [美]萨姆·哈里森. 怎样发现设计创意——写给未来的设计师[M]. 王毅, 译. 上海：上海人民美术出版社, 2006.
[52] [英]罗宾·乔治·科林伍德. 艺术原理[M]. 王至元, 陈华中, 译. 北京：中国社会科学出版社, 1985.

后 记

　　走过风风雨雨，感受颇多。忙碌的时候没有察觉到时间竟从身边悄悄地滑过；30年的追求、认真与忘我。"爱写"记录着思想和情感，"爱画"绘出自己对生命的热爱。文字与图形、图形与思考、创意与表达已成习惯，现在这些活动已经成为我生命中的一部分。细细品味自己忙忙碌碌的过程，有成功也有失败，有喜悦也有悲伤，各种情感交织并存，构成了我成长的沃土。在回望心路历程的思考中，每一部分都不能缺少，她是我宝贵的精神财富。在努力的时候，我总是想寻找出能表达的意象造型语言，不停地寻求内心的感受与对审美的理解。运用特有的观察视角与思辨能力，去领悟人生的真谛，去体验生活中的点点滴滴对意象思维与创意的启迪。意象思维与创意表达是我钟爱的主题，造型的和谐与强烈的对比，是我在长期教学实践中探索的视觉意境；流畅的线条与丰富的意象造型联想，是我对意象思维与意象审美的理解。

　　一路走来，我追求着、思考着、探索着，在意象思维与创意表达中感悟着人生的乐趣，体会着审美心理的释义与表达，用一颗真诚的心去感知大千世界；同时，也表现出我对设计艺术教学的热爱。现将我多年来积累的教学成果，集中整理成书，为的是与您分享这些教学成果，也可以说是对意象思维与创意表达的另一种诠释。